PERLEN DER LANDSCHAFT
SÜDTIROLS SCHÖNSTE NATURDENKMÄLER

Othmar Seehauser
Nicole Dominique Steiner

Edition
RÆTIA

INHALT

Einzigartig und schützenswert

Südtirol ist ein von der Natur reich gesegnetes Land: Hoch- und Mittelgebirge, Wälder und Seen, Täler und Flussauen. Aber es gibt noch mehr: In Südtirol stehen nicht nur die vielleicht schönsten Berge Europas, das UNESCO-Weltnaturerbe der Dolomiten, es gibt auch unzählige einzigartige, auf das ganze Land verteilte, mehr oder weniger versteckte Naturdenkmäler.

Aber was ist eigentlich ein Naturdenkmal? Wie wird zum Beispiel ein Baum, ein Gewässer oder ein anderes landschaftsprägendes Objekt zum Naturdenkmal und wie viele davon gibt es in Südtirol? Fragen, die niemand besser beantworten kann als Richard Theiner, Landesrat für Raumentwicklung, Umwelt und Energie, sowie Peter Kasal, Direktor des Landesamts für Landschaftsökologie.

Wie definieren Sie ein Naturdenkmal?

Theiner: *Ein Naturdenkmal ist eine ästhetische und ökologische Besonderheit, die ein Landschaftsbild und ein Ökosystem bereichert. Das können Wasserfälle, Seen, Feuchtgebiete oder auch Bäume sein wie zum Beispiel die Tulpenbäume in Meran, der Mammutbaum in Neustift oder eine Linde in Hafling.*

Kasal: *Es gibt geologische, hydrologische und botanische Naturdenkmäler. Wir haben durch das Landschaftsschutzgesetz von 1970 den konkreten Auftrag, Naturdenkmäler auszuweisen und zu schützen.*

Wer wählt die Naturdenkmäler aus?

Kasal: *Das ist ganz unterschiedlich. Normalerweise die zuständigen Mitarbeiter der Landesabteilung für Natur, Landschaft und Raumentwicklung im Rahmen der Landschaftsplanung, aber auch Heimat- und Naturschutzverbände können Vorschläge machen.*

Auch Bürger?

Kasal: *Das Landesgesetz sieht das nicht vor, aber wenn ein Bürger ein Objekt vorschlägt, liegt es in unserem Ermessen, eine Ausweisung in Betracht zu ziehen. Wenn der Vorschlag hingegen von einer anerkannten Vereinigung wie dem Alpenverein, dem Heimatpflegeverband, dem CAI oder dem Dachverband für Natur- und Umweltschutz kommt, dann müssen wir uns der Sache von Amts wegen annehmen und kontrollieren, ob die Kriterien erfüllt werden.*

Das heißt, es gibt einen vom Land verabschiedeten Kriterien-Katalog?

Theiner: *Nein, einen Katalog gibt es nicht. Jedes Naturdenkmal ist auf seine Art anders und entspricht unterschiedlichen Kriterien. Es muss außergewöhnlich in Dimension, Alter und Ästhetik sein oder einen besonderen ökologischen Wert haben.*

Und wenn all diese Voraussetzungen erfüllt sind, wird ein Objekt automatisch zu einem Naturdenkmal?

Theiner: *Nein, so einfach ist das nicht. Wenn diese Voraussetzungen erfüllt sind, werden die ausgewählten Objekte der zuständigen Kommission vorgelegt und aufgrund deren Bewertung entscheidet die Landesregierung.*

Richard Theiner (links) und Peter Kasal

Welche Auflagen sind mit dieser Ausweisung für den Besitzer des betreffenden Objektes verbunden?

Kasal: *Nun ja, er darf es natürlich nicht beschädigen oder zerstören. Wenn es sich um ein Baumdenkmal handelt, muss er bei allen Tätigkeiten oder Bauarbeiten einen Schutzabstand für den Stamm, die Krone und die Wurzeln einhalten. Bei einem Wasserfall darf er keine Ableitung, etwa für ein Kraftwerk, anlegen. Er hat die Pflicht, das Naturdenkmal zu erhalten und nicht zu beeinträchtigen.*

Und was ist mit den Kosten für die Erhaltung?

Theiner: *Kosten fallen in erster Linie bei Bäumen an, die zu 100 Prozent vom Land getragen werden. Wenn der Baum sich nicht in Privatbesitz befindet, sondern auf Gemeindegrund steht, teilen sich Land und Gemeinde üblicherweise die Kosten. In jedem Fall handelt es sich um geringfügige Summen.*

Wie viele Naturdenkmäler gibt es in Südtirol?

Kasal: *Ungefähr 1.400. Davon sind 400 Bäume als Naturdenkmäler erfasst. Einige werden irgendwann gelöscht, weil Bäume, wie alles in der Natur, eine begrenzte Lebensdauer haben, und neue kommen hinzu. Die botanischen Naturdenkmäler werden in Zusammenarbeit mit den Forststationen regelmäßig kontrolliert. Die Liste der Naturdenkmäler kann man auf der Website der Abteilung einsehen*.*

Was ist eigentlich der Unterschied zwischen Biotop und Naturdenkmal?

Kasal: *Als Biotop bezeichnen wir natürliche und naturnahe Lebensräume, die dazu beitragen, seltene oder gefährdete Lebensgemeinschaften, also Tiere und Pflanzen, zu erhalten. Biotope sind besonders wertvolle Bereiche der Biodiversität!*

Theiner: *Bei Biotopen steht der ökologische Wert im Vordergrund, bei den Naturdenkmälern das Spektakuläre und Außergewöhnliche wie zum Beispiel bei den Erdpyramiden, dem Karersee oder den Urlärchen in Ulten.*

Welchen Wert messen Sie persönlich den Naturdenkmälern bei?

Theiner: *Für mich sind sie ein wichtiger Teil der Umweltbildung und -erziehung. Jedes Naturdenkmal ist durch ein Schild als solches ausgewiesen, um die Leute für diese besondere Schönheit zu sensibilisieren. Sie tragen nicht zuletzt auch zum Wert unseres Landes als Ferienregion bei. UNESCO-Weltnaturerbe, Naturparks, Biotope und Naturdenkmäler machen aus Südtirol eine ganz besondere Destination.*

Kasal: *Es ist wichtig, die Menschen und vor allem auch die Jugend auf den Wert der Naturdenkmäler aufmerksam zu machen. Was ich kenne und schätze, das werde ich auch bewahren.*

* Website der Abteilung Natur, Landschaft und Raumentwicklung der Autonomen Provinz Bozen-Südtirol: www.provinz.bz.it/natur-raum/themen/naturschutz.

Keiner fällt tiefer

Der Partschinser Wasserfall

Er ist schon aus kilometerweiter Entfernung zu erkennen, zum Beispiel vom gegenüberliegenden Tschögglberg oder von der Töll aus: der Partschinser Wasserfall. In der optischen Wahrnehmung ein weißes, schlangenähnliches und bewegtes Band, das am Vormittag bei schönem Wetter aus der Nähe betrachtet in allen Regenbogenfarben glitzert. Er gilt als einer der schönsten Wasserfälle des gesamten Alpenraums und ist der höchste in Südtirol.
Gebildet wird er vom Zielbach, der am 3.228 Meter hohen Lodnerferner im wasserreichen Naturpark der Texelgruppe entspringt. Mit 33.000 Hektar ist das der größte Naturpark Südtirols und

erstreckt sich vom Schnalstal und Passeiertal bis zum Alpenhauptkamm. Auf dem Weg ins Tal nimmt der Zielbach zahlreiche kleine Seitenbäche auf, bevor er nach einem 8 Kilometer langen, steilen Lauf über eine senkrechte, weithin sichtbare, glatt gewaschene Felsstufe hinausschießt und 97 Meter in die Tiefe stürzt. Rings um den Wasserfall liegen steile Wiesen mit vereinzelten Höfen, neben der Fallrinne wachsen dank der Luftfeuchtigkeit Gräser, Moose und Bäume: eine üppige und intensiv grüne Flora.

Es führen viele (Wander-)Wege und auch eine Straße zum Wasserfall. Egal, ob man sich diesem eindrucksvollen Naturdenkmal zu Fuß, mit dem eigenen Auto oder dem Shuttlebus nähert, irgendwann ist es plötzlich da: das Rauschen. Erst ist es nur ein leises, kaum erkennbares Summen, dann schwillt es mehr und mehr an und steigert sich zu einem prasselnden Gehämmer am Fuß des Wasserfalls.

Wer die Kaskade von der kleinen, über einen gesicherten Steig zu erreichenden Aussichtskanzel

länger betrachtet, hat den Eindruck, als fließe das Wasser in der Mitte schneller, ja viel schneller, und am Rande eher langsam und bedächtig. Nach der Schneeschmelze oder auch nach starken Wolkenbrüchen weist der Wasserfall sein größtes Volumen auf. Bis zu 14.000 Liter Wasser können dann pro Sekunde in die Tiefe donnern und das Geprassel wird zum ohrenbetäubenden Donnern. Das Minimum der Wasserführung liegt bei etwa 4.000 Litern pro Sekunde.

Im Winter erstarrt der Wasserfall wie von Zauberhand und ist ein begehrtes Ziel von Eiskletterern. Aber aufgepasst: Darunter sprudelt es weiter und es genügen nur wenige Grade, um das Eis zum Schmelzen zu bringen. Die Luft in unmittelbarer Nähe der Kaskade ist wie verdichtet, angereichert mit unzähligen winzigen Wassertröpfchen, die sich spürbar auf der Haut absetzen. Über dem Felsplateau, wo das Wasser vom rasenden Lauf in den freien Fall übergeht, bevor es sich wieder in das Bachbett hineinzwängt und talwärts der Etsch entgegenfließt, hängt ein weithin sichtbarer Gischtnebel. Die hohe Luftfeuchtigkeit und die Verdunstungskälte am Wasserfall haben einen vitalisierenden und gesundheitsfördernden Effekt, der besonders Asthmatikern und Allergikern Erleichterung verschaffen kann. ◁

Erosions-Skulptur

Die Erdpyramiden am Ritten

Von Weitem muten sie an wie gigantische gezackte Dinosaurierzähne, eine stumme, dem Erdreich entstiegene Urzeit-Armee oder auch wie die Türme der berühmten Sagrada Família in Barcelona. Erdpyramiden sind ein erstaunliches Naturdenkmal, in ständigem Wachstum und Zerfall begriffen: Erosion vor und zurück.

An vielen Orten in Südtirol kann man auf diese Formationen stoßen, die Erdpyramiden an den Hängen des Ritten gelten allerdings als die schönsten Europas. Man findet sie im Finsterbachgraben auf dem Weg von Lengmoos nach Mittelberg, im Rivellaungraben unterhalb von Oberbozen und im Gasterergraben in Unterinn.

Auf dem weitläufigen Bergrücken auf rund 1.000 Meter Höhe im Südosten der Sarntaler Alpen hat sich besonders viel späteiszeitlicher Moränenlehm vom Eisacktaler Hauptgletscher und einigen lokalen Nebengletschern angesammelt. In diesen feinkörnigen pleistozänen Geschiebelehm sind mehr oder weniger große Blöcke aus erosionsresistentem Festgestein magmatischer Herkunft wie Granit, Porphyr oder Gneis eingeschlossen. Größere Steine schützen den darunter liegenden Lehm samt den darin eingeschlossenen Steinen vor Wind und Regen, während ringsumher das ungeschützte Erdreich aufweicht, zusammen mit den in der Oberfläche verbleibenden Niederschlägen talwärts fließt und dabei tiefe Spülrillen im Hang hinterlässt. Unter den witterungsresistenten Decksteinen bilden sich bis zu 30 Meter hohe, steinharte Lehmtürme. Sie verdünnen sich zusehends und nehmen bizarre kantige Formen an. Die oft von Flechten und Moosen überwucherten Decksteine werden gerne von Vögeln wie Elstern oder Eichelhähern als sicherer Aussichtspunkt gewählt.
Irgendwann gerät der Stein auf der sich zusehends verdünnenden Oberfläche aus dem Gleichgewicht und kippt nach unten, die nunmehr schutzlose Erdpyramide wird zuckerhutähnlich abgerundet und erodiert von Regenguss zu Regenguss,

während daneben schon die nächste entsteht: ein eiszeitliches Phänomen mit einer Entstehungsgeschichte von rund 25.000 Jahren, das sich endlos wiederholt.

Erdpyramiden treten immer in Gruppen auf. Dem Volksglauben nach waren es Hexen, die von einem mutigen Priester, den sie während ihres Hexensabbat-Tanzes zu verführen suchten, zu Stein verwandelt wurden.
Wie lange es tatsächlich für die Bildung dieser bizarren Lehmtürme braucht, ist noch nicht nachgewiesen, ebenso wenig, in welchem Zeitraum sich eine Erdpyramide wieder auflöst. Experten gehen von einem Jahrtausend für die Bildung der größten Erdzacken aus.

Am Ritten führen mehrere Spazierwege zu den Erdpyramiden, von Weitem sind sie als sandfarbene Zacken zwischen den Baumwipfeln auszumachen. Erst beim Näherkommen ist dann die Erosionswunde im Berghang in ihrem ganzen Ausmaß zu erkennen.
Die bekanntesten Erdpyramiden am Ritten sind jene von Klobenstein. Wer aber von Bozen mit der Rittner Seilbahn zur Bergstation in Oberbozen fährt, kann einen Blick aus der Vogelperspektive auf die Erdpyramiden im Rivellaungraben werfen. An der Seilbahnstation ausgestiegen, führt der historische Weg, der einst die einzige Verbindung zwischen Bozen und Oberbozen war, wieder zurück in die Stadt. Nach der Durchquerung eines Eichenbuschwaldes erreicht der Wanderer eine Wiese, an deren Rand sich die Erdpyramiden gebildet haben. Hinter den Lehmtürmen wird der Blick auf den Bozner Talkessel frei. ◁

Mediterran

Die Zypressen der Schickenburg bei Marling

Wer von Lana über Tscherms in Richtung Marling fährt, fühlt sich plötzlich in eine nicht näher definierbare, mediterrane Landschaft versetzt. Auf einem der zahlreichen sanften, eiszeitlichen, mit Weinbergen und Apfelplantagen bedeckten Moränenhügel, die den besonderen Charakter dieser Bergflanke auf der orografisch rechten Seite des Etschtales ausmachen, wird plötzlich zur Talseite hin ein für Südtirol einzigartiges Ensemble sichtbar: Eine dichte Gruppe von 21 Zypressen säumt die Südostseite des Ansitzes Schickenburg. Die ältesten erreichen eine Höhe von mehr als 30 Metern. Kerzengerade ragen sie Menhiren gleich in den Himmel. Je nach Perspektive erscheinen sie in einer geraden Linie aufgestellt oder als Gruppe. Der 1652 restaurierte Ansitz liegt auf 385 Meter Höhe und wurde bereits 1363 erwähnt, er besteht aus dem alten Herrenhaus, einem Wirtschaftsgebäude mit neuem Anbau und der 1656 erbauten Antoniuskapelle. Die südländische Illusion wird aufgehoben, sobald der Blick den für Südtirol so typischen Mix aus Apfelplantagen und Weinreben, die hinter dem Anwesen sich erhebende Texelgruppe und den Gipfel des Hohen Ifinger auf der gegenüberliegenden Seite des Etschtals erfasst.

Seit 1959 ist der Hof im Besitz der Familie Menz. Altbauer Meinhard pflanzte an der Südost- und an der Nordwestgrenze seines Grundbesitzes je eine Wächter-Zypresse, die nach wie vor weithin sichtbar aus den Reben herausragen. Sein Sohn Josef und seine Tochter pflanzten als Kinder in den 60er-Jahren weitere Zypressen. Unbestätigt ist die Vermutung, dass die beiden höchsten Zypressen mit dem dicksten Stamm bereits 1889 von den damaligen Besitzern des Adelssitzes zu Ehren von Kaiserin Sisi, die die Wintermonate auf Schloss Trauttmansdorff verbrachte, gepflanzt wurden. Eine vom Amt für Landschaftsökologie vorgenommene Altersbestimmung setzt das Alter der Zypressen auf 70 bis 80 Jahre an.
Die stattlichen und gesunden Bäume von unterschiedlicher Höhe und Stammdicke sind rund um die Antoniuskapelle und die Südostseite des Ansitzes dicht an dicht angeordnet, zwei von ihnen streifen das Mauerwerk der Kapelle, mehrere von ihnen weisen einen zweigeteilten Wipfel auf, die Kronen reichen bis fast zum Boden. Die äußerst genügsamen, fest verwurzelten und windresistenten Pflanzen gedeihen am besten in sonniger und halbschattiger Lage. Bei Wind ist das Aneinanderreiben der eng stehenden Äste bis ins Wohnhaus zu hören ... „Sie greinen", sagt Bauer Josef Menz dann. ◁

Glaswelt

Die Eislöcher in Eppan

Eine verkehrte Welt: hochalpines Ambiente und Gebirgsflora auf knapp 500 Meter Höhe, wenige Meter darüber mediterrane Artenvielfalt. Das sind die Eislöcher in Eppan.

Hinter Schloss Moos-Schulthaus und vor dem Eppaner Ortsteil Pigeno zweigt der Weg Richtung Eislöcher ab. Etwa 10 Minuten geht es durch lichten Laubwald: Birken, Buchen, Eichen und Kastanien. Plötzlich ändert sich das Szenarium. Als sei man von 500 auf 1.500 Meter Seehöhe katapultiert worden. Der Weg, der unterhalb einer steilen Porphyr-Schutthalde der Gand, einer Flanke des Mendelkamms, entlangführt,

mündet in eine etwa 200 Meter lange, bis zu 50 Meter breite und 5 Meter hohe Mulde. Es wird dunkler. Nadelwald tritt an die Stelle des wärmeliebenden Laubwaldes, alpine Kleinsträucher wie die Rostrote Alpenrose, Preisel- und Heidelbeere, Gebirgspflanzen wie Besenheide und Mehlbeere ersetzen den Buschwald. Die großen und kleinen Porphyrblöcke, die den Boden der Mulde bedecken, sind dicht mit Moosen und Flechten bewachsen.

Aus den mehr oder weniger großen Spalten zwischen den Blöcken strömt kalte, ja eiskalte Luft. Selbst im Hochsommer bleibt es empfindlich kühl, die Temperatur an der Öffnung der Spalten steigt nicht über 9 Grad Celsius an. Die kalte Luft, die schwerer ist als die warme Luft der Umgebung, staut sich in der Senke. Bei den Eislöchern handelt es sich um Windröhren, die vom Bergkamm der Mendel in die Tiefe führen. Luft mit Umgebungstemperatur tritt in der Höhe zwischen die Felsen und strömt im Inneren der Felswand entlang des vom Winter ausgekühlten Gesteins nach unten, um schließlich im Tal aus den Felsspalten wieder auszutreten. Physikalisch nennt sich dieses Phänomen auch „konvektive Luftbewegung".

Die besten Jahreszeiten, um die Eislöcher zu besuchen und das Phänomen in seiner ganzen

Schönheit wahrzunehmen, sind ohne Zweifel Frühjahr und Herbst. Wenn die Lufttemperatur wieder milder wird oder noch mild ist, muten die Eislöcher vor allem am frühen Morgen arktisch an. Moose, Gräser, Zweige und Blätter sind in transparentem Eis erstarrt. Gläsern sehen sie aus und wie Glas reflektieren sie das Licht. Die Spalten zwischen den Felsen sind von Vorhängen aus Eiszapfen gesäumt: lange und kurze, schmale und spitze oder fingerdicke und abgerundete Zapfen. Die Felsen selbst sind von einer glasigen Eisschicht überzogen, die sich gegen Mittag mit steigender Temperatur mit Tausenden von kleinen Bläschen füllt und immer mehr eintrübt.

Das Moos ist feucht und dick, wie aufgeplustert. Es herrscht eine eigentümliche Stille, die nur ab und zu von Vogelgezwitscher, dem Krächzen einer Krähe, vom Klang fallenden Eises und vom Tropfen der schmelzenden Eisschicht an den Pflanzen unterbrochen wird.

Der Botaniker Wilhelm Pfaff zählte 1933 über 600 verschiedene Pflanzenarten in dieser kleinen Senke: alpine Gräser, Moose und Flechten, Pilze, Farne und Blütenpflanzen. Nach etwa 200 Metern führt ein schmaler Steig nach oben aus der Senke. Der Wald lichtet sich und an die Stelle der Nadelbäume tritt wieder der Trockenheidewald der Porphyr-Schutthalde. ◁

Von den Romanen kommend

Der Walnussbaum in Obervöls

Eine großflächige, naturbelassene Wiese auf etwa 950 Meter Höhe in Obervöls mit einem einzigartigen 360-Grad-Panorama: Schlern, Hammerwand, Tschafon, Schloss Prösels, die Mendel bis zur Brentagruppe, das Rittner Horn, tief unten das Überetsch, im Hintergrund die Häusergruppe des Edelansitzes Zimmerlehen und in der Mitte ein einzeln stehender, dominanter Nussbaum. Ein Schild weist von der Residenz Schlunhof zu dem monumentalen Baum, zu dessen Füßen eine Bank zum Rasten und zum Genießen der Landschaft einlädt. Im späten Frühjahr mäht die Familie Ploner vom Schlunhof sogar einen kleinen Trampelpfad in die Wiese – eine Einladung, den Baum aufzusuchen.
Der Hauptstamm teilt sich in drei tragende Äste, die sich wiederum gabeln. Zwei große Krähennester sind schon von Weitem im oberen Bereich

der Krone auszumachen. Die grob strukturierte, tiefrissige, dunkel- bis schwarzgraue Borke präsentiert an vielen Stellen orangegrüne Moosflechten. Der Baum ist an die 20 Meter hoch und zeigt die für Nussbäume typische schlanke Silhouette der steil nach oben wachsenden Hauptäste, die eine Vielzahl von kleineren Ästen und Zweigen tragen, die dem Baum Volumen verleihen.

Am schönsten präsentiert sich der Walnussbaum im Frühjahr, wenn die ersten austreibenden, fast transparenten, zarten Blätter im Sonnenlicht gelborange zu leuchten scheinen. Mit den Kastanien sind die Nussbäume jährlich die letzten Bäume,

die austreiben. Aus diesem Grund sind sie auch besonders anfällig für Frühjahrsfrost. „Geröstet" nennen die Bauern dieses Phänomen, wenn die frische Blätterpracht sich nach einem Frost wie braun verbrannt präsentiert. Die Vitalität des Baumes ist von einem solchen Frost nicht bedroht, die Blätter treiben ein zweites Mal aus. Aber Nüsse wird er Baum keine tragen, die Fruchtstände werden vom Kälteeinbruch vernichtet.

Walnussbäume beginnen frühestens 10, mitunter auch erst 20 Jahre nach der Pflanzung, Früchte zu tragen. Ein großer, ausgereifter Baum wirft selten mehr als 45 bis 55 Kilogramm Walnüsse ab. Im Zusammenhang mit der mediterranen Diät gelten Walnüsse als ausgesprochen gesundheitsfördernd. Es heißt, dass der Genuss von neun Walnüssen am Tag vor Diabetes Typ 2 und zu hohem Blutdruck in Stresssituationen schützt. Außerdem sollen die Vitamin-C-haltigen Walnüsse die Durchblutung von Gehirn und Herzkranzgefäßen fördern sowie Prostatakrebs entgegenwirken. Im Deutschen hat die Gattung *Juglans regia* einen etymologisch interessanten Namen: „Walnuss" kommt nämlich von „Welschnuss", was so viel heißt wie „von den Romanen kommende Nuss". Das deutet darauf hin, dass diese Pflanzen aus Frankreich oder Italien in den deutschen Sprachraum gelangt sind. In einigen Gegenden Österreichs wird heute noch der Begriff „Welschnuss" verwendet. Im Allgemeinen kommt die Walnuss in Höhenlagen bis 800 Meter vor, in den Alpen auch bis 1.200 Meter.

Früher gab es auf jedem Bauernhof mindestens einen Nussbaum. Walnussbäumen wird die Eigenschaft zugeschrieben, Fliegen zu vertreiben, so dass sie häufig in der Nähe des Misthaufens gepflanzt wurden. Da der Bestand dieser Bäume in Deutschland stark zurückgegangen ist, wurde die Walnuss dort 2008 zum Baum des Jahres deklariert. ◁

Sagenwelt

Les Fontanes in Enneberg

Viele fahren daran vorbei, auf dem Weg von St. Vigil ins Rautal. Schade. Denn das Quellgebiet von Les Fontanes in Enneberg, das unscheinbar unterhalb der Straße liegt, ist einzigartig. Sie sind schwierig zu zählen, die Quellen, die auf einer Breite von etwa 80 Metern aus dem Boden sprudeln. Sind es nun 30 oder 40? Überall gurgelt und gluckert und plätschert, rieselt und gluckst es. Unterhalb eines Holzstegs, der von der Straße zu den Quellen führt, lädt ein „Brünnel", eine einfache Holzrinne, die das Wasser auffängt, zum Trinken dieses köstlichen und klaren Wassers ein. Die Luft ist feucht, es riecht nach nassem Gras und nach Kräutern verschiedenster Art. Wer sich auskennt, kann auf die Suche nach Brunnenkresse, Bachnelkenwurz, Echtem Beinwell oder Mädesüß gehen. Die Füße sinken ein auf dem weichen, wassergetränkten, schlammigen Untergrund, der dicht mit Gras und Moosen bewachsen ist. Die Steine sind schlüpfrig. Grün und Braun sind die vorherrschenden Farben, aber auch Nuancen von Rostrot und Orange hat der Wasserfluss auf den Steinen abgelagert.

Das Gebiet Les Fontanes liegt auf 1.268 Meter Höhe. Hier bildete sich zu Ende der Eiszeit durch die Bewegung des ursprünglichen

Gletschereises ein Wall, eine sogenannte Endmoräne. Sie staut das Wasser an dieser Stelle und ist somit der Ursprung des Naturschauspiels, das sich im Quellgebiet präsentiert. Nur wenige Meter höher und wenige Minuten Fußmarsch entfernt liegt der Kreidesee, ladinisch trägt er den klingenden Namen Lé dla Crëda, der ebenfalls von einem Endmoränenwall aufgestaut wird. Auch dieser See, der in einem Becken von Kalk ablagerungen ruht und aus dem tatsächlich Kreide gewonnen wurde, ist ein Naturdenkmal. Zu- und Abfluss des Kreidesees ist der Talbach. Die Quellen von Les Fontanes sammeln sich nach ein paar Hundert Metern und münden in das Bachbett. Enneberg, die flächenmäßig größte der fünf Ladinischen Gemeinden des Gadertals, auf Ladinisch Val Badia, zählt insgesamt 71 Naturdenkmäler. Das Quellgebiet liegt im Naturpark Fanes-Sennes-Prags, ein Sagenwanderweg führt von St. Vigil hinauf zum Kreidesee und an Les Fontanes vorbei. Auf Tafeln werden dem Wanderer die Sagen um die Königstochter Dolasilla und ihren Konflikt mit den Fanes-Königen erzählt: Geschichten von Kriegen, Intrigen, guten Taten, von Freundschaft, Adlern und Murmeltieren, von Enttäuschung und von Tapferkeit, eingebettet in eine grandiose Landschaft, die von jeher die Fantasie der Menschen angeregt hat. ◁

Mondlandschaft

Die Saldurseen in Matsch

Als wäre man nicht in Südtirol. In Tibet vielleicht? Oder auf einem anderen Planeten? Auf dem Mond. Oder dem Mars. Oder in einem Übungscamp der NASA. Das ist der erste Eindruck, den der Wanderer hat, wenn er nach langem und steilem Aufstieg – mehr als 1.200 Höhenmeter sind vom Parkplatz im Matscher Tal zurückzulegen – nach mehreren Stunden die höchstgelegene Seenplatte Südtirols erreicht – die Saldurseen. Sieben Seen verteilen

sich zu Füßen der steilen Gletscher von Lazaun und Saldur, in ihrem unterschiedlich gefärbten Wasser spiegeln sich der stahlblaue Himmel und die Gipfel der südlichen Ötztaler Alpen. Die Seen liegen zwischen 2.747 und 2.910 Metern. Hier, auf fast 3.000 Meter Höhe, ist die Luft auch im Hochsommer immer frisch.

Was zuerst auffällt in dieser einsamen und kargen Landschaft, sind die Farben. Der erste und größte See leuchtet schon von Weitem in einem so intensiven Türkisgrün, dass es scheint, ein Riese habe seinen Pinsel darin ausgewaschen. Nur wenig oberhalb liegt der zweite See, oder vielleicht sollte man von der Spur eines Sees sprechen. Er scheint ursprünglich größer als der untere See gewesen zu sein, mit dem er über einen Zufluss verbunden ist, aber er ist weitgehend versandet. Die Gletscherzunge, die ihn speiste, hat sich heute weit hinauf zurückgezogen.
Von Weitem sieht er mit seiner gelblich weißen Oberfläche aus wie eine Saline. Vermutlich sind es Aluminiumoxyde, die sich nach dem Rückgang des Gletschers über die Felsen gelegt und diese weißlich verfärbt haben. Überhaupt sagen die Farben der Seen einiges über ihren Zustand aus: Türkis bedeutet, dass der See eher flach ist und reichlich Feinsediment enthält, auf dem sich Algen festsetzen. Weiter oben dagegen findet sich ein klarer, dunkelblauer See: ein Hinweis

auf seine Tiefe und sein stilles Wasser, das die Sedimente nicht vom Boden aufwirbelt. Wo das Wasser hingegen milchig oder bräunlich trüb ist, wird der See noch vom Gletscher gespeist und ist in Bewegung.
Die Felsen rund um die Seen sind karg. An manchen Stellen tragen sie braungrüne Moose, ansonsten sind sie von gelblichen Flechten bewachsen. Auf 3.000 Meter Höhe hat die Vegetation kaum eine Chance. Dennoch gibt es in den Seen Leben, so unglaublich das auf dieser Höhe scheinen mag. Die Fischer nehmen den steilen Aufstieg auf sich, um in dieser Stille Saiblinge zu angeln.

Hinter dem ersten See erhebt sich eine wie mit dem Lineal gezogene Felspyramide, deren Abbild sich im Seegrün spiegelt. Die anderen Felsgruppen sind weniger markant und erodiert. Auch der Mensch hat Spuren hinterlassen in dieser alpinen Einöde: Reste von Begrenzungsmauern und Wassergräben, die um 1730 erbaut wurden, nachdem Schluderns von gewaltigen Wassermengen überschwemmt worden war, wie in der alten Dorfchronik von Pfarrer Poli nachzulesen ist. Starke Juliregen auf den damals noch ausgedehnten Gletschern brachten die Seen regelmäßig zum Überlaufen.
Die weiterführende Wanderweg steigt auf über 3.020 Meter. Dann versteht man, wo man ist. „Klein-Tibet" wird dieser höchste Punkt des Saldurseen-Plateaus genannt. ◁

Lebendige Geschichte

Die Edelkastanie bei Albions

Im Juli 1890 war sie plötzlich 2 Meter kürzer, verschüttet von einem Erdrutsch, der auf dem Ansitz Lusenegg auch den Wohnturm und den Hof samt Brunnen mit Erdmassen füllte und erst kurz vor der Mauer des Haupthauses zum Stehen kam. Damals zählte die Lusenegger Edelkastanie (*Castanea sativa* aus der Familie der Buchengewächse) bereits knapp 700 Jahre. Kastanien sind eine der wenigen Baumarten, die neue Wurzeln bilden und überleben können,

wenn sie verschüttet werden. Der monumentale Baum weist heute einen Umfang von mehr als 13 Metern auf, er ist 15,5 Meter hoch und hat einen Kronendurchmesser von 16,5 Metern. Eine Kastanie der Superlative: Vom Stammumfang her ist sie die größte in Italien und darf sich auch zu den ältesten zählen. Die Rinde ist knorrig und rissig, die Jahrhunderte haben sich wie Falten im Gesicht eines Hundertjährigen tief eingegraben. Es wird vermutet, dass sich unter ihren Wurzeln ein Wasserlauf befindet, da der Baum auch in trockenen Jahren nicht zu leiden scheint. Er ist vital und wächst nach wie vor, allerdings nicht in der Höhe, sondern im Umfang. Ihr heutiger Besitzer, Peter Obwexer, hat mit seinem Vater Mitte der 50er-Jahre den Umfang gemessen und erinnert sich, als sei es gestern gewesen: 9,75 Meter zeigte das Maßband des Vaters. Vor 30 Jahren waren es bereits 11 Meter. Damals, 1977, wurde die Kastanie einer gründlichen Restaurierung unterzogen – die erste vom Land Südtirol mitfinanzierte Baum-Sanierung. Ein Baumchirurgenteam aus Bayern rettete den Baum, der von einem Experten aus Wien bereits aufgegeben worden war.

Peter Obwexer erinnert sich an alles, was mit seiner Kastanie zu tun hat. Sie ist ein Fixpunkt in seinem Leben. Sein Vater stammte vom Ansitz Lusenegg bei Albions auf 745 Meter Seehöhe und war bis zum Ersten Weltkrieg Postamtsleiter in Riva und anschließend Postdirektor in Innsbruck. Obwexer verbrachte ab 1948 jeden Sommer bei seinem Onkel und dessen Frau auf Lusenegg. Als Kind spazierte er mit Geschwistern und Nachbarskindern auf dem niedrigsten, fast bis zur Stadelbrücke reichenden Ast der Kastanie umher und spielte darauf Fangen. Der Ast wurde von einem Pächter später als störend empfunden und einfach abgesägt.
Auch bei der Sanierung musste die Kastanie vier kapitale Äste lassen und verlor damit fast die Hälfte ihres Kronendurchmessers. Die Wunden sind heute noch sichtbar, sorgfältig mit Baum-

plasma bestrichen und versiegelt. Das Baumchirurgenteam räumte den Baum sorgfältig aus, er war bis auf zweieinhalb Meter Höhe mit Humus gefüllt und drohte abzufaulen. Mit Stahlstangen und -seilen stabilisierten die Experten zudem das Astwerk. In den letzten Jahren sind einige Äste von Kastanienrindenkrebs befallen und abgeschnitten worden. Jedes Jahr befreit Obwexer, der mittlerweile mit seiner Frau Waltraud auf Lusenegg lebt und den 1174 erstmals erwähnten Ansitz mit viel Umsicht und Liebe restauriert hat, den hohlen Stamm von abgefallenen Blättern.

Nach wie vor trägt die Edelkastanie reichlich Früchte, eine nicht zu kleine, aber sehr schwer zu schälende Sorte. Eine Besonderheit der letzten Jahre ist, dass sie viele Kastanienigel nicht im Herbst abwirft, sondern bis ins Frühjahr trägt, wenn die neuen Früchte die Igel vom Vorjahr zu Fall bringen. Peter Obwexer erinnert sich, dass seine Tante die reiche Kastanienernte in Moos einbettete, wo sich die Früchte bis Ostern konservierten. Vom Mittelalter bis gegen Ende des 19. Jahrhunderts war die Edelkastanie in den Bergregionen Südeuropas das Hauptnahrungsmittel der Landbevölkerung. Kastanien sind eng mit dem bäuerlichen Brauchtum Südtirols verbunden. Mit sättigendem Kastanienmus wurde der harte Arbeitstag begonnen. Geröstete Kastanien beendeten im Herbst und Winter das karge Abendmahl und wärmten zugleich die Hände. Aus Kastanienmehl wurden Brot, Fladen und Kuchen hergestellt. Früher hatte jeder Hof seine Kastanienbäume und nach wie vor wachen die Bauern über ihre Kastanien, die sie selbst verzehren oder am Markt feilbieten, und sehen es gar nicht gerne, wenn Wanderer und Spaziergänger die Früchte vom Boden auflesen. Peter Obwexer hat noch immer seine Tante in lebendiger Erinnerung, die bereits in der Früh um halb sechs mit Argusaugen jede Bewegung um ihren Baum verfolgte.

Der Kastanienbaum vor den Toren von Lusenegg ist mittlerweile eingezäunt, damit Neugierige ihn nicht beschädigen können. Eine Tafel klärt über seine Geschichte auf. Regelmäßig kommen Schulklassen den einzigartigen Baum besuchen und Peter Obwexer lässt es sich dann nicht

nehmen, die Kinder auch in sein kleines Privatmuseum im Ansitz zu führen, wo er Gerätschaften und allerlei Gegenstände aus den Jahrhunderten zusammengetragen hat. Anschließend entlässt er sie zum Picknick unter dem Baum. Der Baum ist es gewohnt. Bevor es die Straße ins Tal gab, lag Lusenegg am Weg, der über Gröden nach Venedig führte. Dieser verlief mitten durch den Hof des Ansitzes und direkt an der Edelkastanie vorbei. Wer weiß, wen sie alles hat vorbeiziehen sehen! ◁

Zeitreise

Die Bletterbachschlucht in Aldein

Wer vom Parkplatz des Geoparcs Bletterbach in Aldein durch den Wald und über die steilen Stufen zum Bletterbach hinabsteigt, kann sich kaum vorstellen, dass dieses enge Tal einst eine Sandwüste war. Allerdings ist das schon eine Weile her: 275 Millionen Jahre. Eine kleine Orientierungshilfe: Die Auffaltung der Alpen begann vor 60 Millionen Jahren, die ersten Menschen entwickelten sich vor 8 bis 6 Millionen Jahren aus Hominiden. Und vor 275 Millionen Jahren befand sich an der Stelle der Bletterbachschlucht eben noch eine Sandwüste. Heute zeigt sich das 400 Meter tiefe Tal beim Eintritt als dunkle Schlucht mit geraden Porphyrwänden. Der Porphyr ist die älteste Schicht, 1.000 Meter dick, unvorstellbare Mengen zusammengepresster Lava und heißer Asche, auf der sich zu Ende des Perms feinster Flusssand absetzte.

Heute liegt der Bletterbach in alpinem Gelände, auf 1.600 Meter Höhe. Nach dem Ende der intensiven Vulkantätigkeit befand sich dieser Landstrich auf Meereshöhe in der Nähe des Äquators und entsprechend tropisch muss man sich das Klima vorstellen: heiß, trocken und mit einem stark erhöhten CO_2-Gehalt. Die Pole trugen keine Eiskappen. Das Urmeer Tethys lag östlich des Superkontinents Pangäa. Der Bletterbach war eine von Wasserläufen durchzogene Sandwüste, Ökosystem für vielerlei Pflanzen und Tiere: kleine fleisch- oder pflanzenfressende Saurier, Insekten, Libellen, Farne, Schachtelhalme, Nadelbäume, Ginkgos. Blütentragende Pflanzen

gab es noch nicht. Vor wenigen Jahren wurde hier der Wirbelknochen einer ausgestorbenen Echsenart gefunden.

Wer durch die Bletterbachschlucht wandert, wird Zeuge von umfassenden Veränderungen und sogar von Katastrophen ungeahnten Ausmaßes. Die Felsformationen sind wie ein aufgeschlagenes Buch für jene, die seine Sprache beherrschen. Übersetzungshilfe leisten die 22 Geoparc-Führer. Auch der Flusssand lagerte sich im Lauf der Jahrmillionen ab, Schicht um Schicht, reich an Resten von Tieren und Pflanzen. Der tonnenschwere Druck presste das Material zu Sandstein, einem weichen, rötlich grauen Gestein, das reich an Fossilien ist und den mittleren Teil des Geoparcs Bletterbach bestimmt. Es enthält Ammoniten, Pflanzen, deren Blattfraß Aufschluss gibt über die damals lebenden Insekten, und vieles mehr. Ein wahres Paradies für Paläontologen und Geologen, die aus aller Welt zu Forschungszwecken in dieses Tal kommen, das als eine der weltweit größten fossilen Fundstätten für Vierfüßler (*Tetrapoden*) aus der Permzeit gilt. Spuren von mehr

als 20 Saurierarten konnten bis heute definiert werden. Fossilien von Pflanzen und Tieren und die im Bletterbach auftretenden Gesteinsschichten sind auch für Laien auf 8 Kilometer Länge ein anschauliches Lehrbuch über 40 Millionen Erdgeschichte zwischen Perm und Trias, am Übergang vom Erdaltertum zum Erdmittelalter. Das war vor etwa 275 bis 238 Millionen Jahren. Bücher und wissenschaftliche Abhandlungen gibt es zuhauf und sogar ein Krimi spielt in diesem einzigartigen Ökosystem, aber vor Ort präsentiert sich dem Besucher alles doch wieder ganz anders.

Der Geoparc ist von Frühjahr bis Herbst geöffnet und zählt in diesen wenigen Monaten jährlich mehr als 60.000 Besucher. Tendenz steigend. Bei Schlechtwetter kann es allerdings vorkommen, dass die Schlucht auch im Sommer ein paar Tage geschlossen wird, Steinschlag und der von den

Niederschlägen angeschwollene Bach können das Tal in eine gefährliche Falle verwandeln. Vor mehr als 30 Jahren war dieser einzigartige Canyon, den sich der Schwarzenbach nach der letzten Eiszeit in etwa 18.000 Jahren durch die Felsformationen gegraben hat, ein Geheimtipp und fast nur den Einheimischen bekannt. Manch einer von ihnen denkt mit Melancholie an diese Zeiten zurück. Der alte Zirmer-Wirt Josef Perwanger aus Radein zum Beispiel. Der autodidaktische Hobbygeologe führte besonders sympathische Gäste in die Schlucht, als es das Konzept Geotourismus noch gar nicht gab. Ein von Perwanger gefundenes Fossil trägt sogar seinen Namen: *Phalangichnus Perwangeri*. Das Abbild dieses 20 bis 40 Zentimeter langen Reptils wurde als Logo des Geoparcs gewählt.

Ein Wasserfall zwingt den Besucher, das Tal zu verlassen und mehrere Hundert Meter aufzusteigen, bevor er im oberen Bereich wieder in den Canyon hinabsteigen kann. Die Felsformationen ändern sich: An die Stelle des rötlich grauen Sandsteins treten jetzt dunkelgraue Wände aus Kalk mit hellen Gipsknollen, sogenannte Bellerophon-Schichten. Dann, in den sogenannten Werfener Schichten, wird es bunt um den Bletterbach: grau, blau, grün, orange. Diese Schichten sind dem ständig wechselnden Wasserstand zu verdanken. Die Wüste, die sich hier ursprünglich befand, sank nämlich aufgrund unterirdischer Vulkantätigkeit ab und wurde vom Meer

überflutet. Die Sandschichten lagen damit zum Teil unter Wasser, zum Teil an der Wasseroberfläche, zum Teil darüber – wie bei Ebbe und Flut. Tiere aus dem Meer, Ammoniten, Seesterne, Muscheln, Pflanzen setzten sich hier ab. Im Meer bildeten sich riesige Korallenriffs, die wir heute als Dolomiten bewundern dürfen.
Der Canyon öffnet sich trichterähnlich zum Talschluss hin, wird weit, lichterfüllt, die Steigung weniger stark. Der Boden ist in diesem Bereich von Fels- und Steinmassen in ständiger Bewegung geprägt, durch die der Bach und auch die Wanderer sich einen Weg suchen. Am hinteren Ende, bevor die Felsen der 600 Meter hohen Schlusswand zu einem atemberaubenden Amphitheater aus Geröll und Stein bis zum Gipfel des Weißhorn aufsteigen und ein weiteres Mal Farbe wechseln – von Bunt zu Kalkweiß –, hat sich ein weiterer, kleinerer Wasserfall gebildet. Je nach Regenfällen ist er mal länger, mal kürzer, mal breiter, mal schmaler – so wie auch der ganze Bletterbach-Canyon in ständiger Bewegung ist. Bei jedem Besuch präsentiert sich das Tal verändert, der Bach führt mehr oder weniger Wasser und fließt in einem neuen Bett. Felsen versperren, wo vorher noch ein Durchgang war: Hier spürt man einen Hauch der geologischen Transformation.

Wer das Glück hat, den Canyon alleine und in aller Stille zu durchwandern, wird gefangen von der ganz eigenen Atmosphäre dieses Ambientes, das nicht nur Naturdenkmal, sondern auch UNESCO-Weltnaturerbe ist. Käme ein kleiner Saurier um die Ecke spaziert, würde es einen nicht wundern! ◁

Kathedrale in Grün

Die Rosskastanie im Lajener Ried

Eine gigantische Kugel aus Blättern und Blütenkerzen: So präsentiert sich die Rosskastanie den Besuchern des Unterfinserhofs in Lajen zwischen April und Mai. Seine Existenz verdankt dieser gigantische Baum angeblich einem „Mundraub“. Die Arbeiter, die im Eisacktal bis 1866 an der Fertigstellung der Brennereisenbahn mitwirkten, wanderten am Sonntag gerne auf ein Glas zum Ausschank vom Unterfinser. Einer von ihnen hat wohl mit einem Rosskastanienpflänzchen bezahlt, das er von der Baustelle eines Bahnhofs entwendet hatte. Während der K.-u.-k.-Monarchie wurde die Rosskastanie zunehmend als Park- und Alleebaum eingesetzt, gerne auch an den neu errichteten Bahnhöfen. Die ursprünglich aus Albanien und Mazedonien stammende Gattung soll mit den Osmanen von Konstantinopel nach Mitteleuropa gebracht worden sein.

In Wien wurden bereits 1567 die ersten Exemplare dieser Gattung gepflanzt.

Die Rosskastanie (*Aesculus hippocastanum*) gehört der Gattung der Seifenbaumgewächse (*Sapindaceae*) an und heißt nur deshalb Kastanie, weil ihre Früchte jenen der Edelkastanie ähneln. Das Exemplar des Unterfinserhof misst nahezu 30 Meter in der Astausdehnung und etwa 20 Meter in der Höhe. Sechs starke, bis zu 15 Meter lange und gewundene, tief angesetzte Hauptäste entwachsen dem gedrungenen Stamm. Die längsten von ihnen müssen mit Pfählen gestützt werden. Der Baum ist sehr gepflegt, aber völlig naturbelassen, Zweige und Blattwerk reichen bis zum Boden. Wer durch diesen grünen Vorhang tritt, fühlt sich wie in einer dämmrigen, grünen Kathedrale. Still ist es hier allerdings nicht. Schon aus einigen Metern Entfernung ist das gleichmäßige Summen Tausender Bienen und Hummeln sowie fröhliches Vogelgezwitscher zu hören, und wer im Inneren der Blattkuppel steht, befindet sich inmitten eines Konzerts.

Hinter dem Blattvorhang herrscht nicht nur Dämmerlicht, es ist auch deutlich feuchter und kühler als außerhalb. Der neben dem Stamm aufgestellte Tisch mit den drei Bänken wird deshalb nur an ganz heißen Hochsommertagen von den Gästen des Buschenschanks genutzt.

Der Baum, der direkt an das Wohnhaus des bereits 1140 urkundlich erwähnten Unterfinserhofs angrenzt, steht auf einem nur stellenweise mit Erde bedeckten Porphyrhügel. Der Rosskastanie macht das nichts aus. Die Wurzeln dieses monumentalen Zierbaumes verlaufen sehr weitläufig und flach am Boden, an manchen Stellen ragen sie aus dem Erdreich heraus und können sich zur Stolperfalle entwickeln. Bauer Martin Schenk, dessen Familie den 650 Meter hoch gelegenen Unterfinserhof seit über 200 Jahren besitzt, ist stolz auf seinen Baum und hegt ihn entsprechend. Einmal im Jahr wird er gegen den Schädling Miniermotte gespritzt und im Herbst werden die großen Mengen heruntergefallenen

Laubs zusammengerecht und mit dem Korb weggetragen. Viele Wege zwischen Baum und Garten beziehungsweise Baum und Stall heißt es dabei zurückzulegen. Die Blätter werden im Winter zum Abdecken der Beete genutzt oder auf dem Stallboden verteilt („einstreben" nennt das der Volksmund).
Die Früchte der Rosskastanie erfreuen die Kinder aus der Umgebung und die der Gäste, die sie eifrig sammeln und damit spielen wie schon viele Generationen von Kindern vor ihnen. Die übrigen werden gesammelt und kompostiert oder im Winter von den Rehen genascht. Tatsächlich rührt der Name Rosskastanie daher, dass die Türken Rosskastanien als Pferdefutter und als Heilmittel gegen Pferdehusten mit sich führten.

Tritt man auf der anderen Seite des Baumes wieder heraus, eröffnet sich ein reizvolles Panorama. Hinter einem Bildstöckl mit einem lebensgroßen Gekreuzigten rücken die Trostburg und Waidbruck unten im Tal in den Blick und auf der gegenüberliegenden Talseite Barbian mit seinem Wasserfall. Auch auf dieser Art Aussichtsterrasse stehen ein Tisch und drei Bänke und laden zur Marende ein, immer begleitet vom Summen der fleißigen Bienen und Hummeln. ◁

Regen von unten

Die Reinbachfälle im Tauferer Ahrntal

Allgegenwärtige Nässe: nasse Erde, nasses Gras, von Nässe geschwärzte und mit gelben Flechten überwachsene Felsen. Üppige Vegetation, Moose und Farne. Tosendes Brausen und feinster Sprühnebel. Trocken ist anders. Die Reinbachfälle bieten ein Erlebnis der besonderen Art. Ein schmaler Weg führt neben den Wasserfällen den Berg hinauf. Fünf Fallstufen sind es insgesamt, die beiden letzten sind allerdings nicht einsehbar. Wer glaubt, der untere Wasserfall sei mit seinen 15 Metern Fallhöhe der gewaltigste, täuscht sich. Denn der Reinbach fällt im Crescendo.

Die Gewalt des Wassers hat bizarre Formen in die Felsen geschnitten. Einen Christus mit Dornenkrone, ein Schlüsselloch … der Fantasie sind keine Grenzen gesetzt. Je höher man steigt, desto ohrenbetäubender ist der Lauf des Wassers, das milchig weiß über die Felskaskaden in die Tiefe stürzt. Immer wieder bilden sich Wirbel um Felsen, weiße Schaumkronen, bevor der Reinbach, der im Naturpark Rieserferner-Ahrn entspringt und bei Sand in Taufers in die Ahr mündet, glasklar weiterfließt. An manchen Stellen erscheint die Kaskade zweigeteilt –

tosend aufspritzende, aufgewühlte Wassermassen und daneben ein wie Öl fließendes weißes Band. Dem Tosen des fallenden Wassers antwortet ein dumpfes Grollen aus der Tiefe, wo das Wasser sich in Becken sammelt, bevor es weiterfließt. Ein Rheinfall oder ein Niagarafall en miniature, denkt man unwillkürlich und zugegebenermaßen etwas vermessen. Jedenfalls erklärt sich hier, angesichts der entfesselten Urgewalt des Wassers, warum Naturvölker angesichts solcher Phänomene Götterkraft am Werk sehen.
Ein weiterer Wasserfall daneben ist nicht natürlichen Ursprungs, sondern das Ergebnis einer Ableitung des Baches. Hier scheinen die Naturgesetze außer Kraft gesetzt: Das Wasser trifft nach 50 Meter Fall mit solcher Gewalt auf die Felsen, dass die Gischt einen steten Sprühregen bildet, der allerdings nicht vom Himmel fällt, sondern sich von unten nach oben ausbreitet. Wer sich bis zur Aussichtsplattform über dem Fallbecken vorwagt, ist binnen weniger Sekunden klatschnass. Fotografisch gesehen sind die Reinbachfälle eine große Herausforderung. Immer wieder muss die Linse von den feinen Wassertröpfchen gereinigt werden: eine Sisyphos-Arbeit, die hohe Konzentration und eine gehörige Portion Geduld verlangt. ◁

Ondinas Regenbogen

Der Karersee

Unglaublich, wie viele unterschiedliche Arten von Grün es gibt: Schwarzgrün, Smaragdgrün, Lindgrün, Blaugrün, Türkis, Graugrün, Dunkelgrün, Olivgrün. Der ladinische Name des Karersees lautet Lec de Ergobando: Regenbogensee. Aber eher als ein Regenbogen erscheint er als eine Farbpalette in Grün. Je nach Wetter und Jahreszeit erhält dieser See, der als die Perle der Südtiroler Seen gilt, zahllose verschiedene Grün-Nuancen zur gleichen Zeit. Dann nimmt die Wasseroberfläche an verschiedenen Stellen unterschiedliche Farbtöne an.

Das Bild des Regenbogens ist an eine Sage geknüpft, mit der sich die Menschen die Farbpracht dieses Gebirgssees zu erklären suchten. Ein Hexenmeister soll versucht haben, die Nymphe Ondina mithilfe eines Regenbogens aus dem Wasser zu locken. Sie erkannte aber die Täuschung und entfloh ihm in die Tiefen des Sees, woraufhin er ihr voller Wut den Regenbogen nachschleuderte.

Gespeist wird der Karersee, der auf 1.520 Meter Höhe im Gemeindegebiet von Welschnofen liegt, von unterirdischen Quellen des Latemar-Gebirgsstocks. Die umliegenden Berge tragen zu seiner einmaligen Schönheit bei: Je nach Blickwinkel spiegeln sich die schönsten Dolomitengebirgszüge, Latemar und Rosengarten, tagsüber in bleichem Weiß und während der Morgenröte und der Dämmerung in flammendem Orangerot. Der Seegrund ist aus dem bleichen Kalkgestein der Dolomiten; verbunden mit dem geringen Algenbewuchs verleiht dies dem See seine besondere Lichtdurchlässigkeit.

Der von dunklem Fichtenwald umgebene Karersee wechselt nicht nur seine Farbe, er verändert auch sein Ausmaß. Am größten ist er im Frühjahr und im Frühsommer nach der Schneeschmelze, dann misst er 300 mal 140 Meter, erreicht an der tiefsten Stelle 22 Meter und leckt an dem ihn umlaufenden Holzsteg. Im Oktober ist der Wasserstand mit knappen 6 Metern am niedrigsten, er schrumpft fast zur Lacke. Aber wer an der Straße zum Karerpass an ihm vorbeifährt, nimmt dennoch im Augenwinkel die außergewöhnliche Färbung dieses Sees wahr – ein glitzerndes Riesenjuwel im Dunkel des Waldes oder das vergessene Glasauge eines Zyklopen.
Die Seeufer sind zum Schutz abgesperrt, aber ein Steg führt um den See herum. Wer vom Besucherzentrum am Parkplatz zum See will, muss in einem Tunnel die Straße unterqueren. Dieser stimmt den Besucher schon ein auf die mystische Stimmung dieses einzigartigen Naturdenkmals.

Eine Installation zum Thema Mythen und Klang lässt Hexenstimmen flüstern, raunzen und raunen, magische Musik und Zauberformeln begleiten den Weg, Klanghölzer wollen erprobt werden, wechselnde Farben kleiden die Wände. Und sobald man auf die Aussichtsplattform tritt, hat man den See auf Augenhöhe vor sich.
Der Karersee ist der unterste von drei Seen, die von unterirdischen Gebirgsquellen gespeist werden. Der am Rand des Latemar-Labyrinths gelegene Obersee füllt sich allerdings nur nach Unwettern und während der Schneeschmelze, ansonsten ist er eine spärlich bewachsene Sandfläche. Der kleine Mittersee liegt versteckt mitten im Wald. Im Sommer speist sein Wasser den Karersee, dann trocknet er aus und verwandelt sich in eine bunt blühende Wiese und Bienenweide: die Metamorphose der Natur. ◁

Stumme Wächter

Die Urlärchen im Ultental

Sind es nun 1.000 oder 2.000 Jahre oder gar nur 850? So oder so gelten die drei Urlärchen, die sich auf 1.450 Meter Höhe in St. Gertraud im Ultental befinden, als die ältesten Nadelbäume Europas. Sie stehen am Rand eines Bannwaldes, der die Außerlahnhöfe vor Lawinen schützen soll. Ihre Wipfel haben sie längst eingebüßt und auch viele Äste; sie sind von Wind, Schnee und Blitzschlag gezeichnet. Die knorrige dicke Rinde gleicht der Haut eines Elefanten. Trocken und aufgerissen fühlt sie sich an und wenn man mit den Fingern darüberstreicht, knistert es. Klopft man, klingt es hohl. Aber jedes Jahr treiben sie neu aus und neues Astwerk wächst nach. Zur Talseite hin verläuft das astdicke Wurzelgeflecht etwa 1 Meter oberirdisch, bevor es sich tief in die Erde eingräbt. Es sieht aus, als stünde jede der Lärchen auf einem einzigen Fuß, der ihr breit und massig Halt verleiht. Unter ihnen breitet sich der Talschluss des Ultentals aus und gegenüber liegen die jahrhundertealten Höfe von St. Gertraud, deren Bau die Lärchen schon als stumme Wächter mitverfolgt haben.

Sie sind die letzten einer Gruppe monumentaler Lärchen, die im 19. Jahrhundert und in den ersten Jahren des 20. Jahrhunderts Unwettern und Schlägerungen zum Opfer gefallen sind. Das letzte Mal fällte 1930 ein Blitzschlag eine

der Urlärchen. Angeblich hatte der Stamm 2.000 Jahresringe. Die Altersbestimmung durch Jahresringe ist allerdings bei so alten Bäumen durch die Baumfäule erschwert, jüngste Forschungen setzen das Alter der drei Urlärchen auf 850 Jahre an. Die mächtigste von ihnen misst mehr als 8 Meter im Umfang. Der Stamm der obersten Lärche ist vor vielen Jahren geborsten und öffnet sich zu einer Baumhöhle. Die Stammränder ruhen sicher auf einer Befestigungsmauer und im Inneren des Baumes haben sich viele Wanderer mit ihrem Namen verewigt. Die höchste der drei Urlärchen ist 7 Meter breit und erreicht auch ohne Wipfel noch 36,5 Meter.

Das Alter hat die Bäume gezeichnet: Die Rinde zeigt viele mehr oder weniger große Wülste und wellenförmige Muster, in denen man vielerlei Formen entdecken kann, vielleicht sogar ein Gesicht oder ein Körperteil? Auch ihre Äste sind bizarr geformt. Seitenäste sind dabei, die Funktion des abgebrochenen Wipfels zu übernehmen. In den Stämmen der Lärchen finden sich ringsum und auf verschiedenen Höhen Löcher, die ins Bauminnere führen. Hier nisten Vögel und Fledermäuse nutzen die dunklen Höhlen, um sich tagsüber zurückzuziehen.

Das lebendige Treiben, vor allem in den Sommermonaten, wenn viele Besucher den kurzen Aufstieg vom darunter liegenden Gasthaus auf sich nehmen, um diese majestätischen Riesen aus Urzeiten zu bewundern, stört die Ruhe der monumentalen Bäume nicht. In ihrer Jugend war das Tal noch nicht einmal besiedelt und was ist schon der Lärm eines sonnigen Nachmittags gegen die erhabene Ruhe von mehr als 8 Jahrhunderten? ◁

Sie liegt versteckt und mittlerweile auch eingezäunt mitten in einem Fichtenwald auf 1.580 Meter Höhe: die Geroldquelle in Obereggen. Zwischen Herbst und Mitte Juni tritt das trinkwasserreine Quellwasser sanft plätschernd an mehreren etwa eineinhalb Meter voneinander entfernten Ausgängen aus dem Felsen. Das Wasser sammelt sich nicht sofort in einem Bachbett, sondern sucht sich auf der ganzen Breite zwischen den moosbewachsenen Felsen und durch das lockere Erdreich seinen Weg ins Tal. Ein schmaler, steiler Weg folgt dem Wasserlauf. Weich gefederter Waldboden und der intensive Duft von Erde und feuchter Vegetation begleiten den Wanderer. Es brodelt und gluckert, an manchen Stellen ist das Wasser gischtweiß, an

Stichtag 15. Juni

Die Geroldquelle in Obereggen

anderen versickert es fast zur Gänze im Boden, in Vertiefungen bilden sich kleine Lachen. Vogelbeersträucher, durch die hohe Luftfeuchtigkeit aufgeblähte Moose und Brunnenkresse säumen den Wasserlauf.

Etwa 200 Meter tiefer wurde vor vielen Jahrzehnten ein Felsbecken angelegt, in dem der Geroldbach sich staut, bevor er seinen Lauf ins Tal fortsetzt. Bis in die 60er-Jahre des vorigen Jahrhunderts bediente dieser Wasserlauf auf der Strecke bis Birchabruck ein gutes Dutzend an kleinen Sägen und Mühlen, die mittlerweile alle aufgelassen sind. Vereinzelte Sägehäuschen erinnern noch an diese intensive Nutzung des Wassers.

Um St. Veit beziehungsweise St. Vitus am 15. Juni wandelt sich das Bild. Innerhalb von wenigen Stunden verdreifachen die vorher sanft plätschernde Quelle und der Gebirgsbach ihr Volumen und strömen nun mit unbändiger Kraft aus dem Felsen zu Tal. Es scheint, als sei der gesamte Schnee auf den Bergen auf einmal geschmolzen. Wenn der Sommer nicht allzu trocken ist, bewahrt sich die Quelle noch bis in den Spätherbst diese Kraft, bevor sie sich wieder besänftigt. Zu erreichen ist die Geroldquelle über einen Wanderweg von Obereggen aus oder in nur 10 Minuten über einen Weg, der von einem Parkplatz oberhalb des Fernheizwerks Obereggen in den Wald führt.

Woher der Name Gerold rührt, ist nicht belegt, im Eggental hat er jedenfalls keine Tradition. Der hl. Gerold war ein Einsiedler aus Rätien, der im 9. Jahrhundert lebte. Der hl. Veit oder Vitus hingegen war ein aus Sizilien stammender Märtyrer. Er ist der Schutzpatron der Apotheker, Gastwirte, Bierbrauer, Winzer, Kupferschmiede, Tänzer und Schauspieler, der Jugend, der Haustiere u. a. m. Wenn es an St. Veit regnet, sind dem Volksglauben nach ein pilzreicher Spätsommer und Herbst zu erwarten. ◁

Bienenweide

Die Linde in Hafling

In Südtirol stellen Laubbäume nur etwa 2 Prozent des Baumbestandes. Eichen, Buchen und Kastanien bilden den größten Anteil. Dennoch gibt es in vielen Dörfern zumindest eine Linde. In vorchristlichen Zeiten wurde unter diesen der Fruchtbarkeitsgöttin Freya gewidmeten Bäumen Recht gesprochen. In der Spätgotik war das weiche Holz der Baumgattung das bevorzugte Rohmaterial von Bildhauern wie zum Beispiel Michael Pacher oder Tilman Riemenschneider. In der Vergangenheit war es Usus, Linden als Dank nach Kriegen oder Pestepidemien zu pflanzen. Die monumentale Linde (*Tilia cordata*) in Hafling steht unweit des Sulfnerhofs in St. Kathrein auf einem mit Gras bewachsenen Porphyrhang. Heute führt die von Meran kommende Straße in einer Kurve an der Linde vorbei. Bevor die Straße gebaut wurde – das war 1978 und ist demnach noch gar nicht so lange her –, stand sie am Steinplattenweg, der bis 1923 als einziger Weg Meran mit Hafling verband und über den mit Saumpferden und Mulis Waren transportiert wurden. Ab 1923 war das Streudorf auf dem Tschögglberg auch über die Seilbahn von Meran erreichbar, deren Betrieb 1979 eingestellt wurde.

Im Winter erscheint die Linde als stammloses Astgebilde, im Sommer sieht sie aus wie ein

riesiger kompakter Busch aus lindgrünen Blättern. Dicht und undurchlässig hebt er sich vom Grasgrün der Wiese und den dahinterliegenden dunkelgrünen Matten an den Berghängen ab: eine Symphonie in Grün! Von der gegenüberliegenden Nordostseite erscheint der Baum hingegen in seiner ganzen Größe, licht und mit deutlich erkennbarer Aststruktur.

In weniger als 200 Meter Entfernung erhebt sich das romanische Kathreinkirchlein vor der imposanten Texelgruppe auf der gegenüberliegenden Talseite. Tief unten liegt Meran. Das Kirchlein ist das Wahrzeichen Haflings und stammt aus dem 13. Jahrhundert, die Apsis ist gotisch und im Inneren befinden sich wertvolle Fresken sowie ein spätgotischer Flügelaltar.

Zwischen dem Kirchlein und der Linde liegt ein einzelner Felsbrocken mitten in der Wiese. Für die Straßenbauarbeiten musste der Fels angehoben werden und zur Überraschung der Arbeiter war der unter der Erde liegende Teil des Felsens noch größer als der sichtbare. Um den Felsen rankt sich eine Legende: Zwei Riesen teilten sich bei den Bauarbeiten des Kirchleins St. Kathrein und der Kapelle von Langfenn einen Hammer und gerieten darüber in Streit. Einer der beiden schleuderte daraufhin einen Stein in Richtung des Kirchleins, verfehlte aber sein Ziel.

Im Frühjahr erfüllt der intensive süßliche Duft der Lindenblüten weithin die Luft. Der Baum vermehrt sich durch Bestäubung und weil Linden mit ihrem Blütennektar und ihren Pollen eine wichtige Nahrungsquelle für Insekten sind, gelten sie als „Bienenweiden". Die Blüten ergeben außerdem einen gut schmeckenden, beruhigenden und schweißtreibenden, fiebersenkenden Aufguss.

Linden können grundsätzlich ein Alter von 1.000 Jahren erreichen und variieren in der Höhe zwischen 15 und 40 Metern. Die Linde am Sulfnerhof misst ungefähr 16 Meter und steht auf 1.230 Meter Höhe. Sie hat zwei starke,

gerade nach oben wachsende Hauptäste. Der Stammumfang beträgt 2,80 Meter, der Durchmesser der Krone 15 Meter. Auffallend ist das Wurzelwerk, das sich vom Stamm wulstig unter die Erde schiebt. Die dicken Wurzelstränge sind von Astlöchern mit der Form von Augen gezeichnet.

Das genaue Alter der Linde ist unbekannt. Vermutlich stand sie schon, bevor die Familie Reiterer vor 400 Jahren den Sulfnerhof, der heute ein Hotel und Reiterhof ist, übernahm. Der Hof selbst stammt nachweislich aus der Zeit vor dem Bau des Kathreinkirchleins. ◁

Entfesselt

Die Gilfenklamm in Ratschings

Eine Klamm ist eine von einem Wasserlauf tief in den Felsen eingeschnittene Schlucht. Oft ist sie im unteren Bereich, wo das Wasser an den rund gewaschenen Felswänden entlang ins Tal strömt, breiter als im oberen Teil, wo sich die vom Wasser bearbeiteten Bergwände eng gegenüberstehen. Die Gilfenklamm im Gemeindegebiet von Ratschings wird vom Ratschinger Bach gebildet, der sich auf seinem Weg ins Ridnauntal im Lauf der Jahrtausende durch eine Schicht weißen Ratschinger Marmors durchgearbeitet hat. Sie gilt als eine der schönsten zugänglichen Schluchten des gesamten Alpenraums.

Eines ist sicher: Wer die Gilfenklamm besucht, sollte schwindelfrei sein! Der obere Einstieg liegt beim Gasthof Jaufensteg auf 1.149 Meter Höhe und führt zunächst am Bachufer entlang, in dessen Bett schneeweiße Marmor-, Porphyr- und Granitblöcke liegen. Um die Felsen herum ist der Wildbach immer wieder in Strudellöchern gefangen, die ihn in wilden Wirbeln kreisen lassen, bevor sie das Wasser wieder freigeben. Die Klamm weist zahlreiche mehr oder weniger starke Gefälle auf, in deren Nähe das ohnehin starke Rauschen des Bachs zu einem dumpfen, brausenden und alles übertönenden Donnern

Blätterdach

Die Platane am Bozner Bahnhof

30 Meter ist sie hoch, die Platane (*Platanus*) am Bahnhofsplatz in Bozen, einer der verkehrsreichsten Zonen der Südtiroler Landeshauptstadt. Ende des 19. Jahrhunderts wurde sie an der Begrenzung des Bahnhofsparks gepflanzt. Zum Glück war sie schon vor der Zunahme des Stadtverkehrs in den 70er-Jahren zu einer stattlichen Höhe herangewachsen, sodass ihr Blattwerk oberhalb der mit Abgasen gesättigten Luft liegt und keinen Schaden erleidet. Unbehelligt überlebt hat sie auch die Zeiten, in denen sogenannte Chausseebäume aus Angst vor Astbruch rücksichtslos zurückgeschnitten wurden. Heute ist sie nicht nur die größte Platane Südtirols, sondern auch die schönste. Wer von Norden in Richtung Bahnhof fährt, kann sie in ihrer ganzen Größe bewundern: ihre majestätische Statur, den gleichmäßigen Wuchs und das volle Blattwerk. Der Stammumfang beträgt fast 6 Meter, die Krone misst 30 Meter im Umfang und bildet von Frühjahr bis Herbst ein grünes oder gelboranges Dach über der Straße. Der Stamm ist durch ein mehrfarbiges Borken-Mosaik geprägt. Im unteren Teil sind stellenweise noch alte Schichten brauner Borke vorhanden, darunter erscheint die weißlich bis hellgrün gefleckte junge Borke – ein

typisches Erscheinungsbild für diesen Baum. Die Rinde von Platanen blättert jedes Jahr in dünnen Plättchen ab und hinterlässt ein Leopardenflecken ähnliches Muster. Diese stattlichen und dekorativen Bäume können bis zu 50 Meter groß und viele Hundert Jahre alt werden.

Platanen sind typische Alleebäume aus den Zeiten, als nicht nur Fuhrwerke, sondern auch Reiter auf den Straßen unterwegs waren, dankbar für den Schatten, den die weit ausladenden Kronen dieser Bäume spendeten. Das üppige Astwerk mit den unzähligen Blättern bindet außerdem Staub und Abgase und trägt zur Reinigung der Luft bei.

Gepflegt wird die Platane seit vielen Jahren von Andrea Trentini und seinem „Arboteam". Viermal ist Andrea Trentini schon auf die Platane gestiegen, um ihren Zustand zu kontrollieren sowie gebrochenes und trockenes Astwerk behutsam zu entfernen. Vor 30 Jahren hat der auf Baumkul-

tur spezialisierte Agrartechniker aus seiner Passion für Bäume einen Beruf gemacht. Seine Firma gehört der Vereinigung „European Treeworker“ an. Sie pflegt mittlerweile nicht nur in Südtirol eine Vielzahl von Bäumen, darunter auch sehr viele Naturdenkmäler, sondern auch in anderen Regionen und im benachbarten Ausland. Eine hoch spezialisierte Arbeit, die sich hauptsächlich in luftiger Höhe abspielt. ◁

Spiegelbilder

Der Antholzer See

Je nach Licht ist er grau, fast schwarz, dunkelblau, smaragdgrün oder weißlich. Wald, Wolken, Himmel und die Silhouette des Rieserferners verdoppelt er spiegelverkehrt. Ein leiser Windhauch oder ein Fisch, der an die Oberfläche stößt, genügen und die Illusion löst sich in kräuselnde Ringe auf. Und selbst diese sind von geheimnisvoller Schönheit, wenn sich an einem Sonnentag das Licht in ihnen bricht und die Oberfläche des Sees in ein Glitzermeer verwandelt. Der Antholzer See oder auch Untersee liegt auf dem Gebiet der Oberpustertaler Gemeinde Rasen-Antholz und ist der drittgrößte See in Südtirol. Er liegt im Naturpark Rieserferner-Ahrn auf 1.642 Meter Höhe nahe der österreichischen Grenze und nur wenige Hundert Meter entfernt vom Antholzer Biathlonstadion. Er ist von Lärchen- und Buschwald, Weiden, im Sommer von

blühenden Wiesen und grauem Ufersand gesäumt. Nur zwei Gebäude an Nord- und Ostufer unterbrechen das natürliche Ambiente.

Seit 2003 führt ein Naturerlebnispfad um den 38 Meter tiefen Bergsee, auf dem der Spaziergänger Interessantes über die Flora und Fauna der Bergwelt erfahren kann. Er lernt Vögel und Säugetiere, Wildkräuter und Pflanzen, auch fleischfressende, zu erkennen. Den Storchenschnabel zum Beispiel oder das Johanniskraut und den Sauerklee, die Feuerlilie oder das Leberblümchen. Und wer Glück hat, kann auf seinem Rundweg vielleicht sogar einen Kleiber, einen Buntspecht oder einen Tannenhäher entdecken. Unerschrockene wagen sich im Sommer zum Baden in den kalten See. Mehrere Bergbäche münden flach durch ein naturbelassenes, ausuferndes Bachbett in den See. Je nach Jahreszeit und Niederschlagsmenge oder Schneeschmelze enthält er mehr oder weniger Wasser. Im Winter friert er zu und lädt ein zum Eislaufen vor der wunderschönen Kulisse des Rieserfernergletschers zwischen Hochgall (3.436 m) und Schneebigem Nock (3.358 m). Von seiner schönsten Seite zeigt er sich vielleicht im Herbst, wenn die Lärchen sich in leuchtendes Orange kleiden und die Bergspitzen weiß vor dem für die Jahreszeit typischen klaren und tiefblauen Himmel leuchten. ◁

Eine alte Dame

Die Rebe von Schloss Katzenzungen

Ob sie nun tatsächlich die älteste und größte Rebe der Welt ist, wie auf dem Informationsschild am Parkplatz angegeben, sei dahingestellt Viele dieser Art gibt es sicher nicht, in Europa dürfte sie einzigartig sein. Nachweislich mehr als 360 Jahre zählt der majestätische Rebstock, der auf 600 Meter Höhe an einem Nordhang auf kargem Porphyr-Verwitterungsboden vor einer Trockenmauer unterhalb von Schloss Katzenzungen bei Prissian in Tisens wächst. In vollem Sommerwuchs bedeckt sein Laub eine Fläche von über 350 Quadratmetern.

Die Ursprünge von Schloss Katzenzungen gehen auf das 13. Jahrhundert zurück. Einst einer der vornehmsten Adelssitze Südtirols, verfiel das Schloss ab dem 17. Jahrhundert zusehends und wurde erst ab 1978 restauriert. Tisens wie auch

Prissian sind als Burgendörfer bekannt: Zahlreiche Adlige siedelten sich auf dieser sonnigen Anhöhe hoch über dem Etschtal an. Schloss Katzenzungen wird heute wie viele andere Adelssitze auch für kulturell-gastronomische Veranstaltungen oder für Hochzeiten genutzt. Welchem Zufall es zu verdanken ist, dass die Versoaln-Rebe nicht wie üblich nach Überschreiten des höchsten Fruchtstandes – normalerweise nach 25, in seltenen Fällen nach 50 Jahren – ausgewechselt wurde, ist nicht bekannt.

Gezogen ist diese Rebe auf der in Südtirol traditionellen Pergola aus Kastanienholz, die sich mittlerweile schwertut, die mannsdicken, schlangengleichen Äste zu tragen, die hügelaufwärts der Schlossbrücke entgegenwachsen. Der Stamm der Rebe ist altersspröde und zum Teil aufgesprungen, er weist einen für Reben ungewöhnlichen Umfang auf. Gleich oberhalb des Wurzelstockes teilt sich die Rebe in vier Äste mit Umfängen von 50 bis 80 Zentimetern.
Die Rebe gehört der autochthonen Sorte Versoaln (auch Versailler) an und trägt im Herbst kleine Rispen, die mit mittelgroßen, durchscheinenden Beeren bestückt sind. Groß ist der Ertrag dieser alten Dame nicht mehr. Bis vor einigen Jahren waren es noch 700 Kilogramm, aber es wird von Jahr zu Jahr weniger. Je nach Jahrgang ergeben ihre Trauben noch 60 bis 90 Flaschen eines fruchtigen, fein strukturierten Weißweins mit leicht betonter Säure.
Woher der Name der Rebsorte stammt, ist nicht zweifelsfrei geklärt, wahrscheinlich aber aus vorromanischer Zeit. Vermutlich deutet er auf die steile Lage hin, in der diese Reben wachsen. Das Hauptanbaugebiet der Sorte Versoaln war nämlich der Vinschgau mit seinen abschüssigen Talhängen. „Versoaln“ heißt im Südtiroler Dialekt auch so viel wie „sichern“ oder „abseilen“. ◁

Natur und Geschichte

Der Pragser Wildsee

Seinen Ursprung hat er einem urzeitlichen Bergsturz zu verdanken: Der Pragser Wildsee ist ein natürlicher Stausee und hat aufgrund seiner besonderen Morphologie das klarste Wasser aller Seen in Südtirol. An wolkenlosen Tagen leuchtet er in einem einzigartigen transparenten Blau, ist der Himmel bewölkt, wird er dramatisch bleiern. Der Sage nach befand sich an seinem Südende am Fuß des Seekofels das nur mit einem Boot zu erreichende Tor zur Unterwelt des sagenhaften Dolomitenreiches der Fanes. Die tragischen Geschichten um die Königstochter Dolasilla, Spina del Mul und Ey de Net sind das Volksepos der Ladiner.

Der See liegt auf 1.469 Meter Höhe. Direkt an seinem Ufer steht das Hotel Pragser Wildsee, ein typisches Grandhotel mit Remise, Bootshaus und Kirchlein aus der Zeit um die Wende vom 19. zum 20. Jahrhundert. Gegen Ende des Zweiten Weltkriegs wurde das Hotel zum Handlungsort einer Befreiungsgeschichte: 139 Sonder- und Sippenhäftlinge wurden im April 1945 durch das Eingreifen eines Wehrmachtsoffiziers aus SS-Hand befreit und verbrachten die wenigen Tage bis Kriegsende im Hotel Pragser Wildsee in der Obhut von Emma Heiss-Hellenstainer. Unter ihnen befanden sich der ehemalige französische Ministerpräsident Léon Blum und der

ehemalige österreichische Reichskanzler Kurt Schuschnigg, Pastor Martin Niemöller sowie einige Familienmitglieder des Hitler-Attentäters Claus Schenk Graf von Stauffenberg. Noch heute treffen sich Mitglieder der Familie von Stauffenberg alljährlich um den 20. Juli am Pragser Wildsee.

Aber zurück zum Naturdenkmal, das auch zum UNESCO-Weltkulturerbe Dolomiten zählt: Der idyllische Wildsee kann zu Fuß umrundet werden, er ist Ausgangspunkt des Dolomiten-Höhenweges Nummer 1, im Sommer kann man Ruderboote ausleihen und auch einige beherzte Schwimmer trauen sich in das eiskalte Wasser. In den frühen Morgenstunden und zur Dämmerung gehört der See einigen Anglern, die eingesetzte Forellen oder einen der wenigen Saiblinge fischen. Der See hat eine mittlere Tiefe von 17 Metern, der Wasserstand ist stark von den Jahreszeiten abhängig. Der kleine Seezipfel am Nordende kann im Frühjahr, wenn das Wasser vor Einsetzen der Schneeschmelze seinen Tiefstand erreicht, über ein kleines Brett überquert werden. Der Bach, der hier aus dem See fließt, wird davon allerdings nicht beeinflusst und behält Winter wie Sommer sein Volumen.

Der Pragser Wildsee ist ein Beispiel dafür, wie fragil das Verhältnis zwischen Naturschutz und Tourismus ist. Infolge der beliebten italienischen Fernsehserie „Un passo dal cielo" mit Terence Hill, die am See gedreht wurde, muss das Naturdenkmal in den Sommermonaten mit einem großen Besucheransturm fertigwerden. Wer die magische Schönheit dieses von Bergen eingeschlossenen Sees mit dem romantischen Ensemble des alten Grandhotels und seines Bootshauses ungestört erfahren möchte, sollte ihn nicht im Sommer besuchen. Neigt der August sich seinem Ende zu, kehrt Ruhe ein. Dann wird die friedliche Stille des Sees nur ab und zu vom Ruf eines Vogels oder von leisem Platschen unterbrochen, wenn ein Fisch aus dem Wasser springt. ◁

Erstes Fotoshooting 1891

Zwei Tulpenbäume in Meran

Auf den ersten Blick sind sie kaum zu erkennen, die Blüten der beiden Tulpenbäume (*Liriodendron tulipifera*), die mitten auf der Winterpromenade in Meran auf Höhe der Jugendstil-Wandelhalle stehen. Hier, auf der sonnigen Uferseite der Passer, sollten die Kurgäste auch im Winter so viel Zeit wie möglich auf der Flaniermeile und somit an der frischen Luft verbringen. Eigentlich ist der Tulpenbaum, der der Gattung der Magnolien angehört, im (süd-)östlichen Nordamerika beheimatet, nicht umsonst ist er der offizielle Staatsbaum der US-Bundesstaaten Kentucky, Indiana und Tennessee. Im 17. Jahrhundert wurde die Baumart als Zierpflanze und für die Holzproduktion nach Europa importiert. Und in der Kurstadt Meran stehen gleich mehrere Exemplare. Die gelbgrünen, glockenförmigen Blüten mit dem typischen orangefarbenen Fleck heben sich kaum vom glänzenden, hellgrünen Laub ab. Die symmetrischen, vierzackigen Blätter sind bis zu 15 Zentimeter lang und 20 Zentimeter breit. Im

Herbst färben sie sich goldgelb. Die Baumkrone der Tulpenbäume ist gewölbt und hochragend, auffallend ist, dass auch bei vollem Blattstand die Aststruktur der Bäume deutlich zu erkennen ist, da die Äste sehr weit gestellt sind. Alle Pflanzenteile, besonders Holz und Rinde, sind giftig für den Menschen. Die Stämme der Tulpenbäume weisen einen Umfang von etwa 1 Meter auf, sie sind etwa 25 Meter hoch. Die Kronen beider Bäume haben einen Umfang von mehr als 10 Metern. Weil sie aber nur wenige Meter voneinander entfernt stehen, verbinden sie sich zu einer großen Krone. Wie alle Magnoliengewächse zählt auch der

Tulpenbaum zu den ursprünglichsten Blütenpflanzenarten; die Gattung der *Magnoliaceae* ist seit 100 Millionen Jahren nachweisbar. Tulpenbäume können bis zu 500 Jahre alt werden.
Die beiden Exemplare an der Winterpromenade wurden fotografisch bereits im Jahr 1891 erfasst und erscheinen auf einigen Aufnahmen, die am Tresen des Cafés Wandelhalle abgebildet sind, schon als imposante Bäume.
Am schönsten zeigen sich die beiden Tulpenbäume den Spaziergängern, die sich der Wandelhalle von Süden, von der Postbrücke kommend, nähern. Sie teilen die Flaniermeile im oberen Bereich der Wandelhalle und spenden den Gästen des Cafés, die an den Tischen im Freien Platz nehmen, im Sommer Schatten. Eingerahmt werden sie von der üppigen Vegetation der Winter- und der gegenüberliegenden Sommerpromenade, von mehreren im Hintergrund sichtbaren Zedernwipfeln und dem wildromantischen Rauschen der Passer. ◁

Wandelhalle

Der Weg des Wassers

Das Krumpwasser am Timmelsjoch

Krumpwasser – ein unpoetischer Name für ein Ambiente, das in den Alpen seinesgleichen sucht: zwei Torfebenen mit Niedermooren, durch eine Steilstufe getrennt und von Flussmäandern durchzogen. Daher auch der Name, denn „krump" bedeutet im Südtiroler Dialekt so viel wie „krumm". Gemeint ist damit die Krümmung der Mäanderbögen. Umgeben ist das Krumpwasser von der mächtigen Kette von Dreitausendern, die die italienische Seite des Timmelsjoches bilden und den hintersten Teil des Passeiertals vom Ridnauntal und vom Schneeberggebiet abtrennen – der Botzer zum Beispiel mit seinen 3.250 Metern oder die 3.354 Meter hohe Schwarzspitze. Auch im Sommer tragen ihre Gipfel noch weiße Spitzen und die Schattenseiten sind von einigen, wenn auch stark im Rückgang begriffenen Gletscherflecken bedeckt. Im Sommer weiden hier Pferde, Kühe, Schafe und Ziegen, im Winter ist es ein Paradies für Schneeschuhwanderer und Skitourengänger.

Das Wildbachambiente des Unteren und Oberen Krumpwassers ist in den Alpen einzigartig und zeugt von gewaltigem Wasserreichtum. Hier entspringt die Passer und sucht sich ihren Weg in

unregelmäßigen, größeren und kleineren Schlangen durch die sanft abfallende Ebene auf 2.310 Meter Höhe – und nicht nur sie, denn von allen Seiten speisen Nebenbäche den Wasserlauf. Vor der Steilstufe sammelt sich das Wasser, um dann steil hinunterzufließen. Unten wiederholt sich das Phänomen. Die von den Mäandern durchzogenen Wiesen sind in den kurzen Sommern auf dieser Höhe üppig grün und mit Blumen geschmückt. An den Talrändern leuchten Alpenrosen in vollem Rosarot. Wer hier hochsteigt, muss sich für eine Seite des Flusses entscheiden, die Mäander sind weniger flach, als sie aussehen, und nur an zwei Stellen ermöglichen rudimentäre Holzsteige ein Überqueren der 4 bis 8 Meter breiten Gebirgsbachschlingen.
Die sumpfig weichen Wiesen geben beim Laufen nach und immer wieder droht der Fuß im Moor einzusinken, nasse Schuhe sind die Regel. Das Ufer des Bachs besteht aus feinstem Sediment-

sand, aus dem Erdkuppeln mit üppigen Grasbüscheln ragen. Wäre das Wasser nicht so eisig, würde man am liebsten ganz hineinsteigen und nicht nur die Füße darin baden. Verlässt man das hohe Krumpwasser über eine weitere Steilstufe am Ende der Ebene, gelangt man zum Großen Timmler Schwarzsee (2.514 m), der mit 32 Metern zu den tiefsten Bergseen Südtirols zählt. Bei Schlechtwetter macht er seinem Namen alle Ehre, scheint die Sonne, glänzt er in tiefem Blau. Noch weiter oberhalb liegt der teilweise versandete Kleine Timmler Schwarzsee auf 2.600 Metern. Wunderschön ist es hier im Spätsommer, wenn das blühende Wollgras die Wiesen in wollig weiße Blütenteppiche verwandelt. Die Passer – und das ist nur eine der Besonderheiten dieses Gebirgsbaches, der bei Meran in die Etsch fließt – hat keine eigentliche Quelle, sondern ein ganzes Quellgebiet. Sie entsteht aus den beiden Seen und der reizvollen Moorlandschaft des Oberen und Unteren Krumpwassers. Im Winter ändert sich das Bild: Die beiden Ebenen sind von Schnee bedeckt – ein sanft ansteigendes Gelände, das den sich darunter befindlichen Wasser- und Landschaftsschatz nicht erahnen lässt. Die Timmelsjoch Hochalpenstraße, von der bei Kilometer 20 eine Abzweigung zum Krumpwasser führt, ist der einzige alpenquerende Pass zwischen Brenner und Reschen und verbindet seit 1968 Italien mit Österreich. Sie ist Österreichs höchstgelegener Straßengrenzübergang. Über die Höhe gibt es allerdings unterschiedliche Meinungen: Auf den italienischen Karten wird sie mit 2.474 Metern verzeichnet, auf österreichischen mit 2.472 und am Timmelsjoch selbst stehen österreichische und italienische Schilder am Straßenrand, die die Passhöhe mit 2.509 Metern angeben. Wie auch immer, in diese Höhe führte schon 1320 ein Saumweg, der das Passeiertal mit dem Ötztal verband. ◁

Lebendes Fossil

Der Mammutbaum im Kloster Neustift

Schon von Weitem ist er zu erkennen und macht seinem Namen alle Ehre, der Mammutbaum (*Sequoioideae*) im Garten des Augustiner Chorherrenstifts Neustift bei Brixen. Wie ein Wächter steht er dicht an der südöstlichen Ecke der Begrenzungsmauer im Klostergarten. Einige Äste lehnen auf ihr. Der Baum ist von sehr regelmäßigem Wuchs mit vollem Geäst. Die Krone ist gerade, kegelförmig und wird nach oben hin schmäler. Je nach Position des Betrachters scheint der Baum das gesamte Areal weit zu überragen, auch den Turm der Stiftskirche. Die anderen Bäume des Gartens, darunter immerhin auch zwei jahrhundertealte Ginkgos, degradiert er mit seinen mehr als 30 Metern Höhe zu Büschen.

Der Klostergarten wurde bereits im 15. Jahrhundert zu Meditationszwecken angelegt, heute besteht er aus einer Fallobstwiese, einem Barock- und einem Kräutergarten. Ab 2001 wurde er nach dem historischen Vorbild restauriert und 2004 für das Publikum geöffnet. Das Chorherrenstift vor den Toren von Brixen ist die größte Klosteranlage in ganz Tirol und liegt malerisch inmitten von Weinbergen.

Der Mammutbaum in Neustift wurde 1908 zum 60-jährigen Thronjubiläum des österreichischen Kaisers Franz Joseph gepflanzt. In der Mitte des 19. Jahrhunderts kam diese aus Kalifornien und der Sierra Nevada stammende Baumgattung in West- und Mitteleuropa als winterharter Park-

baum in Mode. Allerdings nehmen die Wurzeln, die selten mehr als 1 Meter in die Tiefe reichen, sehr viel Platz ein: Sie können sich bis zu 30 Meter seitwärts um den Baum entfalten. Dies ist mit ein Grund, weshalb diese Bäume in den europäischen Parkanlagen meist Einzelstücke sind. In Südtirol gibt es mehrere *Sequoias*. Im Park von Schloss Pallaus in Brixen steht eine Gruppe, am Fennberg sind es fünf, auch in einigen privaten Parkanlagen von Meran gibt es mehrere Exemplare. Sie sind alle als Naturdenkmäler ausgewiesen.

Mammutbäume sind winterhart und wachsen zunächst mehr in die Breite als in die Höhe. Sie können in den USA ein Alter von bis zu 1.500 Jahren, Wuchshöhen von über 100 Metern und an der Basis einen Stammdurchmesser von bis zu 17 Metern erreichen. In Europa werden sie selten älter als 150 Jahre und sind um einiges kleiner. In erster Linie liegt das am mangelnden Platz.

Sequoias gelten als lebende Fossilien, vor 110 Millionen Jahren bedeckten sie in riesigen Wäldern weite Teile der Erdoberfläche.

Die Fortpflanzung dieser Baumgattung ist außergewöhnlich: Die Samen können nur durch starke Stürme oder aber nach Waldbränden an die Umgebung abgegeben werden. Außerdem gibt es eine Eichhörnchenart in Nordamerika, die sich von den Zapfen ernährt und damit zur Vermehrung beiträgt. Die für einen Baum mit solchen Ausmaßen ungewöhnlich weiche Rinde ist sehr dick und feuerfest. Sie enthält zudem einen hohen Anteil an Gerbsäure, die Schädlinge und Pilze abwehrt. ◁

Metamorphose

Der Zirmtalsee hoch über Kastelbell

Den Zirmtalsee erreicht nur, wer eine Wanderung auf sich nimmt, zum Beispiel von der 1.841 Meter hoch gelegenen Altalm über Kastelbell aus. Von dort geht es mehrere 100 Meter steil hinauf auf einen Waldkamm, dann durch einen alten natürlichen Zirbenwald mit Bäumen, die 500 und mehr Jahre hinter sich haben, wieder etwa 100 Meter bergab. Der schmale Pfad ist gesäumt von alten Stämmen, die schon vor Jahrzehnten vom Blitz niedergestreckt wurden. Nur wo sie den Weg versperrten, hat menschliche Hand sie bearbeitet. Rechts fällt der Blick auf eine Gand, ein Felsenmeer, das entweder aus der Eiszeit stammt oder sich durch einen Bergsturz gebildet hat. Unten angekommen, öffnet sich der Talkessel.

Der Zirmtalsee liegt im Vinschgau auf der orografisch linken Talseite – der „Nörderseite" wie die Vinschger sagen – auf 2.144 Meter Seehöhe an der Nordabdachung des Kammes zwischen dem Vinschgau und Ulten, in einem weiten Kar des Rontscher Joches, das durch mehrere Bergstürze verfüllt ist. Er ist umgeben von Lärchen und Zirben – „Zirm" im Volksmund –, von Felsbrocken und je nach Jahreszeit mehr oder weniger ausgedehnten Grasböden. Der oberirdisch gespeiste See wechselt Aussehen und Volumen im Lauf des Jahres. Nach der Schneeschmelze Ende Mai, Anfang Juni hat er die größte Ausdehnung mit etwa 230 Meter Länge und 110 Meter Breite. Im Sommer ist der Bergsee auf dem Tiefstand und nahezu zweigeteilt durch

einen schmalen Landsteg. Eine Halbinsel ragt in den See, die im Frühjahr völlig unter der Wasseroberfläche verschwindet. Auf der linken Seite des Talkessels erhebt sich die im oberen Teil karge Murmetleitspitz (2.541 m) oder einfach Murmetleit, wie die Vinschger sie nennen.

Das Zirmtal ist aufgrund seines Mikroklimas eine Besonderheit in Südtirol: Die Waldgrenze ist hier um rund 300 Meter nach oben verschoben und befindet sich auf 2.400 Metern. Sehr hoch werden sie zwar nicht, die Bäume auf dieser Höhe, aber zäh sind sie und stark. Die breiten Stämme verraten das Alter. Am Seeufer gefundene Siedlungsreste deuten auf menschliche Präsenz schon vor Tausenden von Jahren hin.
Auf den Hängen hinter dem See steht Neuwuchs. Vor 30 Jahren waren die Bauernbuben noch angewiesen, die jungen Triebe auszureißen, damit die Alm genug Weide für die Rinder

bot. Noch heute sind die Zirmtalalm wie die Altalm im Besitz einer Interessengemeinschaft aus der Fraktion Tomberg. 17 Bauern gehören ihr an, gemeinsam verwalten und nutzen sie die Alm – eine seit Jahrhunderten bestehende Form der Zusammenarbeit. Jeder der Bauern hat je nach Größe des Hofes ein bis drei Anteile, manche teilen sich einen Anteil. Pro Anteil dürfen die Bauern zwei Rinder auf die Alm treiben. Verkaufen dürfen sie diese Rechte nicht, sie sind an den jeweiligen Hof gebunden. Aber wer kein Vieh mehr hat – immer mehr Hofstellen werden im Nebenerwerb betrieben –, stellt sein Weiderecht den anderen zur Verfügung. Früher waren um die 40 Rinder auf der Alm, im Sommer 2016 weideten dort nur noch 13.
Die Zirmtalhütte bietet Speis und Trank und auch Übernachtungsmöglichkeiten; der Wanderweg auf die Murmetleit führt an der Hütte vorbei in ein „Mösl", wie die Tomberger sagen, eine mäandrierende Bachlandschaft, in der sich das Quellwasser des Berges sammelt, bevor es in den See fließt. Die Windungen des Baches durchziehen mehr oder weniger breit die Talsenke südlich des Sees, in der sich alpine Feuchtflächen und Seggenriede gebildet haben. Dahinter schließen sich karge Berghänge an. Dem Schlamm dieses von Mäandern durchzogenen Moors werden Heilkräfte nachgesagt. Tatsächlich steigen Schwefeldämpfe auf, wenn man in der nassen Erde gräbt.
Heute werden in den Zirmtalsee aktiv Fische eingesetzt, aber die Bauern erinnern sich, dass der Fischbestand auch ohne Besetzung gegeben war. Auch im Mösl leben an den tieferen Stellen Saiblinge. Ob der Laich der Saiblinge durch Vögel in das schwefelhaltige Wasser getragen wurde?
Nach Sonnenaufgang und vor der Abenddämmerung verwandelt sich die je nach Licht und Witterung gefärbte Seeoberfläche in einen Spiegel. Der See erscheint als Tor in eine lichtdurchstrahlte Landschaft mit Bergspitzen in Gelborange und Rosa vor blauem Himmel, je nach Jahreszeit hell- oder dunkelgrünen Baumwipfeln und grünen, gelben oder gar weißen Wiesenmatten zu Füßen des Betrachters. Nur wenige Minuten, dann ist der See wieder See: grün, blau und grau, windgekräuseltes Wasser, undurchdringlich und geheimnisvoll. ◁

Herbstleuchten

Der Bergahorn in Jenesien

Eine Wolke aus Rotorange und Gold: Im Herbst trägt er sein schönstes Kleid, der Bergahorn (*Acer pseudoplatanus*) beim Gasthof Tomanegger, an der Straße, die von Jenesien nach Flaas führt. Aber die Ästhetik seines stark verzweigten Astwerks kommt erst so richtig zur Geltung, wenn er auch sein letztes Blatt abgeworfen hat.

Der monumentale Baum steht auf 1.328 Meter Meereshöhe auf einem kleinen Hochplateau, im

Westen öffnet sich das Panorama der Dolomiten mit Schlern, Langkofel, Plattkofel, Rosengarten, der Pala-Gruppe und dem Zanggen, nach Osten ist die Sarner Scharte zu erkennen und gegen Norden ist der 300 Jahre alte Baum durch einen bewaldeten Hang vom Wind geschützt. Der Tomanegger-Wirt hat durch einen niedrigen Zaun dafür gesorgt, dass kein Auto unter der weit ausladenden Krone mit ihren 18,5 Metern Durchmesser parken und so das Astwerk beschädigen kann. Die Nordostseite des Bergahorns ist im oberen Stammbereich durch dichten Moos- und Flechtenbewuchs geschützt, als trage er einen Pelz. Erst wer nähertritt, erkennt, dass es sich nicht um einen Hauptstamm handelt. Drei dicht beieinanderstehende, starke Stämme – der dickste davon weist einen Umfang von 3 Metern auf – verzweigen sich in drei weitere tragende Stämme, die sich zu Hunderten, ja Tausenden immer filigraneren Ästen und Ästchen vervielfältigen. Schlangengleich winden sie sich nach außen. Die unteren Hauptäste sind mehrere Meter lang, geschmeidig und elastisch, manche reichen fast bis auf den Boden.
Auf den Wanderkarten des Tschögglbergs ist der Bergahorn verzeichnet und nicht wenige Wanderer statten diesem einzigartigen Baum einen Besuch ab. Es gibt auch Menschen, die natürliche Kräfte zu spüren meinen und unter der Baumkrone meditieren oder Yoga-Asanas ausüben. ◁

Hexenkessel

Die Burkhardklamm in Ratschings

Zu Kaiser Franz Josephs Geburtstag am 18. August 1899 wurde der Trägerweg von Maiern im Ridnauntal durch die Klamm am Fernerbach eingeweiht. Die Schlucht erhielt den Namen Burkhardklamm zu Ehren des Ersten Vorsitzenden des Deutsch-Österreichischen Alpenvereins. Nach dem Zweiten Weltkrieg wurden keine Träger mehr zu den Schutzhütten entsandt, der Weg verfiel, die Klamm geriet in Vergessenheit. Erst 2006 setzte der Tourismusverein Ratschings den alten Steg, den der Gastwirt und Postmeister Stefan Haller auf eigene Kosten hatte errichten lassen, stellenweise wieder als naturkundlichen Wandersteig instand. Vom Bergwerksmuseum in Maiern (1.400 m) erreicht der Wanderer durch

ausgedehnte Wiesen und einen Wald den Panoramaweg, der an den beiden Wasserfällen der Klamm vorbei- und weiter hinaufführt, in hochalpines Gebiet und zu weiteren Schutzhütten: zur Teplitzer-, Grohmann- und Müllerhütte sowie zum Becherhaus.
Das Ridnauntal liegt zwischen dem Eisack- und dem Passeiertal. 800 Jahre lang war das Bergwerk unter dem Schneeberg nicht nur das höchste, sondern auch eines der wichtigsten Bergwerke Europas, wo zeitweise über 1.000 Knappen unter widrigsten Bedingungen schürften. Erst 1985 wurde das Silberbergwerk in Maiern endgültig eingestellt.

Der Weg in der Klamm ist abenteuerlich, die Stege führen immer wieder direkt auf die Felsen neben den beiden tosenden Wasserfällen. Es ist, als stünde man mittendrin – Wasserscheue haben hier nichts zu suchen. Der rasende Gletscherbach bricht sich an den rötlichen Felsen und erfüllt die Luft mit feinsten Wassertropfen, die Temperatur sinkt um einige empfindliche Grade. Das Gefälle ist nicht sehr hoch, aber die Kraft des Wassers, das durch die engen Felsspalten schießt, ist gewaltig. Es brodelt und schäumt, das Wasser bildet Zacken, die wie flüssige Stalagmiten in rasender Geschwindigkeit emporwachsen, um im gleichen Augenblick wieder zusammenzufallen: ein wahrer Hexenkessel. Auf 600 Meter Länge führt der Steig der Klamm entlang nach oben, bevor er mit einer gebogenen Brücke ein letztes Mal den Fernerbach quert und die Schlucht sich auf etwa 1.700 Meter Seehöhe auf eine Hochebene, den Aglsboden, öffnet.
Hier wechselt das Register. Der naturbelassene

Fernerbach hat sich in sanften Mäandern den Weg durch diese einzigartige Landschaft gesucht. Umgeben von den Gletschern und Gipfeln der Stubaier, Ötztaler und Zillertaler Alpen mutet diese hochalpine Flusslandschaft mit dem weißen Ufersand, aus dem immer wieder grüne Grasbüschel ragen, fast nordisch an. ◁

Sagenhaft

Die Hexenbänke am Puflatsch

Verwittert sind sie, abgerundet und glatt geschliffen vom Wind, Regen und Schnee der Jahrtausende. Von Weitem scheint es, als habe ein Riesenkind seine Bauklötze liegen lassen. Eine Gruppe von Augitporphyrit-Felsblöcken, Steinen magmatischen Ursprungs, säumt den westlichen Rand des Puflatschs, dort wo die Seiser Alm – mit ihren 56 Quadratkilometern Europas größte Hochalm und eines der größten geschlossenen Hochplateaus – steil abfällt nach Gröden. Der Blick von dieser Höhe (2.170 m) ist grandios, das ladinische Tal und die Puez-Geisler-Gruppe an klaren Tagen zum Greifen nah.

Beim Näherkommen fällt auf, dass einige Felsen Arm- und Rückenlehnen, Sitz- und sogar Fußflächen bilden, so als wären es Bänke oder Sessel. Im Volksmund ist für diesen Ort der Name Hexenbänke überliefert. Hier befand sich schon in vorchristlicher Zeit eine heidnische Kultstätte, die der Sonnenanbetung diente. Das Hochplateau zu Füßen des Schlerns war nachweislich bereits in frühester Zeit im Sommer besiedelt und wurde intensiv bewirtschaftet.

Der Schlern, die Roterdspitze und die Rosszähne grenzen die Seiser Alm nach Südwesten hin ab. Nach Südosten schließt sich das markante Bergmassiv der Langkofelgruppe an. Mit dem Gebiet von Schlern und Rosengarten bildet die Seiser Alm den Naturpark Schlern-Rosengarten.
Das Hochplateau ist seit jeher von Sagen umrankt – Sagen, in denen vor allem Hexen eine große Rolle spielen. Noch heute können Urlauber kleine Schlernhexen als Souvenirs erwerben.
Am Puflatsch, heißt es, hätten die Hexen in der Walpurgisnacht – am 30. April – getanzt und Hexensabbat gefeiert und wer weiß, ob in der Vorstellung der Menschen, die die Sagen weitertrugen, der Felsthron dem Teufel als Zuschauerplatz oder den Hexen als Ruhestätte diente, wenn sie von ihren tollen Tänzen erschöpft waren.
Unterhalb der Seiser Alm in Völs haben sich Legende und Realität in der Vergangenheit aufs Grausamste vereint. In den Jahren 1506 und 1510 wurden auf Schloss Prösels acht Frauen Hexenprozessen unterzogen, gefoltert und verbrannt. ◁

Unberührtes Habitat

Die Gaulschlucht in Lana

Eben noch hat man die Theiss-Brücke im von Straßenverkehr, Fußgängern und Geschäften belebten Zentrum von Lana überquert und schon findet man sich inmitten eines beeindruckenden Naturdenkmals wieder, denn die Gaulschlucht am Ausgang des Ultentales endet mitten im Ort. Die Falschauer, die im hinteren Ultental aus dem Grünseebach und dem Oberen Weißbrunnbach entsteht, hat sich in Jahrmillionen eine enge Schlucht mit schroff abfallenden Wänden aus Quarzporphyr, Granit und Gneis gegraben.
Der Weg durch die Schlucht, in der die Temperatur deutlich niedriger ist als außerhalb, ist abenteuerlich: Er führt über Holzbrücken und in die Felsen gegrabene Tunnel.
Wo der Fels nicht blank liegt, sind die teils überhängenden Steilwände der Schlucht an den sanfter abfallenden Stellen von einer vielfältigen Vegetation bedeckt, die sie in ein diffuses, je nach Öffnung der Felsen helleres oder dunkleres grünes Licht taucht. Der Schluchtwald aus Hopfenbuchen und Mannaeschen ist gemischt mit feuchtliebenden Pflanzen wie Winterlinde, Ahorn, Hasel, Rotem Hartriegel und diversen

Hochstauden. Moose, Farne und Pfaffenhütchen wachsen auf den Felsen. Nur am Abend finden einige Sonnenstrahlen den Weg in diesen tiefen Felseinschnitt.
Entlang der unverbauten Falschauer, die in früherer Zeit zahlreiche Sägewerke und Mühlen antrieb, befinden sich mehrere Wasserkraftwerke, die über Druckstollen und Druckleitungssysteme mit den Ultner Stauseen verbunden sind. Aus diesem Grund kann die Wassermenge des Gebirgsbaches in kürzester Zeit variieren. Vorsicht ist geboten und ein Absteigen an das Bachufer strengstens verboten.

Seit 2015 wird über die Zukunft dieses einzigartigen und schützenswerten Ambientes diskutiert, das auch Habitat für viele Vögel, Fledermäuse und Insekten ist. Bis auf Weiteres und auch aus Sicherheitsgründen wegen wiederholten Steinschlags bleibt der wilde und unberührte hintere Teil der Schlucht geschlossen. Von dort könnte man zu Schloss Braunsberg oder in Richtung St. Pankraz ins Ultental aufsteigen. Wanderer kommen nur knapp 1 Kilometer in die Schlucht hinein – am Sportplatz vorbei, der im Winter zum Eislaufplatz wird, über eine Hängebrücke, durch einen zweiten Tunnel und stehen dann vor einem Gitter, das den Eingang in einen weiteren Tunnel verwehrt. Der kurze Weg lohnt sich dennoch: tausend Schritte begleitet von Vogelgezwitscher und vom Plätschern des Wildbachs, von der eigentümlichen Atmosphäre dieser engen Felsspalte. Kein anderer Laut – es sei denn einige Stimmen und das Geräusch der eigenen Schritte – dringt ans Ohr und stört diese urzeitliche, natürliche Klangwelt.
Erschlossen wurde der Weg in die Schlucht bereits 1888 von Alois Stauder, seines Zeichens Theiss-Wirt, der seinen Gästen die „Kur-Promenade" in die feuchtkühle Schlucht ermöglichte. Genutzt wurde sie auch vorher schon, allerdings nicht zum Vergnügen. Die Falschauer war ein wichtiger Weg für die Holzflößerei, den Transport des in Ulten geschlägerten Holzes, das durch die Schlucht abgedriftet wurde. Die Stämme wurden am Ort der Schlägerung bearbeitet, entastet und dann über den Wildbach ins Tal in Richtung Etschhafen verfrachtet. Am Ufer des Baches in der Schlucht standen rechts und links Holzarbeiter mit langen Stangen, die dafür Sorge tragen mussten, dass sich die Stämme nicht verkanteten und den Abfluss blockierten – eine gefährliche Arbeit, die mehr als ein Menschenleben forderte.
Die Falschauer, die von ihrem Quellgebiet bis zur Mündung 40 Kilometer zurücklegt und ein Gefälle von 2.000 Metern überwindet, fließt nur wenige Kilometer nach ihrem Austritt aus der Gaulschlucht in die Etsch. Schützenswert ist auch ihr Mündungsgebiet: Zusammen mit den Burgstaller Auen ist es der einzige noch verbliebene Auwald im Etschtal und eines der letzten nicht kultivierten Gebiete – ein Brutschutzgebiet für zahlreiche seltene Vogelarten. ◁

Mikrokosmos

Die Platterwand in St. Johann

Es braucht viel Liebe fürs Detail und mehr als einen Blick, um die Besonderheit der Platterwand in St. Johann im Ahrntal zu erfassen: eine mächtige Felswand, etwa 200 Meter lang und 20 Meter hoch. Darüber erstreckt sich ein Wald, darunter eine steile Wiese, unterbrochen von einer schmalen Straße, die mehrere Höfe erschließt. Über ebendiese Straße erreicht man auch die Platterwand, die nur wenige Meter vom Buschenschank Platterhof entfernt liegt.
Die Platterwand war bis vor wenigen Jahren ein kaum wahrgenommenes Naturdenkmal, das

nun zunehmend Besucher anzieht. Sie besteht aus Glimmerschiefer, der sich durch eine grob strukturierte Oberfläche auszeichnet. In den zahlreichen unterschiedlich breiten und tiefen Ritzen und Spalten der massigen Felswand hat sich im Lauf der Zeit Humus angesammelt und heute bietet sich die Wand dem aufmerksamen Betrachter als eigener Mikrokosmos für Flora und Fauna. Die schwarzgraue, mit weißlichen Einschlüssen durchzogene, im Sonnenlicht silbrig glitzernde Wand ist bewachsen von teils meterhohen Föhren, Wacholdern und Buschpflanzen, von Alpenblumen und Wildkräutern aller Art. Der Felsen ist das ideale Habitat für Insekten und Eidechsen und zieht daher auch viele Vogelarten an. Wer Gelegenheit hat, sich in aller Stille bei der Wand aufzuhalten, kommt auf seine Kosten. Das Summen und Huschen und Kratzen zeugt vom regen Leben in der Wand, das man mit einem Fernglas besonders gut beobachten kann.

Oberhalb der Wand befindet sich ein sogenanntes „antrisches Loch“, ein Probestollen, der vermutlich im 17. Jahrhundert angelegt wurde und um den sich zahlreiche Sagen ranken. Im Ahrntal gibt es diese „Löcher“ vielerorts, es handelt sich um Probebohrungen, Gänge oder aufgelassene Stollen. Der Legende nach hausen in ihnen die „Antrischen“, kleine menschenähnliche Wesen, direkte Nachfahren von Adam und Eva, die so gut wie nie aus den Löchern hervorkommen. Manchmal sollen sie den Bauern ihre Dienste anbieten oder um Nahrung bitten. Sie besitzen magische Gaben, die sie meist verwenden, um Gutes zu tun, zum Beispiel, indem sie wundersame Zwirnknäuel verschenken, die nie enden, oder indem sie durch Unwetter in Not geratene Menschen retten.

Der Kupferabbau im Ahrntal, auf den diese Stollen zurückzuführen sind, stellte bis zum 19. Jahrhundert einen wichtigen Wirtschaftszweig dar. In Prettau reichen die Anfänge des Kupferbergbaus vermutlich bis in vorgeschichtliche Zeit zurück, erstmals offiziell erwähnt wird das Bergwerk 1479. In St. Johann selbst standen die Schmelzöfen. Zahlreiche Fremdarbeiter, darunter viele „Lutheraner“ aus dem vom Bauernkrieg gebeutelten Deutschland, kamen ab dem Ende des 16. Jahrhunderts, zur Blütezeit des Kupferabbaus, ins Ahrntal. 1894 wurde die Schmelzanlage eingestellt.

Besonders bemerkenswert sind die Steinritzungen an der Platterwand, Vorgänger der modernen Graffiti-Kunst: Die Darstellungen liegen auf etwa 4 Meter Höhe und konzentriert in einem etwa 15 Meter langen Abschnitt an der rechten Seite der Wand. Zwei von ihnen lassen sich eindeutig datieren: Ein fast lebensgroßer Schütze mit angelegtem Gewehr trägt das Datum 1843 oder 1845 und an einer Herz-Jesu-Ritzung mit dem Schriftzug INRI lässt sich das Jahr 1797 ablesen. Zwei spiegelbildlich dargestellte, auf eine mannshohe Pflanze zuspringende Steinböcke könnten sogar auf das 17. Jahrhundert zurückreichen, denn eine ähnliche Darstellung diente als Firmenzeichen des 1660 gegründeten „Ahrner Handels“. Im unteren, heute vom Weg erreichbaren Teil der Wand finden sich zahlreiche zeitgenössische Graffitis: Namen, Daten, Initialen. ◁

IHS
IN RI
1Z 97

Felsschliff

Die Barbianer Wasserfälle

Sehr lang ist er nicht, der Ganderbach, der am Ritten auf etwa 2.000 Meter Höhe entspringt, aber auf seinen 6 Kilometern Länge, die über die Hochmoore der Barbianer Alm bis zum Zusammenfluss mit dem Eisack in Kollmann führen, überwindet er eine circa 200 Meter hohe Felsstufe mit einer Reihe von Wasserfällen. Der unterste und der oberste sind die spektakulärsten und zählen zu den schönsten in Südtirol: Schon vom Eisacktal aus und auch von den gegenüberliegenden Lajener Höhe kann man sie sehen. Auf dem Weg von der Quelle ins Tal legt das Wasser hier insgesamt 1.510 Meter zurück und stürzt dabei über mehrere, in Tausenden und Abertausenden von Jahren glatt geschliffene Felsstufen und -rinnen aus schwarzem Quarzporphyr.
Der untere Wasserfall stürzt aus einer schmalen Rinne, die sich auf halber Höhe weitet. Der bis dorthin gebündelte Wasserstrahl springt auf und ergießt sich auf mehreren Metern Breite mit entfesselter Gewalt ins Tal. Vor allem im späten Frühjahr und nach ergiebigen Regenfällen, wenn der Bach sein Volumen vervielfacht, bieten die zu Tal stürzenden Wassermassen ein beeindruckendes Schauspiel. Im Sommer ist das Wasservolumen und damit auch die Fallkraft des

Wassers vermindert, da die Barbianer Bauern den Bach für die Bewässerung ihrer Felder nutzen. Vor dem unteren Auffangbecken führt ein Steg über den Bach. Hier herrscht auch bei sonnigem Wetter Nebel, wenn die Gewalt des Aufpralls das Wasser in feinsten Sprühnebel zerlegt. Ein wildromantischer, steiler und stellenweise mit Drahtseilen gesicherter Steig, der doch etwas Trittsicherheit abverlangt, führt vom unteren Wasserfall entlang der Mittelkaskaden, die nur geringe Fallhöhen aufweisen, zum oberen. Hier beträgt das Gefälle 45 Meter und der Wasserfall präsentiert sich weniger wild, das Wasser fällt über eine breite Stufe in das Tosbecken, wo es sich für seinen Sturz ins Tal sammelt.

Am unteren Ende des Wasserfalls befindet sich eine Kneippanlage. Das Klima an Wasserfällen wird im Allgemeinen als wohltuend empfunden. Die Luftfeuchtigkeit benetzt Haut und Atemwege. Aber die Luft ist nicht nur angenehm, sondern auch gesundheitsfördernd: Die durch den Aufprall frei werdenden Sauerstoffionen regen Kreislauf und Immunsystem an, können Feinstaub binden, verbessern den Gasaustausch der Lunge und wirken nervenberuhigend. Außerdem wird dem prasselnden Geräusch fallenden Wassers eine entspannende Wirkung nachgesagt. Besonders im 19. Jahrhundert gab es in der Nähe von Wasserfällen oder von Wildbachschluchten häufig Kuranlagen. ◁

Lebens(t)raum

Die Steinerne Stadt am Sellajoch

Das Sellajoch trennt die beiden ladinischen Täler, das Fassatal im Trentino und Gröden in Südtirol. Die Sella-Passstraße gilt als eine der schönsten Alpenrouten und befindet sich mitten im Herzen des UNESCO-Weltnaturerbes der Dolomiten. Zu Füßen des Sellastocks, an der Ostseite des Langkofels, befindet sich eine einzigartige geologische Formation, ein Labyrinth aus unterschiedlich großen Felsblöcken, das seine Entstehung einem gewaltigen vorgeschichtlichen Bergsturz verdankt und sich auf einer Fläche von etwa 30 Hektar erstreckt.
Ein urzeitliches Felsenmeer, Paradies für alpine Fauna und Flora. Zwischen und auf den Felsen wachsen Gräser, Blumen, Wildkräuter und Zirbelkiefern, aus deren Holz die Grödner Schnitzer ihre Statuen fertigen. Vereinzelte Lärchen sorgen im Herbst für goldorange Farbflecke.
In der kurzen Vegetationszeit des hochalpinen Sommers auf mehr als 2.200 Meter Höhe blühen Arnika, Edelweiß, Alpenrosen, Wundklee, Alpenmargeriten, Schafgarbe, Brunellen und viele andere Blumen um die Wette. Wo sich auf den Felsen im Lauf der Jahre Humus ansammeln konnte, sind selbst sie bewachsen, sogar stattliche Bäume strecken ihre Wurzeln darauf aus. Zwischen den Steinblöcken und in den unzähligen Höhlen und Ritzen der Felsen finden zahlreiche Tiere Unterschlupf und ein ideales Habitat. Der Sommer ist kurz, vorher und nachher herrscht Ruhe und während der Winterzeit ist der Pass geschlossen. Am häufigsten erblickt man Murmeltiere. Ihre spitzen Pfiffe sind nicht zu überhören und immer wieder sieht man sie auf den Felsen hin- und herhuschen oder sich aufrichten. Aber auch Füchse, Schneehasen und Gämsen bevölkern die Steinerne Stadt. Wer Glück hat, hört den Schrei und sieht den Schatten eines Steinadlers, der in den Felsnischen oder manchmal auch auf einem Baum seinen Horst errichtet. Den scheuen Birkhahn, der in den Mittelgebirgen weitgehend ausgestorben ist, bekommt man zwar nicht zu Gesicht, aber auch er findet in diesem Felsenmeer den perfekten Lebensraum.
Der didaktische Parcours Naturonda führt auf etwa eineinhalb Kilometern durch die Steinerne Stadt und erklärt auf Schautafeln die besonderen Merkmale von Flora und Fauna dieses natürlichen Labyrinths.
Seit dem Ende der 70er-Jahre wird die Steinerne Stadt intensiv von Kletterern genutzt. Die mehr oder weniger hohen Felsen sind ein Paradies für Boulderer und Sportkletterer. ◁

Sprühnebel

Die Stieber Wasserfälle im Passeiertal

„Stieben“ oder „stiabn“: Der Südtiroler Dialektausdruck gibt schon lautmalerisch einen Eindruck des Stieber Wasserfalls am Ortsausgang von Moos in Hinterpasseier. Wörtlich bedeutet er „stauben“, „aufwirbeln“, aber er meint auch das feine Sprühen an einem Wasserfall, wenn das Wasser in feine Tröpfchen zerstäubt.
Donnernd, brausend und tosend, von einer dichten Sprühnebelwolke umgeben, stürzt der Pfelderer Bach über drei ungefähr gleich große Stufen ins Tal, bevor er in die Passer fließt. Der wilde Gebirgsbach hat sich in Jahrtausenden einen Weg durch die Felsen gebahnt und sie teils scharfkantig und flach, teils rund abgeschliffen – Felsskulpturen, die einem Henry Moore als Inspiration gedient haben könnten.
Der vom Wasser geschwärzte Felskessel aus Gneis, aus dem der Wasserfall stürzt, trägt ein gleichmäßiges Rillenmuster, das aussieht, als sei es als grafische Verzierung hineingeritzt worden. Wo der Fels trocknet, zeigt er Farbspiele von Grau, Braun und Anthrazit, durchbrochen von rötlichen Flecken.

Der oberste Fall stürzt von 987 Meter Höhe rund 20 Meter in ein breites Fallbecken, dessen Tiefe 13 Meter beträgt. Der Pfelderer Bach durchläuft das etwa 13 Kilometer lange Pfelderer Tal und wird von zahlreichen kleinen Zuflüssen aus dem Hochgebirge gespeist – Ableitungen gibt es keine in dem einsamen Tal, dessen einzige Ortschaft Pfelders ist. Vom Pfelderer Tal kann man das Eisjöchl erreichen, von dem aus man ins Pfossental, ein Seitental des Schnalstales, hinabsteigen kann. Das starke Gefälle beschleunigt den Lauf des Wildbachs.
Die zweite Stufe weist ungefähr die gleiche Sturzhöhe auf wie die erste, das zweite Fallbecken ist allerdings breiter und weniger tief. Ab hier teilt sich der Pfelderer Bach in zwei Stränge: Der Hauptstrang stürzt mit ungeminderter Kraft der nur wenige Hundert Meter entfernt fließenden Passer entgegen, der zweite Strang hingegen verkümmert zu einem spärlichen Rinnsal und bildet große Lachen auf einer breiten Felsstufe, bevor er nur wenige Meter tief in ein letztes Becken fällt und sich kurz darauf wieder mit dem Hauptstrang vereint. Nur nach starken Niederschlägen verdient auch diese dritte Stufe den Namen Wasserfall. ◁

Erosion im Zeitraffer

Die Erdpyramiden bei Oberwielenbach

Wo heute zwischen Oberwielenbach und Platten unweit von Bruneck mitten in einem dichten Waldgebiet fahle, steinbedeckte oder spitzzackige Lehmtürme zum Teil bis zu 20 Meter aus dem Boden ragen, lief einst ein Karrenweg entlang, der den Thalerhof mit dem Weiler Aschbach verband. Ein starkes Unwetter unterbrach eines Tages den Weg und 100 oder mehr Jahre später, im Jahr 1882, trug ein weiteres schweres Unwetter große Mengen von Erdreich fort. Zurück blieb ein tiefer Graben. Was sich nun in nicht einmal 150 Jahren ereignete, zeigt sozusagen im Zeitraffer, was die Erosion an vielen anderen Plätzen – nicht nur in Südtirol am Ritten, sondern auch andernorts – in Jahrtausenden vollzogen hat: Erdpyramiden bildeten sich.

Die Erdpyramiden entstehen immer nach demselben Prinzip: Feinkörniges, poröses Erdreich, in dem erosionsresistentes Gestein eingeschlossen ist, eine windgeschützte Hanglage und Niederschläge sind die Voraussetzungen für dieses geomorphologische Phänomen. Das Regenwasser gräbt tiefe Furchen in den Hang, Felsstücke – sogenannte Decksteine – schützen

das unter ihnen liegende Erdreich, sodass es sich nicht auflöst, sondern verdichtet. Die so entstehenden Pyramiden wachsen und verdünnen sich, bis eines Tages der Deckstein herabstürzt. Der Turm aus komprimiertem Erdreich, Lehm und Sand beginnt sich aufzulösen, während sich daneben unter einem anderen Stein schon die nächste Pyramide bildet.

Im Gegensatz zu den Rittner Erdpyramiden stehen jene im Pustertal wesentlich dichter und tragen deutlich mehr Decksteine. Sie sind mehrreihig, nahezu parallel angeordnet; die hinterste Reihe bildet eine fast durchgängige Wand, die sich hell vor dem dichten Wald abhebt.
Die Erdpyramiden bei Platten sind erst seit wenigen Jahren touristisch erschlossen. Noch vor drei Jahrzehnten waren sie ein natürlicher Abenteuerspielplatz, auf dem junge Burschen Mutproben absolvierten. Heute Vierzigjährige erinnern sich, wie sie als Kinder noch auf schmalen Lehmbrücken entlangliefen, wo sich heute neue Abbruchstellen und Täler aufgetan haben oder neue Pyramidentürme entstanden sind. ◁

Sommer und Winter

Zwei Linden in Unterfennberg

Schon von Weitem bestimmen sie den Horizont, die beiden monumentalen Linden in Unterfennberg. Erst beim Näherkommen werden die Gebäude, die im Schutz ihrer Kronen stehen, erkennbar. Unterfennberg befindet sich im äußersten Süden Südtirols, wenige Meter weiter beginnt das Trentino. Die Streusiedlung zählt nur mehr rund 70 Einwohner, vor 100 Jahren waren es noch doppelt so viele. Mischwald, weite Wiesen und verstreut liegende, jahrhundertealte Höfe – viele von ihnen wurden schon im 13. Jahrhundert urkundlich erwähnt – charakterisieren diese liebliche Landschaft auf rund 1.000 Meter Höhe an der orografisch rechten Seite der Etsch.

1759 wurde hier, am Siebenbrunnenhof, Franz Philipp Freiherr von Fenner geboren. Der spätere

Feldmarschallleutnant gilt als Begründer der Fennerjäger und späteren Kaiserjäger. Die Linden wird er schon in seiner Kindheit als ansehnliche Bäume erlebt haben, denn ihr Alter wird mit 450 Jahren angegeben.

Die häufigsten Gattungen der Linden sind die Winter- und die Sommerlinde. Beide gehören zur Gattung der Malvengewächse, aber die Winterlinde, botanisch *Tilia cordata*, unterscheidet sich in einigen wesentlichen Merkmalen von der Sommerlinde, *Tilia platyphyllos*. In Unterfennberg stehen sie am Widum, wie hierzulande das Pfarrhaus genannt wird, dicht nebeneinander – wie zwei Schwestern. Oder eher wie ein Paar? Denn im Volksmund wird die Winterlinde auch „Manndl", Männlein, genannt.
Am wesentlichsten unterscheiden sich die beiden Lindenarten in Blattwerk und Krone. Die Krone der Winterlinde ist charakteristisch langgestreckt, umgekehrt herzförmig, die Spitze weist nach oben. Jene der Sommerlinde ist hingegen weit ausragend und rund. Das „Manndl" erreicht in der Regel eine Höhe von 15 bis 25 Metern, die Sommerlinde kann bis zu 40 Meter hoch werden und ihr Stamm wird um einiges dicker als jener der Winterlinde. Die Blätter der Winterlinde sind klein und rundlich, während die der Sommerlinde eine Länge von 12 Zentimetern erreichen und herzförmig sind. Im Herbst färbt sich die Winterlinde orange, die Blätter der Sommerlinde werden hingegen gelb.
Die beiden einstämmigen Exemplare in Unterfennberg sind von außergewöhnlicher Schönheit. Im Sommer laden sie zur Rast unter den schattenspendenden Kronen ein. Die Winterlinde ist mit ihren 27 Metern ungewöhnlich hoch, ihr Umfang beträgt rund 3 Meter. Der der Sommerlinde ist mit fast 6 Metern noch um einiges größer.

Die Linde ist ein äußerst resistenter und schnell wachsender Baum, der auch in Schattenlagen gedeiht. Wird der Stamm abgesägt, sprießen in kürzester Zeit zahlreiche neue Triebe aus dem Stumpf. Die Winterlinde blüht Mitte Juli, etwa zwei Wochen später als die Sommerlinde, und trägt pro Dolde mehr Blüten als die Sommerlinde. Aus den Blüten kann der schweißtreibende und fiebersenkende Lindenblütentee gebraut werden. Beide Bäume gelten als Bienen- und Hummelweide und sind für Imker sehr ergiebig: 800 Gramm Honig, heißt es, können aus den Blüten eines Baums gewonnen werden. Die Blüten der beiden Gattungen zeichnen sich besonders in den Abendstunden durch einen starken Duft aus. Den Linden kommt vor allem im deutschen Sprachraum eine besondere Bedeutung zu. Ehemals häufig der Göttin Freya geweiht, gilt die Linde als Symbol der Liebe, Güte und Gastfreundschaft, das helle Lindgrün steht für Unschuld und Reinheit. ◁

Widum

Gletschererbe

Die Spronser Seen hoch über Meran

10 Seen, keiner gleicht dem anderen. Klein und fast ausgetrocknet oder über 30 Meter tief. Die bedeutendste und größte hochalpine Seenplatte Europas ist glazialen Ursprungs und erstreckt sich im Naturpark Texelgruppe auf einer Höhe zwischen 2.117 und 2.589 Metern: die Spronser Seen.

Nicht alle, aber viele Wege führen zu den Spronser Seen: von Meran beziehungsweise Dorf Tirol über die Muthöfe und den Meraner Höhenweg, von Algund über Vellau und die Leiteralm, von Partschins über das Hochganghaus oder von Pfelders über das Spronser Joch. Egal, für welchen Weg man sich entscheidet: Die Spronser Seen sind nicht leicht zu erreichen. Je nach Ausgangspunkt braucht man einen ganzen Tag und entsprechend Ausdauer und Trittfestigkeit, um zu dieser einzigartigen Landschaft zu gelangen – auf dem Hin- und Rückweg sind bis zu 20 Kilometer und 1.500 Höhenmeter zurückzulegen.

Die Farbe der kristallklaren Seen wechselt von intensivem Grün zu tiefem Blau oder Türkis und hängt ab von der Wetterlage, der Tiefe ihres Wasserbeckens, der umgebenden Vegetation und ihrer Höhe. Ein ganz eigenes Ambiente bildet der tatsächlich in sattem Grün leuchtende Grünsee auf 2.258 Meter Höhe. Eine skandinavische Fjordlandschaft inmitten der Alpen, so scheint es auf den ersten Blick. Der See ist eingebettet in eine Niedermoorsenke, die üppig mit Sauergräsern bewachsen ist. Durch das Moor zieht ein mäandrierender Bachlauf.
Knapp 150 Meter unter dem Grünsee liegt der Kasersee, auch Kaserlacke genannt. Er wird von einem kleinen Wasserfall aus dem Grünsee gespeist und liegt von allen Spronser Seen am tiefsten, in unmittelbarer Nähe der Oberkaseralm. Üppige Vegetation, sumpfiges Seeufer und weite Grasmatten, auf denen Kühe weiden, prägen das Ambiente des Kasersees. Zwei Schalensteine mit Bearbeitungsspuren weisen auf die frühgeschichtliche Präsenz von Menschen hin. Je nach Blickrichtung sieht man von hier die Mutspitze, den Ifinger oder gegen Osten die Dolomitengipfel mit Langkofel, Schlern, Rosengarten und Latemar.
Der kleinste der Spronser Seen ist mit etwa einem halben Meter Tiefe kaum mehr als eine Pfütze, in heißen Sommern versandet der Mückensee, wie sein bezeichnender Name lautet, fast zur Gänze. Er liegt auf 2.330 Meter Höhe zwischen Grün- und Kasersee.

Der Langsee ist mit über 1 Kilometer Länge der größte der Spronser Seen und mit mehr als 35 Metern auch der tiefste. Kommt der Wanderer vom Hochganghaus, erreicht er ihn als ersten. Er ist von verwitterten Felsen und besonders auf der Nordseite von Gletscherschliffen gesäumt. Es scheint fast so, als hätten sich die Gletscher erst vor kurzer Zeit und nicht bereits vor Tausenden von Jahren mit Ende der letzten Eiszeit zurückgezogen. Die Landschaft ist karg, wo der Boden nicht glatt geschliffen ist, ist er von Flechten bedeckt. Vom Gletschereis vertragene, fast geometrisch geformte Felsstücke verteilen sich in der Landschaft wie Bauklötze. Genügsame Ziegen verbringen hier die Sommermonate.
Die Spronser Seen sind auch ein wertvolles Wasserreservoir. In niederschlagsarmen Sommern zeigt der Langsee starke Wasserschwankungen, eine begehbare Mauer auf Höhe des Wasserspiegels schützt aber seinen Füllstand. Wer in der Mitte der Mauer stehen bleibt, hat das Gefühl, direkt auf dem Wasser zu stehen.

In den beiden Milchseen auf etwa 2.500 Meter Höhe kommen sogar Fischer auf ihre Kosten. Der Innere und Äußere Milchsee werden von mehreren kleinen Quellen gespeist und sind Zufluss des Langsees. Sie sind reich an Saiblingen. 200 Meter über den Milchseen erhebt sich die Milchseescharte, auf der es eine weitere Übernachtungsmöglichkeit im Guido-Lammer-Biwak gibt. Der steile Aufstieg zur Scharte wird mit einem einzigartigen Rundblick auf die gesamte Seenplatte und den Alpenhauptkamm mit Ötztaler und Stubaier Alpen belohnt.
Der höchste Spronser See ist schließlich der Schwarzsee auf 2.589 Meter Höhe. Er liegt in Granatschiefer, das Wasser ist dunkelblau, fast schwarz. Gespeist wird er von einem Rinnsal, das am Grünjoch entspringt. Sein Wasser wiederum füllt den Schiefersee, der sozusagen ein Zwischenauffangbecken für den Grünsee ist. So speist ein See den anderen und doch ist ein jeder auf seine Art ganz eigen. ◁

PERLEN DER LANDSCHAFT
SÜDTIROLS SCHÖNSTE NATURDENKMÄLER

32
Ahrntal
31
and
ufers
34
Antholz
33
Bruneck
rtal
Innichen
30
35

IMPRESSUM

Dieses Buch entstand in Zusammenarbeit mit dem Amt für Landschaftsökologie in der Abteilung Natur, Landschaft und Raumentwicklung der Autonomen Provinz Bozen – Südtirol.

Die Drucklegung erfolgte mit freundlicher Unterstützung der Abteilung Deutsche Kultur der Autonomen Provinz Bozen – Südtirol.

AUTONOME PROVINZ BOZEN - SÜDTIROL | PROVINCIA AUTONOMA DI BOLZANO - ALTO ADIGE

Alle Südtiroler Naturdenkmäler, Biotope und Naturparks sind auf der Website der Abteilung Natur, Landschaft und Raumentwicklung der Autonomen Provinz BozenSüdtirol gelistet: **www.provinz.bz.it/natur-raum/themen/naturschutz.asp**

Projektleitung: Magdalena Grüner, Edition Raetia
Grafik und Layout: Thomas Priebs, Markenforum
Korrektur: Claudia Savelli, Katharina Preindl
Druck: Christian Theiss GmbH (A)
Übersichtskarte: Cartomedia, Karlsruhe

ISBN 978-88-7283-604-0

Unser Gesamtprogramm finden Sie unter **www.raetia.com**.
Bei Fragen und Anregungen wenden Sie sich bitte an **info@raetia.com.**

Motor
buch
Verlag
spezial

Schwertransporte auf dem Weg durch die Jahrhunderte

Erich Hoepke, Gino Koster

SCHWERTRANSPORTE

auf dem Weg durch die Jahrhunderte

Faszination Baumaschinen

Motor
buch
Verlag
spezial

Einbandgestaltung Katja Draenert unter Verwendung von Motiven aus dem Archiv des Autors.

Ein Unternehmen der Paul Pietsch-Verlage GmbH + Co
1. Auflage 2003

ISBN 3-613-02363-6

Die Originalausgabe erschien 1999 unter dem Titel Faszination
Baumaschinen Schwertransporte auf dem Weg durch die Jahrhunderte
im Giesel Verlag GmbH, 30916 Isernhagen.

Druck und Bindung: Ludwig Auer GmbH, Donauwörth

Printed in Germany

Vorwort

Die Geschichte des Transportes schwerer und sperriger Lasten ist so komplex, daß sie selbst in solch einem umfassenden Werk wie dem hier vorliegenden nur in den überlieferten historischen Eckwerten chronologisch erfaßt werden konnte. Die Leistungen, die sich im einzelnen dahinter verbergen, kann man nur erahnen.

Dagegen ist das, was in den letzten hundert Jahren auf diesem Gebiet geschah, schon überschaubarer. Noch bis in unser Jahrhundert hinein, als es bereits die ersten Lastkraftwagen gab, wurden schwere Lasten überwiegend mit Pferdegespannen bewegt – mit bis zu 30, 40 und mehr Pferden.

Die Transporttechnik und die Transportmittel haben sich danach rasch gewandelt. Mußte man in den dreißiger Jahren noch zeitraubend und witterungsungeschützt Brücken aus Winkelprofilen mühselig vor Ort aneinandernieten, konnten bald schon in Werkshallen vorgefertigte Elemente mit geeigneten Transportmitteln herangeführt und mit einem Kranhub in kürzester Zeit in ihre Widerlager gehievt werden.

Die Vorteile solcher Möglichkeiten sind mannigfaltig. So werden die Arbeitsbedingungen für den Menschen humaner, die Ergebnisse durch die Werksfertigung sicherer; die geringere Verkehrsbehinderung vor Ort ist umweltschonender und die gesamte Abwicklung letztlich wirtschaftlicher.

Der Schwerguttransporteur findet heute im Markt individuell einsetzbare und bedarfsgerechte Transportmittel in einer bemerkenswerten Vielfalt. Überwiegend ist ihr Einsatz mit dem Bau verbunden. Sei es, um Großkomponenten für die Errichtung oder Erweiterung von Industrieanlagen zu befördern oder Brückenelemente und Betonfertigteile an ihre Einbaustellen. Aber auch für den Transport von Turmdrehkranen sowie schwerer Bau- oder Baustoffmaschinen haben Schwertransporte eine große Bedeutung.

Dem Autor dieses Werkes ist es in hervorragender Weise gelungen, den Werdegang der Transporttechnik von den Anfängen bis zur Gegenwart in ihrer Vielfalt und mit all ihren Mitteln sowie den Variations- und Kombinationsmöglichkeiten aufzuzeigen und durch Abbildungen aussagefähiger, oft spektakulärer Einsatzbeispiele aus dem internationalen Transportgeschehen zu belegen.

Möge dieses Buch Anwendern und Interessenten reichen Nutzen bringen und die verdiente Verbreitung finden.
Kurt W. Wehefritz

Inhaltsverzeichnis

Gewaltige Transportleistungen im Altertum

Das Studium der Vorgeschichte unserer Kulturen und Zivilisationen setzt uns immer wieder in Erstaunen. Selbst die mit High-Tech arbeitenden Schwerlasttransportmittel haben Wurzeln in der grauen Vorzeit. Heute haben Transporte einen kommerziellen Hintergrund, während beispielsweise die Ägypter, Assyrer und Babylonier gigantische Bauvorhaben mit schwierigsten Transportaufgaben durchführten, um den von ihnen verehrten Herrschern und Gottheiten monumentale Denkmale für die Ewigkeit zu errichten. Das klingt etwas theatralisch, aber gemessen an den technischen Hilfsmitteln, die in der Blütezeit der Kulturen zwischen 4000 und 2000 vor Christi Geburt zur Verfügung standen, bleibt uns nur Ehrfurcht und Bewunderung für die vollbrachten Leistungen. Bestand bis in die heutige Zeit hatten indes nur die Pyramiden und einige Tempelanlagen, Statuen und Kultstätten. Die sieben Weltwunder überlebten die Jahrtausende nicht.

Walzen und Rollen vermindern die Reibung

Die Natur war das große Vorbild für viele von Menschenhand geschaffene Konstruktionen. Zahlreiche Erkenntnisse wurden in der Antike schon genutzt. So wurden zum Beispiel Baumstämme zu zylindrischen Walzen verarbeitet und dann als Transporthilfsmittel verwendet. Ein Vorbild für das so immens wichtige Rad gibt es indessen in der Natur nicht, denn Bewegungsabläufe in der Natur sind nur als schwingende oder pulsierende Vorgänge zu finden. Schwingungen können große Amplituden mit niedriger Frequenz haben, wie die Brandung des Meeres, oder kleine Amplituden mit höherer Frequenz, wie die Fortbewegung kleiner Insekten, und zwischen diesen Extremen liegt der Vogelflug. Alles im Leben läuft als Schwingungsvorgang ab, auch Tag und Nacht, Jahreszeiten und zahlreiche andere noch mit unseren Sinnen wahrnehmbare Phänomene. Aus dem Reservoir der Natur ließ sich zunächst nur der Baumstamm und die davon abgeleitete Rolle oder Walze nutzen. Das Rad mußte also erfunden werden, obwohl es lange nicht für die Bewegung schwerer Lasten taugte.

Schon früh wurde erkannt, daß Reibung durch untergelegte Walzen vermindert wird. Der Zwang zum Transport war vorgegeben, da oft der Ort der Gewinnung des Materials nicht mit dem „Bauplatz“ oder dem Aufstellungsort identisch war.

Bild 1: Babylonischer Transport einer Statue auf einer Schleife mit Walzen. Im Hintergrund zweirädrige Lastkarren für leichtere und schnellere Transporte.

Da der Untergrund nicht eben war und nicht beliebig befestigt werden konnte, mußte menschliche Arbeitskraft als Energie zum Überwinden der Reibung herhalten. Zusätzlich waren beim Bau von Pyramiden und zur Aufstellung überlebensgroßer Statuen auch Hubleistungen zu vollbringen, was in dem Buch „Krantechnik“ aus der Reihe „Faszination Baumaschinen“ geschildert wird.

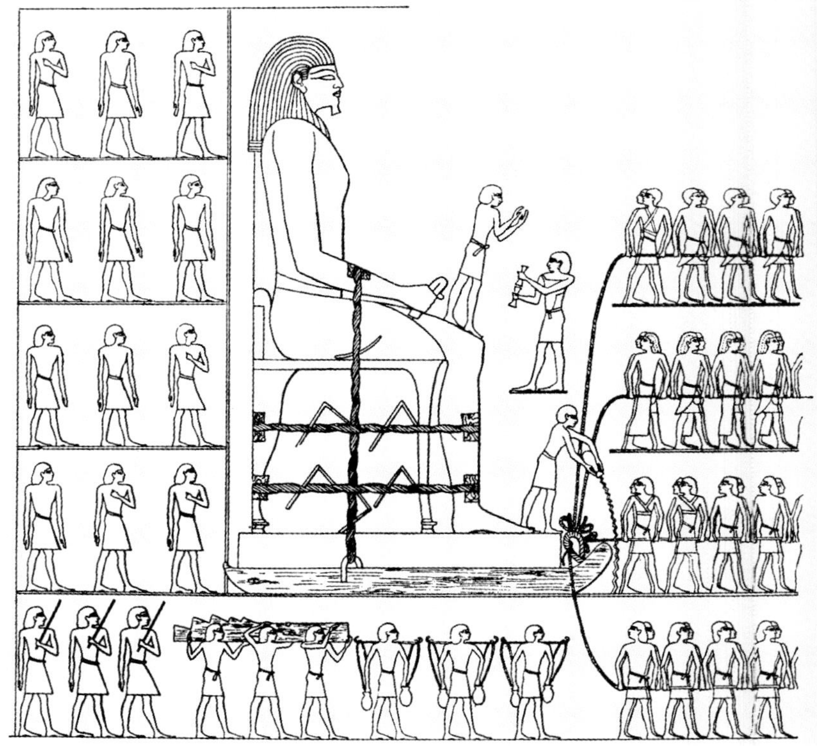

Bild 2: Altägyptischer Transport eines Steinmonuments von Dhuthotep auf einer Schleife (ohne Walzen!) zum Denkmal in El Bertscheh.

Hunderte bis Tausende von Menschen mußten als Sklaven unter schwersten Bedingungen schuften und häufig mit dem Leben bezahlen, denn der Wert eines Menschen war gering. Wenn Mangel an Arbeitskraft eintrat, mußten Gefangene aus Raub- und Kriegszügen die Schwerarbeit verrichten.

Auf Bild 1 wird der Transport einer Statue mit einem Schlitten dargestellt. Der Schlitten ruhte auf Rollen, die immer wieder vom hinteren Ende nach vorne getragen und untergelegt wurden. Kräftige Seile gab es schon; bemerkenswert ist der lange Hebelarm mit untergelegtem Keil am „Heck“, mit dem der Schlitten zur Entnahme der jeweils hinteren Rollen angehoben werden konnte, zugleich wurde die Fortbewegung damit unterstützt. Das Rad war hier schon erfunden, sogar in der höheren Entwicklungsstufe als Speichenrad. Die mit Rädern großen Durchmessers ausgerüsteten Transportkarren erforderten geringen Kraftaufwand, konnten aber nur kleine, fast unbedeutende Lasten transportieren.

Bild 8: Transport nach Bild 7. Erkennbar sind Flaschenzüge, die durch ein von Menschen bewegtes Drehkreuz gespannt werden. Vor der Last werden Kugeln in die Rinne gelegt, hinter der Last müssen sie, wie in alten Zeiten die Walzen, entnommen werden.

Kugeln in den Führungen. Trotz der Nutzung „moderner" Technik lief der Transport nach altertümlicher Methode ab: Der schwere Block wurde abschnittweise mit Flaschenzügen langsam von Finnland nach St. Petersburg bewegt. Damit bei dieser unendlichen Geschichte keine Zeit verloren ging, wurde der Block schon während des Transports von den Steinmetzen bearbeitet (Bild 8).

In Frankreich erschien um 1700 ein Werk von M. Gullon „Machines et Inventions", in dem eine für damalige Verhältnisse sensationelle Transportmöglichkeit beschrieben wurde (Bild 9). Die Last lag auf einem Schlitten oder einer Schleife, die auf mehreren Walzen ruhte. Alle Walzen waren gelenkig miteinander verbunden und wurden dadurch nach dem Abrollen über der tragenden Platte wieder nach vorne zurückgeholt. Das bedeutete eine enorme Vereinfachung. Wahrscheinlich wurden die Gelenke mit irgendeinem geeigneten Fett geschmiert, um den Rollwiderstand zu vermindern (sofern ein solches Schwerlastfahrzeug je gebaut wurde). Optimistisch erscheint der eine Mann als „Zugkraft", aber leichter als vorher wäre eine solche Last sicher zu bewegen gewesen.

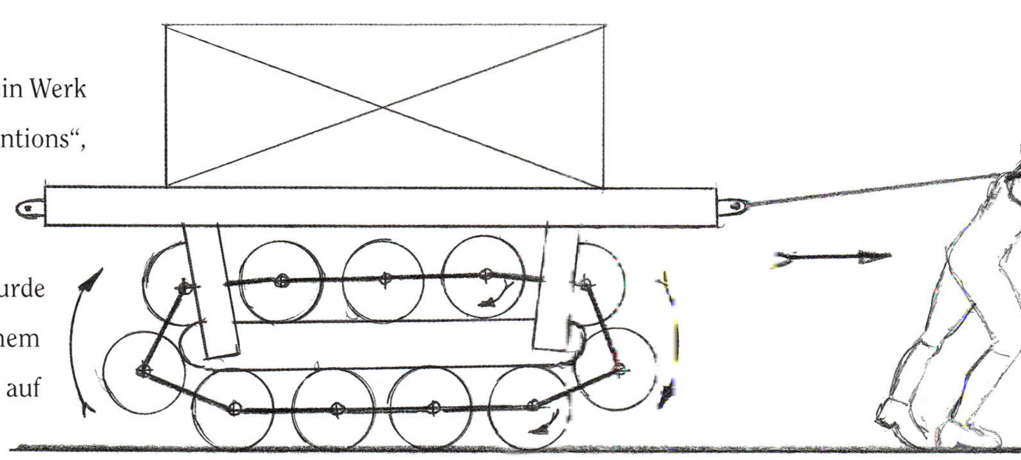

Bild 9: Transportrationalisierung durch ein Walzenfahrwerk, bei dem die Walzen gelenkig verbunden sind und nach dem Abrollen über die Tragplatte wieder nach vorne rollen.

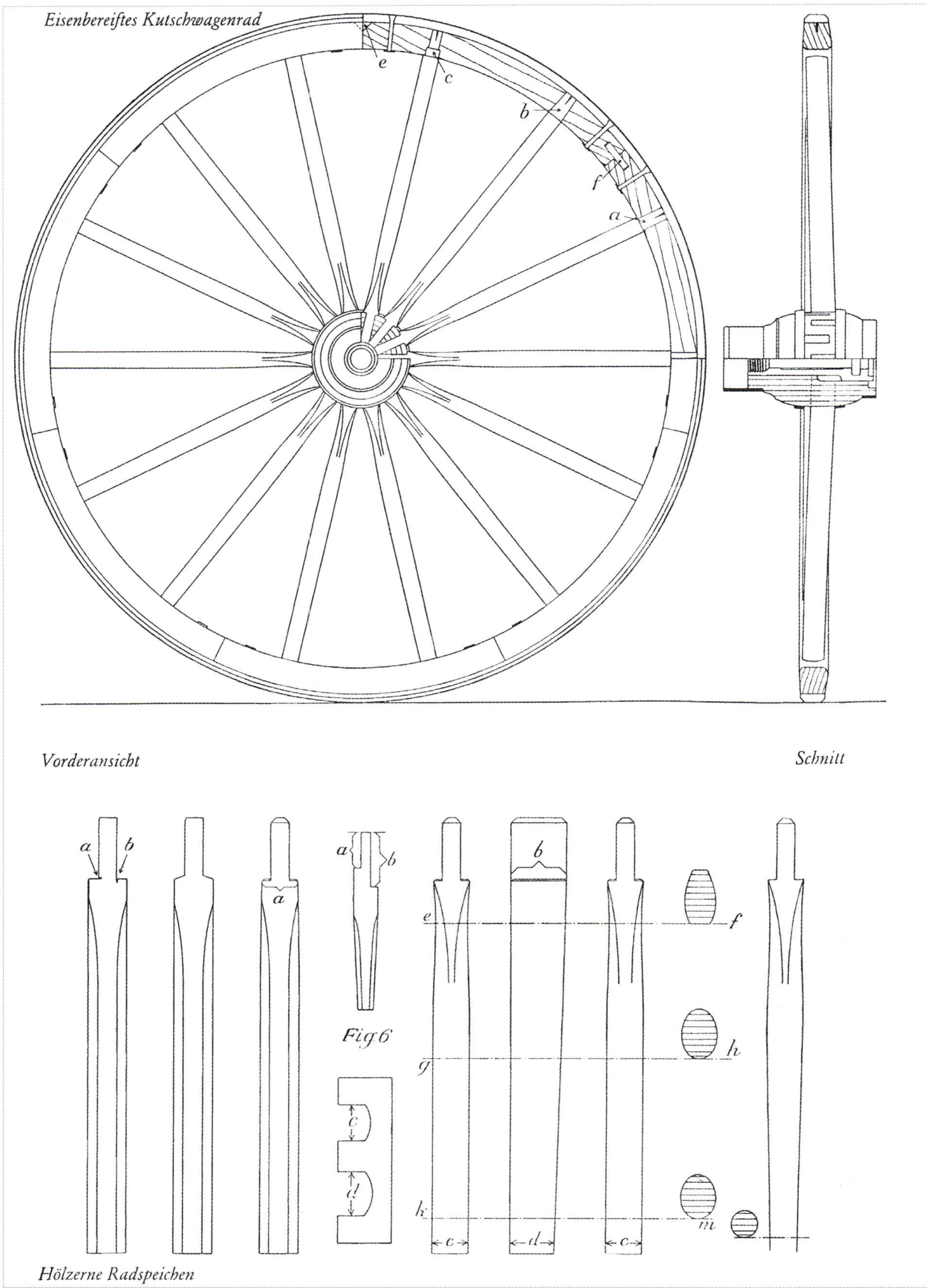

Bild 10: Filigranes Kutschenrad mit Nabe als Gleitlager für relativ schnellen Transport mit niedriger Belastung.

Das Rad erlaubt kontinuierliche Bewegungen

Das Rad als hölzerne Scheibe oder Speichenrad erhöhte die Mobilität der Bauern, Händler und des Adels als wesentliches Element von Ochsen- oder Eselskarren, von Ackerwagen und „Nutzfahrzeugen“ für Fuhrleute, die Waren über weite Strecken transportierten. Das Gewerbe der Wagner und Kutschenbauer erlebte durch das Rad eine lang anhaltende Blüte, bis die Erfindung des Verbrennungsmotors und des Kraftfahrzeugs für das Transportgewerbe, die Industrie, die Landwirtschaft und den einzelnen Bürger völlig neue Perspektiven zu Beginn des 20. Jahrhunderts eröffnete. Bild 10 zeigt die fast filigrane Ausführung eines hölzernen Kutschrades für schnelleren Transport bei geringerer Tragfähigkeit. Insgesamt brachte das Rad

Bild 11: Sling cart genanntes Kanonen-Transportsystem im amerikanischen Sezessionskrieg 1861–1865.

eine Beschleunigung vieler Transportvorgänge und beträchtlichen Zeitgewinn, doch die Transportleistung als Produkt aus der transportierten Masse und den zurückgelegten Kilometern blieb immer noch klein.

Erste und ungewöhnliche Schwerlasttransporte

Zwei Anwendungen des Rades zur Zeit der Belagerung des damals christlichen Konstantinopels im Jahr 1452 durch ein türkisch-mohammedanisches Heer waren spektakulär. Umfunktionierte schwere Ochsenkarren trugen als vermutlich erste Schwerlastfahrzeuge zum entscheidenden Sieg des Sultans über das Christenheer und die Christenflotte bei. Zunächst ließ der Sultan eine Riesenkanone bauen und nach deren Erprobung eine doppelt so große, die angeblich eine elf Zentner (550 kg) schwere Granitkugel fast zwei Kilometer weit schleudern konnte. Die Kanone hatte ein Kaliber von 1.200 mm! Diese und andere Geschütze mußten von Edirne, dem heutigen Izmir, nach Konstantinopel mit zusammengebundenen Wagen transportiert werden. Die Superkanone brauchte dafür 30 Wagen und 60 Zugochsen, mit denen der Transport in zwei Monaten abgewickelt wurde. Die Wege mußten eingeebnet werden, und hoher Aufwand von Menschen war notwendig, um das schwankende Gefährt im Gleichgewicht zu halten. Dann kam eine weitere Sensation: Nachdem 70 kleinere Kriegsschiffe vergeblich versucht hatten, die Sperrkette am Goldenen Horn zu durchbrechen, ließ der Sultan die ganze Flotte auf ochsenbespannte fahrbare Untersätze verladen und auf einem 15 km langen mit Holzbohlen befestigten Weg zu einem inneren Hafen transportieren; dabei mußte ein 75 m hoher Hügel überfahren werden. Es waren jeweils Tausende von Menschen mit diesen Transporten beschäftigt. Dank dieser logistischen Meisterleistungen entschied der Sultan die Schlacht um Konstantinopel letztlich zu seinen Gunsten.

Bild 12: Transport einer Kanonenkugel als Vorbild für hängendes Transportsystem.

Ein Vergleich mit einem Kanonentransport in neuerer Zeit ist hier angebracht: In den amerikanischen Sezessionskriegen von 1861–1865 gab es eine Lösung für den Transport schwerer Geschütze. Die konföderierten Truppen der Südstaaten verwendeten sogenannte sling carts mit 10"-Rädern (Durchmesser 3,06 m), mit denen die 2.500 pound (1,13 t) schweren Kanonenrohre dicht über dem Boden hängend – als Analogie zu dem manuellen Transport einer Kanonenkugel – oder auf einem tief liegenden Traggerüst transportiert wurden (Bilder 11 und 12). Bis zu 18 Ochsen waren als Zugkraft nötig. Für damalige Zeiten war auch das eine technische und logistische Leistung, da es sich um eine Vielzahl von Kanonen und wechselnde Standorte handelte. Entscheidend war nicht das Kaliber der Kanonenkugeln, sondern die in einem solchen Krieg notwendige Mobilität und Quantität der Kanonen.

II.

1700 bis 1890

Die Dampfkraft verändert die Welt

Die Zeit war reif, um durch Umwandlung von Energie, die in Rohstoffen schlummerte, in Maschinen die Arbeits- und Transportleistung zu vervielfachen. Wind- und Wasserkraft konnten schon in mechanische Energie umgewandelt werden, es fehlte eine überall einsetzbare thermische Maschine.

Dampf durch Erwärmung von Wasser wurde schon im Altertum für allerlei Effekte genutzt. In dem um die erste Jahrhundertwende der neuen Zeitrechnung wichtigsten Kultur- und Wissenschaftszentrum Alexandria im Nil-Delta lebte Heron von Alexandria, ein griechischer Gelehrter. Er beschäftigte sich in der „Schule von Alexandria" mit Naturwissenschaften. Von ihm wurden die wesentlichen Grundlagen für die „Erfindung" einer Maschine geschaffen. Die von Heron entwickelte sogenannte Äolipile kann als Vorläufer der Dampfturbine und anderer mit Rückstoß arbeitender Maschinen und Geräte gelten. Eine drehbar gelagerte Kugel wurde aus einem

Bild 13: Bau des Suez-Kanals mit Dampfbaggern und gleisgebundenem Transport des Aushubs mit Dampfkraft.

Dampfkessel mit Wasserdampf gespeist; der Dampf konnte durch zwei Rückstoßdüsen entweichen, wobei die Kugel in Drehung versetzt wurde. Eine Leistung, die in ihrer vollen Bedeutung zu Herons Zeit gar nicht erkannt wurde.

Erst von dem französischen Forscher Denis Papin (1647–1714) wurde die Umwandlung von Brennstoff in mechanische Energie erreicht, wenn auch noch in höchst unvollkommener Weise. Die ebenfalls nach atmosphärischem Prinzip arbeitende Dampfmaschine des Engländers Newcomen (1663–1729) führte zu monströsen Maschinen mit einem miserablen Wirkungsgrad von gerade einem Prozent! Diese Maschinen konnten aufgrund ihrer Ausmaße nur stationär genutzt werden.

Die Dampfmaschine von James Watt eröffnet Perspektiven

Im 19. Jahrhundert gab es zwei Großereignisse, bei denen die Transportaufgaben primäre Bedeutungen hatten: der Bau des Suezkanals um 1869 und der Bau des Panamakanals 1881. Auf dem zeitgenössischen Foto vom Bau des Suezkanals (Bild 13) ist zu erkennen, daß gewaltige Erdbewegungen stattfanden. Der Abraum wurde mit eisernen Fahrzeugen auf Schienen, also mit einer „Eisenbahn", abtransportiert. Die Dampfmaschine war zum Ende des 18. Jahrhunderts von James Watt bereits realisiert, so daß Energie für Arbeits- und Transportzwecke zur Verfügung stand. Der Bau des Panamakanals lief mit etwa gleichem Einsatz von Technik ab. Das wesentlich höher belastbare eiserne Schienenrad bewährte sich auch hier und konnte endlich zu einer deutlichen Steigerung der Transportleistung beitragen.

Nach dem Patent von 5. Januar 1769 sicherte sich James Watt die Rechte für eine Dampfmaschine, die den Dampf- und damit den Brennstoffverbrauch senkte. Die Bedeutung dieses Patents wurde von den Zeitgenossen nicht erkannt, obwohl im Verlauf der nächsten Jahrzehnte neue Anwendungen, endlich auch für Fahrzeuge, gefunden und realisiert wurden. Im Grunde nahm das Watt'sche Patent die Technik der Dampfmaschine für ein ganzes Jahrhundert vorweg. Trotz einer finanziellen Katastrophe erlebte Watt noch den Aufstieg seiner Dampfmaschine, nachdem Matthew Boulton, ein erfolgreicher englischer Unternehmer, sich seiner Dampfmaschine annahm. Es entstanden Maschinen mit doppeltwirkendem Kolben. Der Kurbeltrieb, heute Merkmal aller Verbrennungskraftmaschinen mit Hubkolbentriebwerk, war aber bereits durch einen Knopfmacher patentiert, weshalb Watt eine Lösung mit Zahnrädern in einer Anordnung, die schon als Planetengetriebe zu betrachten war, fand. Kein Wunder, daß nun die Dampfmaschine begann, die Welt zu erobern, und nicht nur England zur Industrienation erhob. Die Lebensqualität der Arbeiterklasse wurde allerdings immer schlechter, es entstand das Proletariat.

Bild 14: Kurios und riskant: Transport einer Dampflokomotive auf untergebauten schweren Rollen mit 30 Pferden zum nächsten Bahnhof.

Transporte mit Dampfkraft

Das eiserne Rad mit höherer Belastbarkeit, die eiserne Schiene als unbedingt notwendiges Trag- und Führungsorgan und die Dampfkraft gingen eine lang anhaltende Ehe ein. 1804 baute der englische Ingenieur Trevithik die erste brauchbare Dampflokomotive. Der Siegeszug der Eisenbahn setzte anschließend mit den „modernen" Lokomotiven des Engländers George Stephenson in Europa und Amerika ein. Diese Entwicklung war eine echte technische Revolution, die aber noch der Ergänzung durch ein in der Fläche mobiles Straßenfahrzeug bedurfte.

Lokomotiven und Waggons wurden zu Beginn des Eisenbahnzeitalters von etablierten Maschinenfabriken gebaut. Da zunächst nur einzelne Strecken für die neue Eisenbahn bestanden und erst später ein Streckennetz entstand, hatten die Produktionsstätten keinen Gleisanschluß. Lokomotiven wurden auf vierrädrige Fuhrwerke verladen und in abenteuerlicher Weise von bis zu 30 Pferden zum nächstliegenden Gleis gezogen (Bild 14). Selbst bei der renommierten Lokomotivfabrik Maffei in München waren derartige Schwerlasttransporte bis nach 1900 notwendig.

Die Lokomotive mutiert zur Lokomobile

Als Ableger der Dampflokomotiven entstanden in der ersten Hälfte des 19. Jahrhunderts schwere Lokomobile, die zunächst als Dampfpflüge dienten, als Dampfwalzen im Tiefbau Verwendung fanden und Transportaufgaben übernahmen. Bild 15 zeigt einen Lastzug mit einer typischen Dampfzugmaschine der Firma Kemna in Breslau (heute Wroclaw/Polen). Der Effekt war durch die Eisenbereifung aller Räder gering, Steigungen waren nur bei trockener Straße zu überwinden, und wegen der hohen spezifischen Belastung durch die Eisenräder durften nur gepflasterte

Straßen befahren werden. Auch die später angewandte Elastikbereifung vermochte den Niedergang dieser Gattung nicht aufzuhalten.

Einen spektakulären Schwertransport, der technisch und historisch bedeutsam war, initiierte der Bayernkönig Ludwig II. Er hatte mit Prachtbauten an ungewöhnlichen Standorten die Transporttechnik herausgefordert. Ludwig II. ließ 1872 eine monumentale Kreuzigungsgruppe aus Stein fertigen. Dieses Monument wog ohne Transportkiste über 20 t und wurde auf ein schweres vierrädriges Spezialfahrzeug verladen (Bild 16). Als Zugmaschine diente eine Dampflokomobile von Krauss-Maffei in München. Der Transportweg in Bayern betrug 90 km und führte über Starnberg und den Ettaler Berg über meist schlechte Wege nach Oberammergau, heute durch die Passionsfestspiele bekannt. Die Zugkraft der Lokomobile reichte auf der Steilstrecke nicht aus, so daß sie allein hochfahren mußte; der Schwerlastanhänger wurde abschnittweise mit der dampfgetriebenen Seilwinde nachgezogen. Der Transport war eine technische Pionierleistung. Es gelang zum ersten Mal, Maschinenkraft sinnvoll einzusetzen, obwohl die Technik noch in den Kinderschuhen steckte. Wenn man den Faktor Zeit einschließt, stand die Transportleistung den zuvor geschilderten Transporten mit Rollen und Walzen trotz der jetzt viel kleineren Last nicht nach. Mensch und Tier hatten jetzt als Zugmittel ausgedient, die Technik begann, die Schwerarbeit zu übernehmen.

Bild 15: Eisenbereifte Dampflokomobile, Bauart Kemna, als Zugmaschine für Anhänger im Straßenverkehr.

Bild 16: Transport eines in Stein gehauenen Denkmals auf bayerischen Straßen mit Hilfe einer Dampflokomobile mit Seilwinde.

III.

1890 bis 1928

Die Evolution des motorgetriebenen Lastwagens

Die Dampfkraft im Transportwesen konnte sich als Antriebskraft noch bis ins 20. Jahrhundert halten, um dann, von wenigen Ausnahmen abgesehen, auf der Straße durch den Verbrennungsmotor abgelöst zu werden.

Bild 17: Verkehrswege in alter und neuer Zeit.

Die Situation des Verkehrswesens vor Einführung des Verbrennungsmotors zeigt die künstlerische Darstellung nach Bild 17. Ganz oben werden Lasten durch ein Tretrad, die menschliche Tretmühle, gehoben, darunter ist die höfische Prachtkarosse erkennbar. Der Transport von Gütern mit Pferdewagen bergauf und bergab stellte eine Schwerstarbeit für Mensch und Tier dar, und unten konkurriert die neue Dampfeisenbahn mit der pferdebespannten Postkutsche. Sieger wurde die Eisenbahn, bis die Erfindung funktionsfähiger Automobile mit Verbrennungsmotor durch Gottlieb Daimler, Carl Benz und Wilhelm Maybach im Jahr 1886 eine neue Situation schuf. So wie die Eisenbahn die Rolle des Transporteurs im Fernverkehr übernommen hatte und das Pferdefuhrwerk in die Städte und Regionen zurückdrängte, begann das mit Verbrennungsmotor betriebene Straßenfahrzeug als Personen- und seit 1896 auch als Lastwagen, das Pferdefuhrwerk langsam abzulösen und den schwerfälligen und wartungsintensiven dampfgetriebenen Straßenfahrzeugen Konkurrenz zu machen (Bild 18). Immense Vor-

Bild 18: Erster Lastzug mit Verbrennungsmotor, gebaut von Vollmer 1903 bei der AEG. Der Zug wurde in deutschen Kolonialgebieten in Afrika eingesetzt.

teile bot der Antrieb mit Verbrennungsmotor gegenüber dem Dampfbetrieb:

- Der Motor war klein und konnte im Nutzfahrzeug untergebracht werden.
- Der Kraftstoff hatte hohen Heizwert und konnte im Fahrzeug gespeichert werden.

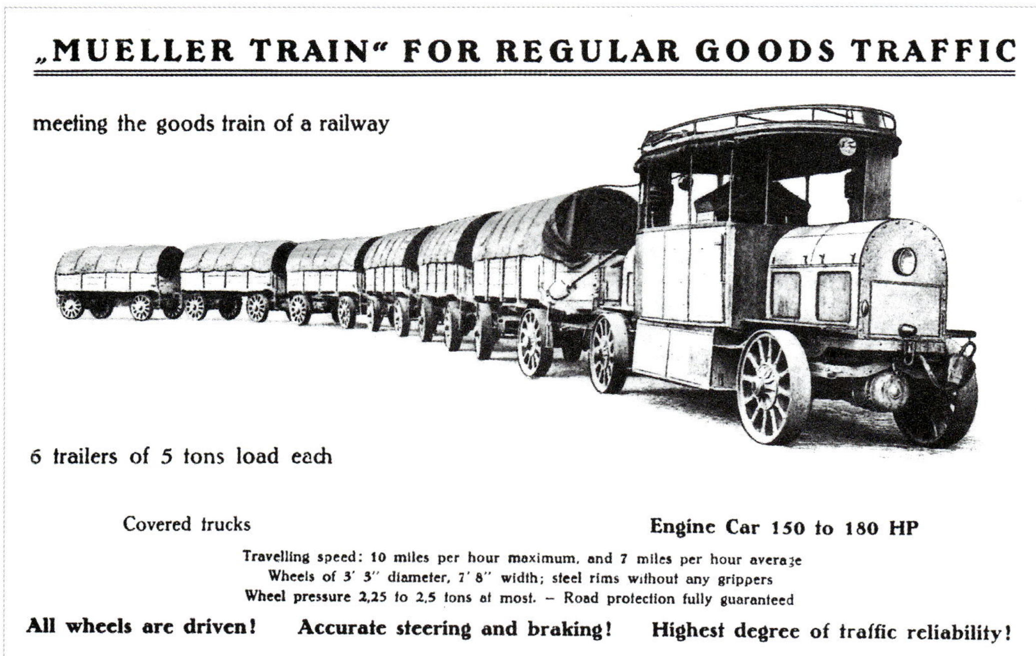

Bild 19: Der eisenbereifte „Müllerzug" von 1910 mit 150 bis 180 PS hatte sechs Anhänger für 30 t Nutzlast mit Lenkung aller Räder. Der Motor im Traktor trieb einen Generator an, so daß alle Räder des Zuges elektrisch angetrieben werden konnten.

- Wartung und Betrieb wurden leichter, Anheizen, Entschlacken, Wasser tanken und Kohle bunkern entfielen.
- Das motorisierte Fahrzeug war wesentlich leichter.
- Trotz höherer Geschwindigkeit wurde die Straße mehr geschont.

Im damaligen Eisenbahnzeitalter mit schnell wachsendem Schienennetz waren die Chancen des motorisierten Lastwagens nicht zuletzt wegen der damals schlecht ausgebauten Straßen und Wege gering. Das sollte sich aber nach dem Ersten Weltkrieg ändern. Trotz mancher Nachteile hielten sich Lastwagen mit Dampfantrieb noch bis in die dreißiger Jahre, im Schwertransportwesen verschwand der Dampfbetrieb aber vollständig.

Der erste funktionstüchtige Motor-Lastwagen entstand 1896 bei der Daimler-Motoren-Gesellschaft in Bad Cannstatt bei Stuttgart. Er glich noch einem Pferdefuhrwerk mit Hilfsmotor, aber er fuhr und transportierte mehr Lasten als ein Pferdefuhrwerk. Der Prospekt berichtete von vier Leistungsvarianten von vier bis zehn PS und vier Gewichtsvarianten von 1.500 bis 5.000 kg Nutzlast. Das erste Fahrzeug wurde an einen Unternehmer in London verkauft. Nur wenige glaubten an einen Siegeszug solcher Ungetüme mit lautem und stinkendem Motor und den auf schlechten Straßen holpernden eisenbereiften Rädern. Der Kampf mußte nicht nur gegen die Unzulänglichkeiten der neuen Technik, sondern auch gegen die Fuhrleute mit Pferdewagen und gegen die Behörden geführt werden.

Der Lastkraftwagen kämpft gegen seine Widersacher

Nach der Jahrhundertwende, als die Lastwagen bereits eigene benzinbetriebene Motoren statt der am Anfang eingebauten Personenwagenmotoren hatten, sah eine von der Daimler-Motorengesellschaft aufgestellte Rentabilitäts-Berechnung so aus:

A Fuhrbetrieb mit Pferden

2 kräftige Arbeitspferde mit Geschirr und 1 solides Fuhrwerk .... M 3.000,–

Betriebskosten pro Jahr .... M 3.757,–
(einschl. Amortisation, Lohn, Reparaturen, Fütterung
(an 365 Tagen), Hufbeschlag und Abonnement für den Tierarzt)

Arbeitsleistung, Hinfahrt beladen, Rückfahrt leer 18.000 To.-km
entsprechend rund 20 Pf je To-km

B Lastfuhrwerks-Betrieb mittels Motorwagen (50 Ctr.)

1 Lastwagen für 50 Ctr. Tragfähigkeit .... M 3.970,–

Betriebskosten pro Jahr .... M 5.699,–
(Amortisation, Reparaturen, Chauffeurlohn; Benzinverbrauch
bei tägl. 6 Stdn., à 10 km = 60 km à 2,5 To. / 50 Ctr, entspr.
150 To.-km x 300 Tage = 45.000 To.-km)

Benzinverbrauch dabei 3,3 Pf. p. To.-km
bei 45.000 To.-km jährlich + Schmieröl M 240,–) .... M 2.385,–
daraus ergeben sich p. To-km rd. 12 Pfg.

M = Mark, damals gültige Währung im Deutschen Reich
Ctr. = Zentner (1 Ctr. = 50 kg; 20 Ctr.= 1.000 kg = 1 t)
Pf = Pfennig (1 M = 100 Pf).
To = t = metric ton.

Trotz dieser stichhaltigen Berechnung (verkürzte Wiedergabe) stieß der Motor-Lastwagen immer noch auf erbitterte Konkurrenz. Schließlich hinderten in der damaligen Blütezeit der Eisenbahn die schlechten Straßen und Wege den Lastkraftwagen an der Entfaltung seiner Fähigkeiten. Eine Wende trat erst in den zwanziger Jahren ein. Die Rentabilität und die Notwendigkeit des motorisierten Lastwagens als Transportmittel in der Fläche und auch im Fernverkehr waren erwiesen.

Flexibler Einsatz in der Fläche

Schon um die Jahrhundertwende entstanden vielteilige Lastzüge als Transportmittel in den Kolonien, wo meistens keine Schienennetze vorhanden waren. In Europa hätten diese Straßengüterzüge keine Aussicht gehabt, gegen die Vormachtstellung der Bahn zu konkurrieren. Die Motorleistungen waren niedrig, ebenso die mit den eisenbereiften Rädern erzielbaren Geschwindigkeiten. Die Maschinenelemente Zahnrad, Schnecke und Kugellager tauchten jetzt immer häufiger im Triebstrang auf. Als erster Lastzug der Welt gilt der „Durch"-Lastwagen mit Anhängern des deutschen Ingenieurs Josef Vollmer von 1903 (Bild 18). Der Vierzylinder-Ottomotor entwickelte 50 PS und trieb über ein Vorgelege und einen Ritzelantrieb die beiden großen Hinterräder an. Zwei Anhänger mit gleich großen Rädern wie der Motorwagen konnten 20 t Nutzlast befördern.

1904 baute das Rabà-Werk in Ungarn einen sensationellen Lastwagen mit Antrieb und Lenkung der vier Räder für den Betrieb als Traktor für mehrere Anhänger. Eine andere Lösung mit Trennung von Zug- und Tragkraft bildete 1910 der in Deutschland gebaute „Müllerzug" (Bild 19). Ein Traktor war mit einem 150- bis 180-PS-Ottomotor mit Generator ausgerüstet und zog sechs Anhänger. Alle Achsen des Zuges waren elektrisch angetrieben, um auch auf schlechten Wegen problemlos fahren zu können. Die Tragkraft betrug 6 x 5.000 kg = 30.000 kg (30 t) bei einer durchschnittlichen Geschwindigkeit von 12 km/h. Sichere Steuerung und Bremsung sowie hohe Verkehrssicherheit wurden vom Hersteller angepriesen.

Der Road Train von Renard, gebaut 1910 bei Daimler in Coventry, hatte mehrere Anhänger mit drei Achsen, von denen je die mittlere angetrieben war. Der Antrieb erfolgte von dem Traktor über Gelenkwellen und Schneckengetriebe. Der Zug bildete die mechanische Alternative zum „Müllerzug". Ein ähnlicher Zug, ebenfalls mit Allradlenkung, wurde von Daimler für Indien gebaut. Bekannt wurde auch der von Porsche 1912 konstruierte Austro-Daimler-A-Zug mit zweiachsigem Traktor und sechs zweiachsigen Anhängern (Bild 20). Hier erfolgte der Antrieb

Bild 20: Der benzinelektrische Austro-Daimler-A-Zug von 1912, eine Konstruktion von Ferdinand (Ferry) Porsche.

benzinelektrisch von einem Ottomotor mit 150 PS Leistung auf je eine Achse jedes Fahrzeugs. Bei diesem Zug waren Ansätze zu einem echten Schwertransportfahrzeug zu erkennen, da mit dem C-Zug auch schwere Geschütze auf acht Rädern sogar über Alpenpässe gezogen wurden. Durch Allradlenkung waren die A- und C-Züge kurvengängig.

Alle diese Fahrzeuge waren zwar für den Transport relativ hoher Nutzlasten geeignet, konnten aber durch die Konzeption keine kompakten Schwerlasten aufnehmen. Dennoch wurde die Antriebstechnik dadurch vorangetrieben. Der Allradantrieb wurde 1903 erstmalig von dem Baurat Paul Daimler, einem Sohn von Gottlieb Daimler, vorgestellt. Es zeigte sich ganz deutlich, daß die Zugkraft, die Geländegängigkeit und die Lenkfähigkeit eines Traktors mit Vierradantrieb besser waren. Dies führte zu mehreren vierrädrigen Zugmaschinen mit Antrieb auf vier übergroße Räder, also mehr auf militärische Verwendung als für den Straßenverkehr zugeschnitten. Immerhin wurden Erkenntnisse gesammelt, die auch dem Straßen-Schwerlastfahrzeug genützt haben.

Die Erfindung des Lastwagens mit Verbrennungsmotor war wichtiger, als die meisten Menschen damals ahnten. Das Anwachsen der Bevölkerung und ihrer Bedürfnisse sowie die damit verbundene Zunahme der Bautätigkeit für größere Städte forderten eine solche Entwicklung heraus. Der Transport mit Pferdefuhrwerken konnte schon lange nicht mehr Schritt halten, und eine Alternative zum Schienenverkehr war ebenfalls unausweichlich.

Der Lastkraftwagen mit Verbrennungsmotor beweist seine Fähigkeiten

Das Militär stand nach der Jahrhundertwende dem Kraftfahrzeug skeptisch gegenüber, doch konnte der Lastkraftwagen seine Fähigkeiten im Ersten Weltkrieg ausspielen. Es wurde mit Rad- und Kettenfahrzeugen experimentiert, um hohe Zugkraft mit Geländegängigkeit zu verbinden.

Lasten ohne Last

Oswald/Kittler/Dünnebier
Kraftfahrzeuge der DDR
Wer glaubt, dass in der DDR nur Trabant und Wartburg ihr Zweitakt-Fähnchen schwenkten, der sollte unbedingt mal einen Blick in den »Oswald« werfen. Vor über zwanzig Jahren erstmals erschienen, ist dieses Standardwerk jetzt wieder up to date. Neu bearbeitet, übersichtlicher und vollständiger denn je – sehr zur Freude vieler Nostalgiker.
318 Seiten, 374 Bilder
Bestell-Nr. 01913 **€ 26,–**

Wolfgang H. Gebhardt
Deutsche Traktoren seit 1907
Alle Marken, alle Modelle, hunderte von Bildern, gut 150 Seiten Tabellen zu Traditionsmarken ebenso wie zu ostdeutschen Traktor-Produzenten. Darüber hinaus werden in dieser Sammlung auch viele Kleinserien-Fabrikate porträtiert. Die meisten davon hat man zwar längst vergessen, doch gerade das macht sie heute so interessant, meint der Autor.
700 Seiten, 800 Bilder
Bestell-Nr. 02346 **€ 49,90**

Wolfgang H. Gebhardt
Faun
Die alten Römer verehrten Faunus als Naturgott, heute denkt man bei »Faun« eher an Lastwagen. Und die Geschichte der Fahrzeug-Produktion im bayerischen Ansbach – sie begann 1906 – ist ein hochinteressantes Thema. Wolfgang Gebhardt nimmt sich hier der traditionsreichen Firma an und erzählt über Anfänge und Hintergründe, Macher und Modelle, Typen und Technik. Eine einzigartige, reich illustrierte Zusammenstellung mit durchaus überraschenden Akzenten.
224 Seiten, 420 Bilder
Bestell-Nr. 02040 **€ 26,–**

Dieter Mutard
Unimog
Der Autor schildert die ersten Schritte des Prototypen »U1«, erzählt vom Anlaufen der Serienfertigung des »U 70200 Diesel-Schleppers« 1947 in Göppingen und beschreibt, wie der Unimog die Welt eroberte.
192 Seiten, 240 Farbbilder
Bestell-Nr. 02342 **€ 24,90**

Georg Stefan Hagemann
Werkfeuerwehren bei Mercedes-Benz
Alle Fahrzeuge einzeln im Bild mit Detailaufnahmen und technischen Beschreibungen im Begleittext. Der Bildband wird abgerundet durch eine Einführung in die Historie.
272 Seiten, 380 Farbbilder
Bestell-Nr. 02354 **€ 24,90**

Halwart Schrader
Deutsche Lastwagenklassiker
Sie transportierten das Wirtschaftswunder und schrieben Nutzfahrzeug-Geschichte. 15 prominente deutsche Nutzfahrzeug-Hersteller, von Borgward und Büssing bis Opel und Vomag, stellen sich hier vor. Eine faszinierende Rückschau auf die große Zeit der Lastwagen, gespickt mit tollen Bildern und neuen Fakten zu Baureihen und technischen Besonderheiten.
192 Seiten, 250 Bilder, davon 134 in Farbe
Bestell-Nr. 01802 **€ 36,–**

Halwart Schrader/Jan P. Norbye
Lastwagen-Lexikon
Neben einem 16achsigen »Road Train« aus den USA ist selbst ein ausgewachsener Sattelzug nur eine kleine Nummer. Welche Lastwagen sonst noch auf den Straßen der Welt unterwegs sind, zeigt diese Revue.
200 Seiten, 426 Bilder
Bestell-Nr. 01837 **€ 16,–**

Dieter Hasemann
Feuerwehr-Legenden MAN, Magirus-DL
Beide, MAN wie Iveco-Magirus, gehören heute zu den führenden Feuerwehrgeräte-Herstellern der Welt – kein Wunder, dass die Firmen aus Bayern hier im Rahmen einer Spezialausgabe gewürdigt werden.
272 Seiten, 261 Bilder, davon 71 in Farbe
Bestell-Nr. 02322 **€ 19,90**

Stand Juli 2003 – Änderungen in Preis und Lieferfähigkeit vorbehalten

IHR VERLAG FÜR AUTO-BÜCHER
Postfach 10 37 43 · 70032 Stuttgart
Telefon (07 11) 2 10 80 65 · Telefax (07 11) 2 10 80 70

Motor buch Verlag

Es entstanden eisenbereifte Artillerieschlepper mit vier angetriebenen großen Rädern, zum Beispiel von Magirus (Bild 21) und Daimler. Auch Raupen- oder Kettenfahrzeuge (Bild 22) für die Nutzung in der Landwirtschaft und für militärische Zwecke entstanden. Scania-Vabis in Schweden hatte einen vierrädrigen Artillerieschlepper mit Allradantrieb und Allradlenkung entwickelt. Die Radfahrzeuge waren beweglicher und schonten die Straßen mehr als die Kettenfahrzeuge. Diese hatten dafür eine geringere spezifische Bodenbelastung auf weichem Boden.

Wir überspringen die Zeit bis 1918, um die Situation der Nachkriegszeit nach Schwertransporten zu durchleuchten. Neues ist zunächst nicht zu berichten, denn die Firmen mußten von der Kriegs- auf die Friedensproduktion umgestellt werden, und Geld für Investitionen auf der Herstellerseite und ebenso auf der Kundenseite fehlte.

Rad oder Raupe für hohe Zugkraft?

Die Raupenfahrzeuge der Kriegsgeneration waren für Straßentransporte unbrauchbar. Sie lebten später als Raupenschlepper für bestimmte landwirtschaftliche Arbeiten und danach primär mit verschiedenen Funktionen im Erdbau weiter. Solche Raupenfahrzeuge dienten auch als Zugmittel für Schwerlastanhänger auf schlechten Wegen, wie mit einem der ersten Tiefladeanhänger von Rogers in den USA um 1920 (Bild 23). Die Ent-

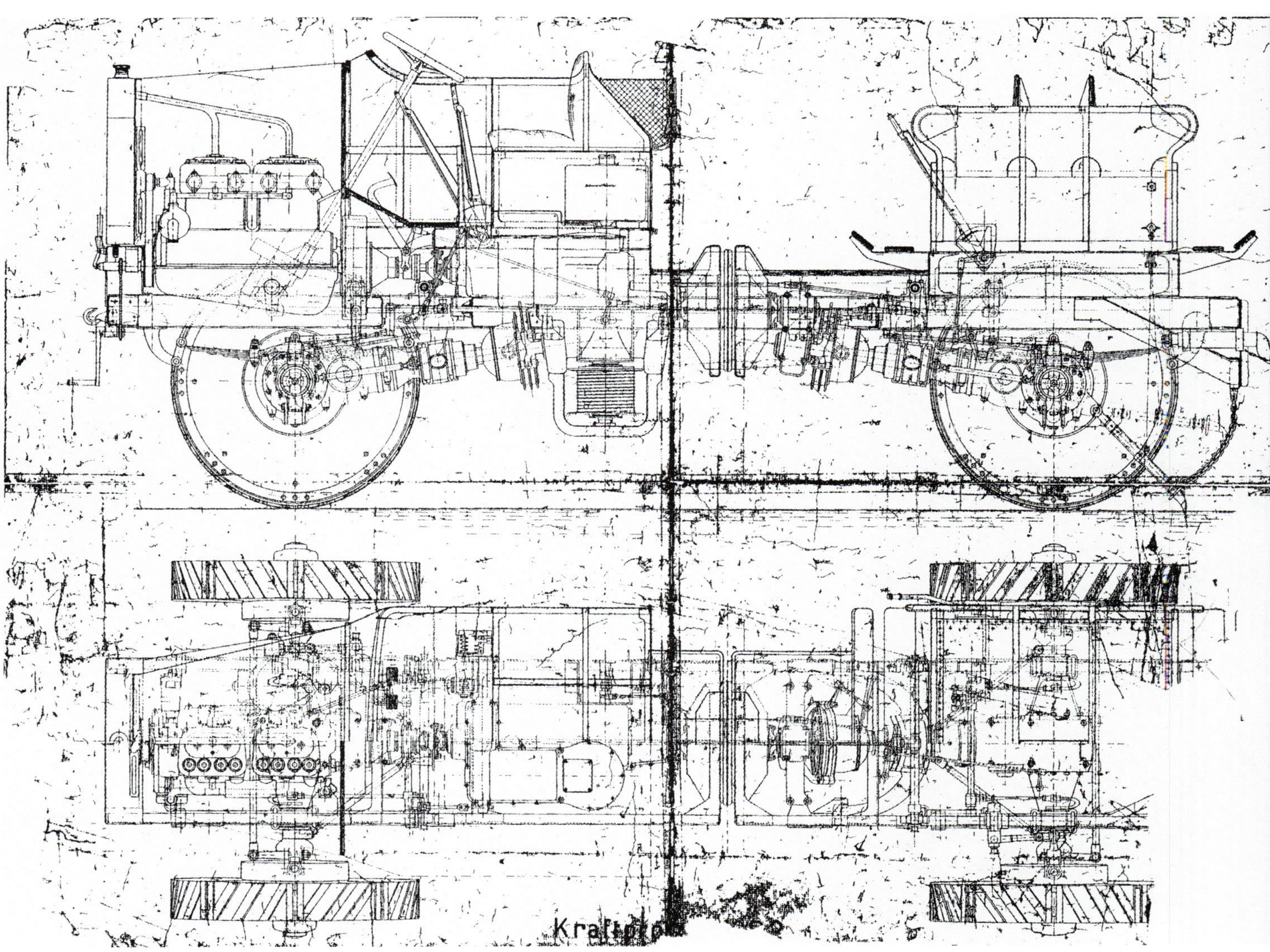

Bild 21: Magirus-Artillerieschlepper von 1917 mit vier angetriebenen und gelenkten Rädern, 70 PS (51 kW).

Bild 22: Daimler-Raupenschlepper von 1910 mit langem Rollenlaufwerk und unterteiltem Rollenkasten.

Bild 23: Einer der ersten Tiefladeanhänger von Rogers (USA) mit großen Stahlrädern, gezogen von einem Raupenschlepper.

Bild 24: Daimler-Artillerieschlepper KD 1 mit Vierradantrieb und Schenk-Anhängern im zivilen Einsatz.

wicklung dieser mehr auf Arbeits- als auf Transportleistung gerichteten Maschinen wird im Band „Erdbewegung durch fünf Jahrhunderte" dieser Buchreihe ausführlich geschildert. Erst ab 1970 wurden wieder technisch hochentwickelte Crawler mit breiten Raupen für Schwertransporte eingesetzt.

Artillerieschlepper, die den Krieg überstanden hatten, waren beliebte Zugmaschinen zum Ziehen von Anhängern im innerstädtischen Bereich (Bild 24), weil andere Fahrzeuge nicht zur Verfügung standen. Artillerieschlepper zogen sogar schwere und primitiv gebaute Tiefladeanhänger für Maschinen und Transformatoren, beispielsweise beim Bau des als Speicherkraftwerk dienenden Schluchseewerkes im südlichen Schwarzwald in

Bild 25: Daimler-Schlepper KD 1 in Doppeltraktion bei einem schwierigen Transport eines Transformators.

Bild 26: Schwertransport mit Pferden, Australien 1925.

den zwanziger Jahren (Bild 25). Offenbar verliefen diese Transporte recht abenteuerlich, da nur schlecht befestigte Straßen zur Verfügung standen und die niedrige Motorleistung auf den Steigungen gerade ausreichte. Die Achsen und die vier bis sechs starr darauf angeordneten Räder mit Elastikbereifung konnten sich den Unebenheiten nicht anpassen, weshalb eine mehrköpfige Begleitmannschaft notfalls mit Stangen das Umkippen des Fahrzeugs verhindern mußte. Für die transportierten Maschinen waren die Belastungen außerordentlich hoch.

Der von Baurat Paul Daimler entwickelte Vierradantrieb dieser Artilleriezugmaschinen erhöhte auch im zivilen Bereich die Leistungsfähigkeit und verbesserte die Lenkfähigkeit im Gelände oder auf den schlechten Straßen und Wegen der Nachkriegszeit. Trotz mangelhafter Antriebsleistung und Überdimensionierung der Schlepper leisteten sie im zivilen Bereich gute Dienste für Transporte aller Art.

Als Folge der Entwicklung schwerer Raupenkrane wurden Raupenfahrwerke später häufig auch in den USA für Schwerlasttransporte verwendet, also war das Raupenfahrwerk für hohe Zugkraft und für extreme Tragkraft geeignet.

Der Verbrennungsmotor wird zur Triebkraft weiterer Entwicklungen

Noch 1925 wurde in Australien ein Schwertransport – offenbar mußte ein großer Generator transportiert werden – mit Pferden durchgeführt, obwohl zu dieser Zeit bereits motorisierte Schwertransporte möglich waren. Das ganze war ein wild-romantisches Abenteuer (Bild 26). Die zwanziger Jahre boten ein Kontrastprogramm: Schwerlasten wurden von Pferden, Dampflokomobilen oder Zugmaschinen mit Verbrennungsmotor bewegt.

Bild 27: Transport des Ölkessels eines Transformators auf einem Tieflader, gezogen von einer Dampflokomobile.

Dampflokomobile wurden für mittlere Lasten mit eisenbereiftem Tieflader in gemischter Stahl-/Holzbauweise verwendet (Bild 27). Mit zunehmender Verbesserung motorgetriebener Lastwagen änderte sich das Bild. Leichtere Fahrzeuge mit höherer Motorleistung und Elastikbereifung dienten als flexiblere Transportmittel und begannen, die im zivilen Gebrauch wenig geeigneten Artillerieschlepper und auch die Dampflokomobile abzulösen. Sattelschlepper, zum Beispiel von Scammell in England oder Mack und anderen Herstellern in den USA, gewannen mit Tiefladeanhängern Bedeutung. Im Kasten (Bild 28) werden einige markante Beispiele von Schwerlasttransporten mit Satteltiefladern gezeigt. Für Transporte von Baumaschinen war die Zeit in Europa noch nicht reif; die Dampfbagger waren in der Regel zu schwer und zu groß, und Baumaschinen, wie wir sie heute kennen, entstanden zunächst in Amerika und fanden erst nach 1930 Eingang in Europa. Voraussetzung war die Entwicklung solcher Baumaschinen in Dimensionen und zu Preisen, die für europäische Verhältnisse tragbar waren. Als später die Maschinen in Europa größere Dimensionen annah-

Bild 28: Schwertransporte in den USA (1930) mit Satteltiefladern.

Oben: Fenton Rigging mit Mack-Traktor.

Mitte: Brennan mit Packard-Traktor.

Unten: Pennoyer Merchants Transfer mit Packard-Traktor und 30-t-Transformator.

Bild 29: Improvisierter Großraumtransport mit Lastwagen der Daimler-Motorengesellschaft Berlin mit zwei Plattformanhängern.

men, standen auch entsprechende Transportmittel zur Verfügung.

Auf Bild 29 ist ein Schwer- und Großraumtransport im weitesten Sinne dargestellt. Ein Lastwagen, der nach dem technischen Stand von 1922 mit Benzinmotor und Bremsen nur an den Hinterrädern ausgestattet war, zog zwei Anhänger einfachster Bauart ohne Bremsen. Ein solcher Transport wäre nur zehn Jahre später nicht mehr zugelassen worden, zumal auch die Lastverteilung zwangsweise durch die Radstände sehr mangelhaft war.

Einen Schwertransport mit einem Packard-Lastkraftwagen in den USA um 1920 zeigt Bild 30, Bild 31 einen

Bild 30: Schwertransport mit einem Packard-Lastwagen von Higgins.

Bild 31: Rogers-Tiefladeanhänger mit vorderem Drehgestell und kleinen Hinterrädern, gezogen von einem Mack-Lastwagen.

Schwertransport ebenfalls in den zwanziger Jahren, aber mit Zugmaschine und Anhänger. Die Mack-Zugmaschine hatte noch Kettenantrieb. Der Anhänger von Rogers mit vorderem Drehgestell und kleinen Hinterrädern hatte eine tiefliegende Plattform.

Technische Verbesserungen erhöhten die Effektivität und Sicherheit des Schwertransports. Meilensteine waren der 1923 von Benz und der MAN eingeführte Fahrzeug-Dieselmotor, die von Knorr aus Erfahrungen mit Eisenbahnbremsen eingeführte Druckluftbremse für Motorwagen und Lastzüge, der Kardanantrieb statt des Kettenantriebs und nicht zuletzt die Anwendung des Luftreifens für schwere Fahrzeuge. Damit waren wichtige Voraussetzungen für Schwerlastfahrzeuge späterer Generationen geschaffen.

IV. Die Urformen späterer Schwerlastfahrzeuge entstehen

1929 bis 1933

Nach Schwerlastfahrzeugen im damaligen Sinn, die in den USA von Mack, Packard und anderen gebaut wurden, entwickelte in Europa wiederum Scammell eine relativ moderne Lösung eines Schwerlast-Sattelzuges. Etwa zeitgleich entstand in Deutschland der Culemeyer-Straßenroller als Basis eines umfassenden Transportsystems.

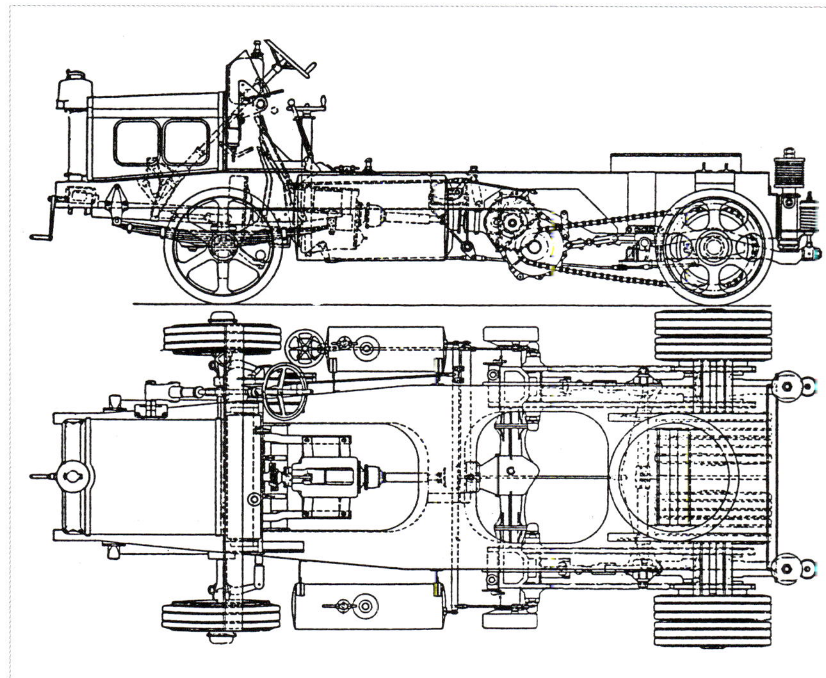

Bild 33: Fahrgestell des Scammell-Schwerlast-Sattelschleppers. Die vier Räder der zwei Pendelachsen werden über drei Differentialgetriebe mit vier Ketten einzeln angetrieben.

Scammell baut einen fortschrittlichen Schwerlast-Sattelzug

1929 entstand eine zweiachsige Scammell-Zugmaschine (Bild 32) für hohe Sattellast mit einem einachsigen und später mit einem zweiachsigen Auflieger von Marston für Nutzlasten bis maximal 100 t, nur begrenzt durch die Tragfähigkeit der zu befahrenden Straße. Für den vorwiegenden Transport von Lokomotiven und Waggons waren die Längsträger des Aufliegers auf die Spurweite von 1.435 mm abgestimmt. Äußerlich unterschied sich dieser Schwerlast-Sattelzug mit drei oder vier Achsen kaum von anderen Lösungen. Doch der Fortschritt steckte im Detail. Es war gelungen, trotz Elastikbereifung und Kettenantrieb ein modernes Schwertransportfahrzeug mit guter Lastverteilung auf alle Räder und guter Kurvenläufigkeit zu entwickeln:

– Wichtigste Komponente war die Pendelachse, mit der eine durchgehende Achse in zwei kurze und getrennt gelagerte Achsen aufgeteilt wurde (Bild 33). Damit ergab sich eine gute Anpassung an die Straßenoberfläche und die Möglichkeit, in einer Achslinie vier Räder mit gleichmäßiger Lastverteilung unterzubringen und anzutreiben.

Bild 32: Schwerlast-Sattelschlepper von Scammell für einen Sattelzug mit maximal 100 t Tragkraft. Ein Traktor ist mit Gardner-Dieselmotor bis 1957 bei dem Schwerlast-Transporteur Pickfords in England in Betrieb.

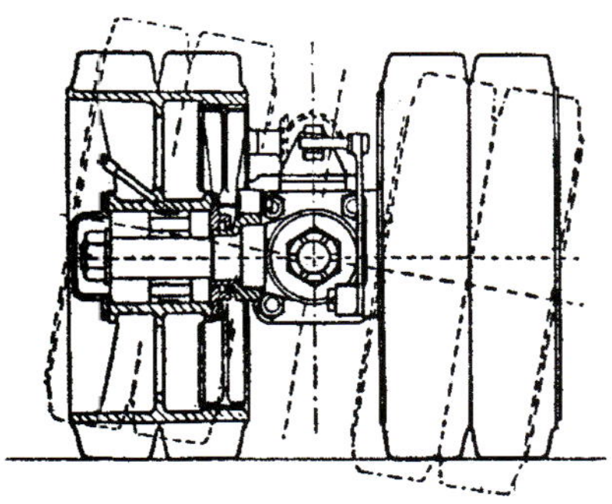

Bild 34: Robust gebaute Pendelachse des Marston-Schwerlast-Tiefladers für den Schlepper nach Bild 32.

- Auch der Sattelanhänger oder Auflieger hatte Pendelachsen (Bild 34).
- Diese Bauart mit nur einer Antriebsachse hatte gegenüber der Tandemachse den Vorteil des Kurvenlaufs ohne Radieren der Reifen. Zusätzlich wurde durch die gleichmäßiger verteilte Radlast die Straße geschont. Die vier Räder einer Antriebsachse wurden über drei Differentialgetriebe konventionell mit Ketten angetrieben.

Die Räder hatten Elastikbereifung, weil die Luftreifen für sehr hohe Belastungen noch nicht geeignet waren und ein Austausch bei einem Reifenschaden an einem inneren Rad unter Last unmöglich gewesen wäre. Typisch war der weit vorne gelagerte Otto- oder bald Dieselmotor, der eine gleichmäßige und fast lastunabhängige Belastung der Vorderachse brachte. Die ganze Konstruktion war um so beachtlicher, als die im Nutzfahrzeugbau schon eingeführten Neuerungen wie Luftreifen, Kardanantrieb statt Kette und Allrad-Druckluftbremse hier nicht anwendbar waren und dennoch eine richtungweisende Konstruktion für Schwerlastfahrzeuge entstanden war. Aus diesem Grund ist es notwendig, ein wenig auf die Technik der Schwerlastfahrzeuge einzugehen. Es stellt sich nun die Frage, ob für Schwertransporte ein Sattelzug geeigneter ist als ein Lastzug mit Schlepper und Anhänger?

Die Antwort kann nur lauten „sowohl als auch“, aber die richtige Entscheidung für die eine oder andere Bauart ist eine Frage des jeweiligen Standes der Technik und der zu befördernden Last. Zum Erzeugen der notwendigen Zugkraft wird ein Mindestgewicht auf der Antriebsachse benötigt, sonst kann die Motorleistung nicht durch die Reifen auf die Straße gebracht werden: Eine Zugmaschine im Anhängerbetrieb benötigt Ballast. Die Sattelzugmaschine wird durch den Auflieger und dessen Last ausreichend auf der Antriebsachse (oder den Antriebsachsen) belastet. Sattelzüge haben bei gleicher Nutzlast weniger Länge und ein geringeres Gesamtzuggewicht und sind leichter manövrierbar. Anhänger können in beide Richtungen fahrbar sein.

Schwertransportsystem mit Zugmaschinen und Straßenrollern

Die Deutsche Reichsbahn begann 1929 mit Versuchen, Straßenroller nach Vorschlägen und Patenten des damaligen Reichsbahnrats Culemeyer mit speziellen Zugmaschinen einzuführen, zunächst mit der Vorgabe, Schienenfahrzeuge auf der Straße sicher und relativ schnell zu transportieren (Bild 35). Damit war ein Haus-Haus-Verkehr beladener Waggons zu Empfängern ohne Gleisanschluß möglich geworden. In offenen oder geschlossenen Waggons wurden Baustoffe, Kohle, andere Schüttgüter und in Tankwagen Benzin oder Dieselkraftstoff transportiert. Die Schlepper-Anhänger-Lösung wurde hier prinzipiell angewandt. Merkmale der sogenannten Culemeyer-Roller waren:

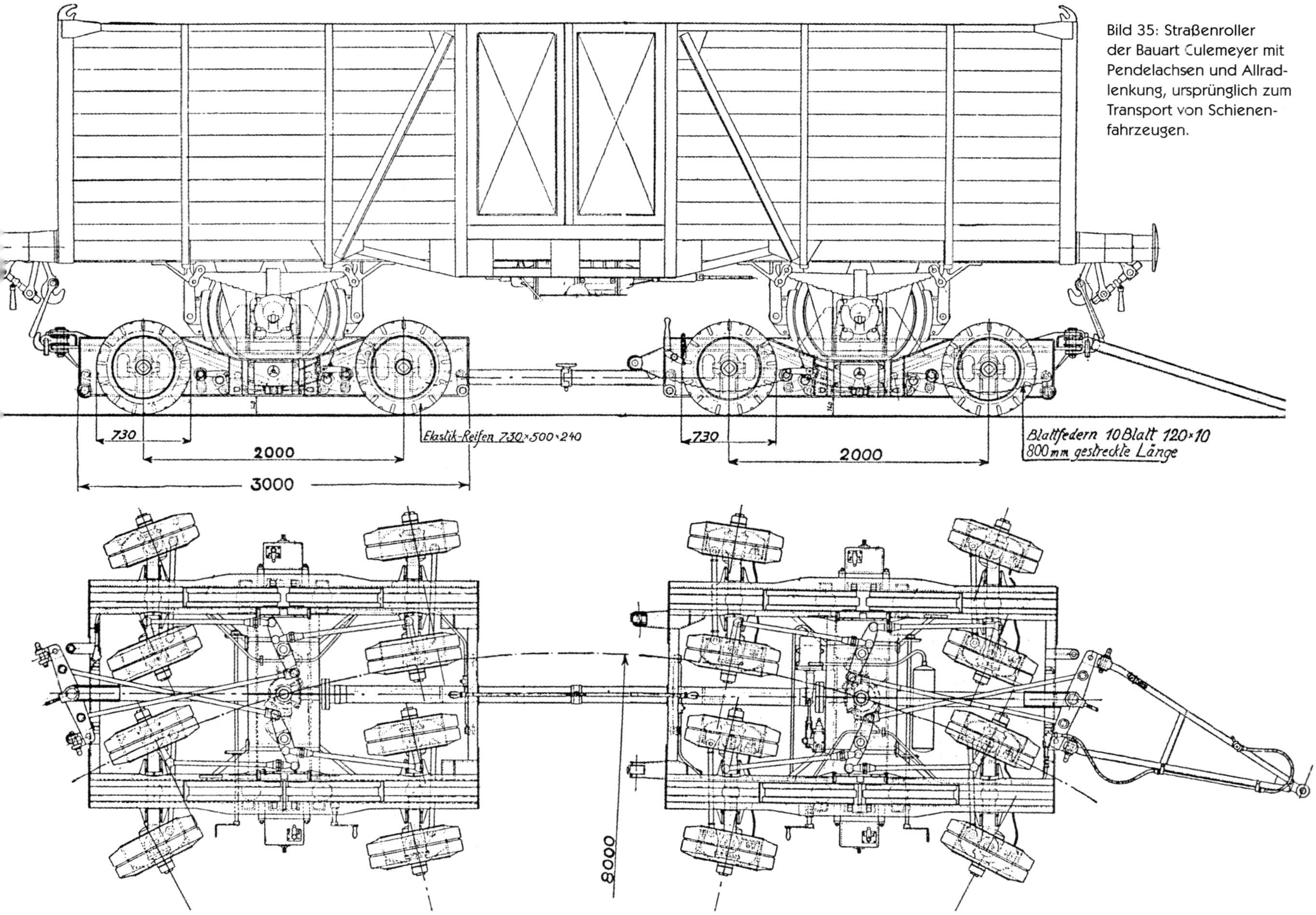

Bild 35: Straßenroller der Bauart Culemeyer mit Pendelachsen und Allradlenkung, ursprünglich zum Transport von Schienenfahrzeugen.

- Zwei Längsträger mit Schienen für 1.435 mm Spurweite.
- Rollereinheit mit acht elastikbereiften Rädern an vier Pendelachsen.
- Achsschenkellenkung aller Räder, die Pendelachse war mit Gleitbacken geführt (Bild 36).
- Kombinierbarkeit von zwei Einheiten mit ausziehbarer mechanischer Lenkverbindung oder kurzgekuppelt (Bild 37).
- Durch Einhängen einer Tiefladebrücke zwischen zwei Einheiten war die Aufnahme von Baumaschinen möglich; sie konnten über kleine Rampen von der Seite auffahren.

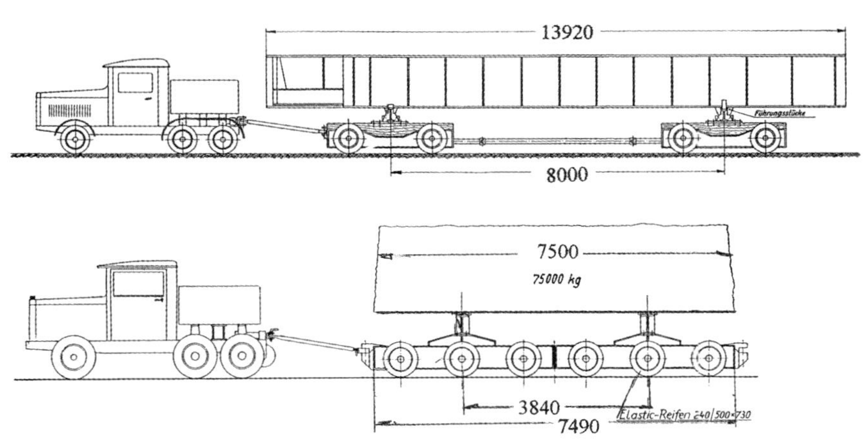

Bild 37: Transportmöglichkeiten mit Culemeyer-Rollern:

Oben: Brückenträger auf starr untergebauten Rollern mit verlängerter Lenkwelle.

Unten: Kompakter Steinblock auf zwei kurzgekuppelten Einheiten.

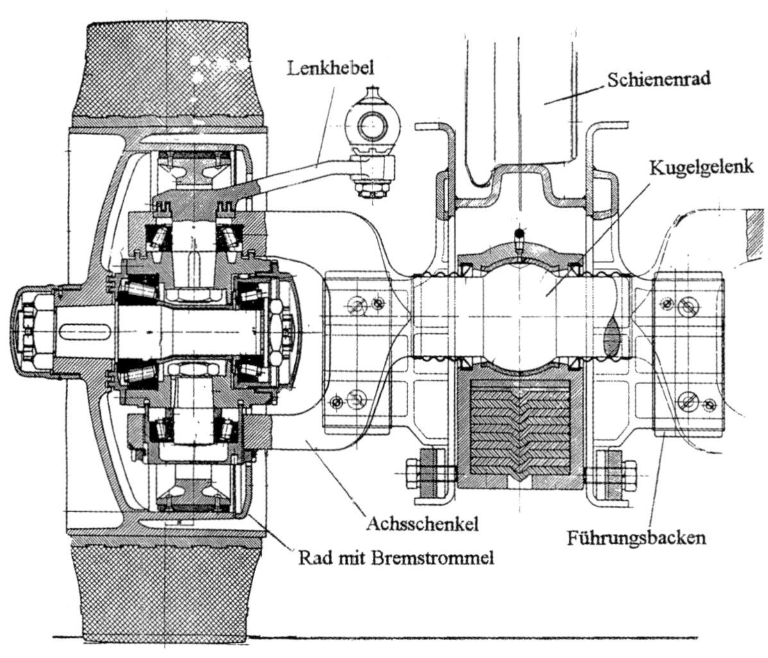

Bild 36: Schnitt durch ein gelenktes und gebremstes Rad mit Rollenlagerung einer Pendelachse des Culemeyer-Rollers.

Durch die zulässige Höchstgeschwindigkeit von maximal 16 km/h mit Last und 20 km/h ohne Last waren Transporte über längere Strecken zeitraubend, aber immerhin möglich. Die maximale Trag-

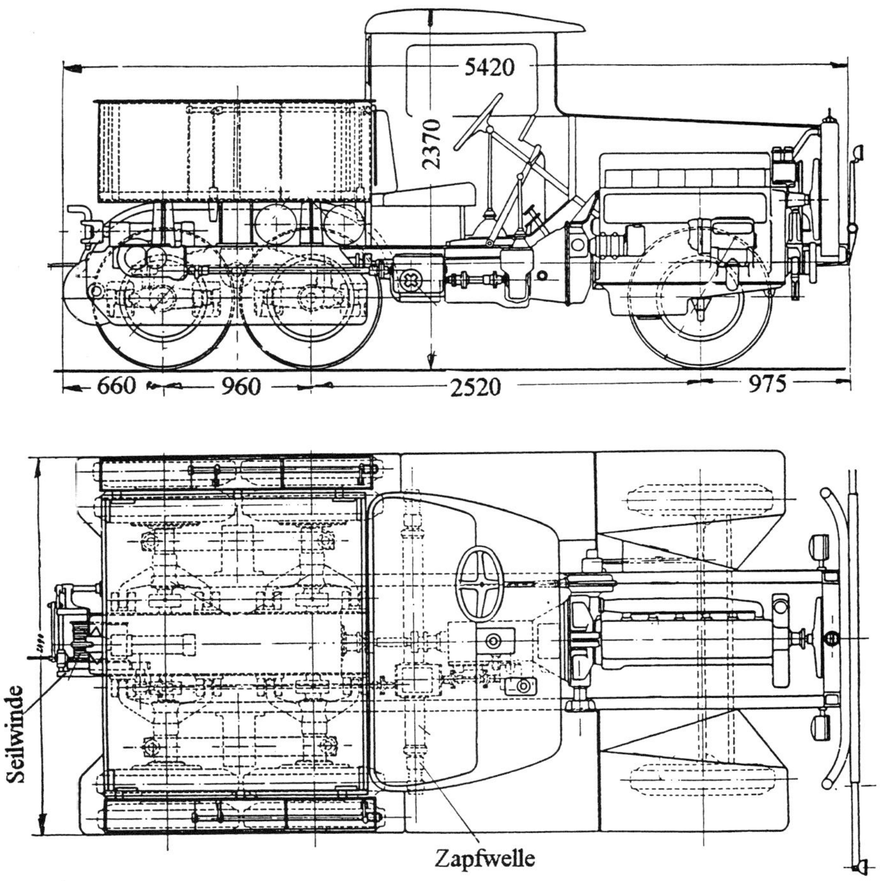

Bild 38: Reichsbahn-Zugmaschine 6x4 von Kaelble mit 100-PS-Dieselmotor und Luftreifen (1934).

fähigkeit einer kurzgekuppelten Kombination betrug 40 t. Zum Ziehen wurden von Kaelble in Backnang sogenannte Reichsbahnzugmaschinen entwickelt, die ganz auf die Bedürfnisse dieser Transportart abgestimmt waren und für eine Höchstgeschwindigkeit von 20 km/h gebaut waren. Die ersten Typen von 1933 waren dreiachsig mit kleinen elastikbereiften Rädern. Die Zugmaschine war robust und hatte einen 100-PS-Dieselmotor. 1934 wurde auf Luftreifen umgestellt (Bild 38). Das System bewährte sich so gut, daß zusätzlich eine dreiachsige Rollereinheit mit 12 Rädern gebaut wurde, die mit zwei kurzgekuppelten Einheiten maximal 80 t bei etwas höherem Raddruck tragen konnte. Durch Verbinden von Einheiten oder Kombinationen mit einer Lastbrücke waren hohe Nutzlasten möglich. Auf diese Weise konnten Transformatoren oder Statoren großer Generatoren mit Hilfe einer besonderen Tragkonstruktion zwischen den aus Rollern gebildeten Drehgestellen transportiert werden. Das hintere Drehgestell mußte immer manuell durch einen mitfahrenden Bedienungsmann gelenkt werden.

Die Kaelble-Zugmaschinen der Reichsbahn mit zwei und drei Achsen hatten einheitlich eine Motorleistung von 100 PS (73,5 kW). Bei höherem Leistungsbedarf wurden mehrere Zugmaschinen ziehend und schiebend angespannt.

Etwa parallel zu dieser Entwicklung wurde um 1930 ein gemeinsames Projekt der Rheinisch-Westfälischen Elektrizitätswerke (RWE), der Transformatorenhersteller und der Deutschen Reichsbahn (DR) verwirklicht. Sogenannte Wandertransformatoren in selbsttragender Bauart sollten mit einem Schienen-Schwerlastwaggon in einfacher Weise verladbar und transportabel gemacht werden. Dieser Ausführung lagen Patente der Bergmann-Elektrizitätswerke in Berlin und der Brown Boveri & Cie., Schweiz, zugrunde. Es entstand bei der MAN ein 18achsiges Spezialfahrzeug, bei dem sich der Transformator mit genormten Abmessungen über Tragschnäbel auf die

Bild 39: Bronzestandbild mit hohem Schwerpunkt auf einem einfach gebauten Tieflader ohne Federung.

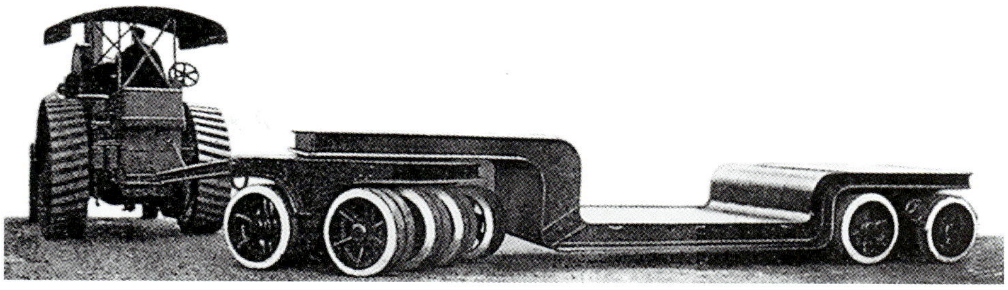

Bild 40: Englischer Schwerlastanhänger für 85 t Nutzlast mit Pendelachsen.

beiden aus je zwei Drehgestellen bestehenden Wagenhälften abstützte. Das Transportgewicht betrug maximal 282 t. Diese Entwicklung war erfolgreich und führte nach 1950 durch den steigenden Energiebedarf zu weiteren Schienenschwerlastwagen höherer Tragfähigkeit bei der Deutschen Bundesbahn, der SNCF, Frankreich, der SBB, Schweiz, der italienischen Staatsbahn und anderen europäischen Bahnen und Privatunternehmen.

Tieflader entsprechen nur bedingt dem Stand der Technik

Die Notwendigkeit des Transports schwerer Lasten nahm in den dreißiger Jahren zu, entsprechend stieg der Bedarf an Transportfahrzeugen. Die Motorleistungen der Zugmaschinen stiegen in Europa im Zuge der Weiterentwicklung des Dieselmotors langsam auf 120 bis 150 PS, da im Straßengüterverkehr eine zügigere Fahrweise erstrebt wurde. In den USA wurden noch Benzinmotoren bevorzugt.

Die Bauart der Tieflader steckte um diese Zeit noch in den Kinderschuhen. Tieflader dienten nicht dem Transport von Eisenbahnfahrzeugen. Die Statue Kaiser Wilhelm I. wurde mit einem zweiachsigen Tieflader in gemischter Holz-Stahlbauweise etwas unsicher zu ihrem Standplatz gefahren (Bild 39). Ein englischer Schwerlastanhänger von 1929 hatte vier Achsen, aufgeteilt in acht Pendelachsen, ähnlich der Scammell-Marston-Bauweise (Bild 40). Die vorderen Achsen waren in einem Drehgestell zusammengefaßt. Mit einem Eigengewicht von ca. 30 t konnten 85 t Nutzlast transportiert werden. Ein deutscher Tieflader mit vier starren Achsen wies eine Tragfähigkeit von 70 t auf und hatte zwei Drehgestelle, wodurch ein manuelles Nachlenken in Kurven und eine Fahrbarkeit in beide Richtungen ermöglicht wurde (Bild 41). Dennoch war er schwer und relativ unbeweglich. Solche Fahrzeuge waren notwendig, aber noch nicht auf den Transport von Baumaschinen zugeschnitten. Die Last, vorwiegend Transformatoren oder nicht ortsbewegliche Maschinen, mußte mit einem Kran verladen werden. Häufig sollen die Straßen nach einem Schwertransport wegen der hohen Radbelastung und der schlechten Kurvenläufigkeit reparaturbedürftig gewesen sein. Lenkbar waren nur die ganzen Drehgestelle, wodurch in Kurven ein extrem hoher Lenk- und Fahrwiderstand überwunden werden mußte.

Bild 41: Deutscher Tieflader mit starr und ungelenkt in zwei Drehgestellen gelagerten Achsen, in beiden Richtungen fahrbar; Nutzlast 70 t.

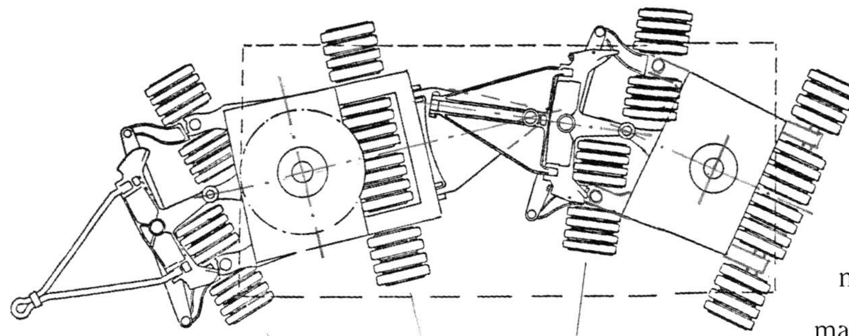

Bild 42: Plattform-Schwerlastanhänger mit Pendelachsen und aufwendiger mechanischer Lenkung für radierfreien Kurvenlauf und Straßenschonung; Nutzlast 110 t (R. A. Dyson).

Der englische Hersteller R.A. Dyson & Co. umging diesen Nachteil mit einer Aufteilung des Fahrwerks in zwei Drehgestelle mit je zwei Achslinien und einem aufwendigen mechanischen Lenksystem (Bild 42). Jede Achslinie hatte zwei Pendelachsen, von denen die vorderen einzeln gelenkt wurden. Die Drehgestelle waren durch eine Plattform für eine Last von 110 t verbunden. Durch die Verwendung kleiner Räder lag die durchgehende Plattform niedrig über der Fahrbahn. Diese Konstruktion wies mit den Pendelachsen und der Allachslenkung schon moderne Merkmale auf. Einen Lastzug in Sattelbauart und schon mit luftbereiften Rädern zeigt Bild 43.

Mit der zunehmenden Mechanisierung des Bauwesens wurde eine höhere Mobilität der Baumaschinen erstrebt, um flexibel auf die Bedürfnisse der Baustellen reagieren zu können. Dazu waren Schwerlastfahrzeuge erforderlich, die direkt von den selbstfahrenden Baumaschinen aller Art befahren werden konnten. Eine weitere Voraussetzung war eine leichtere Bauart der Anhänger oder Auflieger mit Allradlenkung.

Bild 43: Tieflader-Sattelzug von Rogers mit vier luftbereiften Achsen, beladen mit schwerer selbstfahrender Arbeitsmaschine.

V.

1934 bis 1939

Schenk und Meiller entwickeln Schwerlastanhänger für höhere Geschwindigkeit

Schenk in Stuttgart nutzte um 1934 den von MAN entwickelten dreiachsigen Lastkraftwagen mit Benzin- oder Dieselmotor als Zugmittel für einen Tieflader als Sattelauflieger (Bild 44). Mit vier Pendelachsen, acht Rädern und „Riesenluftreifen“ entstand ein fünfachsiger Sattelzug mit 150 PS (110 kW) Motorleistung für maximal 60 t Nutzlast. Die Räder des Aufliegers waren manuell lenkbar. Mit einer Höchstgeschwindigkeit von 45 km/h des leeren Zuges war ein Fortschritt erzielt, allerdings war nur seitliches Befahren mit Baumaschinen möglich. Das dreiachsige MAN-Fahrzeug galt damals als der größte Lastwagen der Welt mit Dieselmotor.

Der Bau der Reichsautobahn in Deutschland löste einen Boom aus, der in erster Linie zur Beschäftigung einer großen Zahl von Arbeitskräften, dann aber zu einer immer stärkeren Mechanisierung der Baustellen führte. Gleisgebundene Geräte wurden zunehmend durch gleislos arbeitende Baumaschinen und Transportmittel ersetzt. Das rasch wachsende Autobahnnetz trug zu höherer Mobilität im Transportwesen bei. Der Kipper- und Anhängerbauer Meiller stellte 1938 einen neuartigen Tiefladeanhänger vor, der bei Leerfahrt und mit leichter Last für Höchstgeschwindigkeiten bis 50 km/h geeignet war. Schneller fuhr damals ohnehin kein beladenes Nutzfahrzeug.

Bild 44: Tieflade-Sattelanhänger von Schenk (1934) in genieteter Bauweise mit vier Pendelachsen und manueller Lenkung; MAN-Zugmaschine 6x4 mit 150 PS-Dieselmotor, beladen mit Transformatoren für ein französisches Elektrizitätswerk. Oben rechts: Transport eines seitlich aufgefahrenen Seilbaggers.

Bild 45: Neuartiger Tiefladeanhänger in leichterer Bauweise von Meiller für 40 t Nutzlast. Baumaschinen müssen über Rampen von der Seite auffahren.

Aus Freude an dieser Konstruktion wurde eine künstlerische Darstellung veranlaßt (Bild 45). Merkmale des Tiefladeanhängers waren:

- Zwölfrädrige Bauart mit Tiefladebrücke auf zwei Drehgestellen mit je sechs Rädern.
- Schweißkonstruktion mit hohem Verhälnis von Nutzlast zu Eigengewicht 40 t : 15 t = 2,7.
- Einfach luftbereifte Räder mit Einzelradaufhängung an Pendelschwingachsen.
- Rad- und Raupenfahrzeuge konnten seitlich selbst auffahren.
- Was damals wichtig war: Durch Einhängen eines Mittelstücks entstand eine durchgehende Hochladefläche zum Transport von gleisgebundenen leichteren Baufahrzeugen.
- Fahrbarkeit in beide Richtungen durch einfaches Umhängen der Zugdeichsel und des Lenkstocks, der bei Kurvenfahrt ein automatisches Nachlenken des jeweils hinteren Drehgestells bewirkte (Bild 46).

Nachteilig war, daß Baumaschinen nur seitlich auffahren konnten, wodurch die Länge der Raupenfahrwerke beschränkt bleiben mußte, und die im Verhältnis zur nutzbaren Länge der Tiefladefläche große Gesamtlänge. Als Zugmittel standen die in diesem Fall untermotorisierte Hanomag-Zugmaschine mit 100 PS (73,5 kW) oder Lastkraftwagen mit höherer Motorleistung zur Verfügung. Ein ideales Zugmittel war der schwerc Büssing-Lastwagen des Typs 654 (4x4) mit 135 PS (93 kW) Motorleistung, der noch eine Zulademöglichkeit bis sechs Tonnen bot und damit auf Ballast verzichten konnte. Der Bau des Tiefladers wurde schon vor Kriegsbeginn eingestellt, da er für militärische Zwecke ungeeignet war.

Das Schwerlast-Tansportsystem mit Culemeyer-Rollern war voll ausgebaut

Bild 46: Technik des Meiller-Tiefladers nach Bild 45. Der Anhänger kann in beiden Richtungen gefahren werden, wobei das jeweils hintere Drehgestell automatisch gelenkt wird.

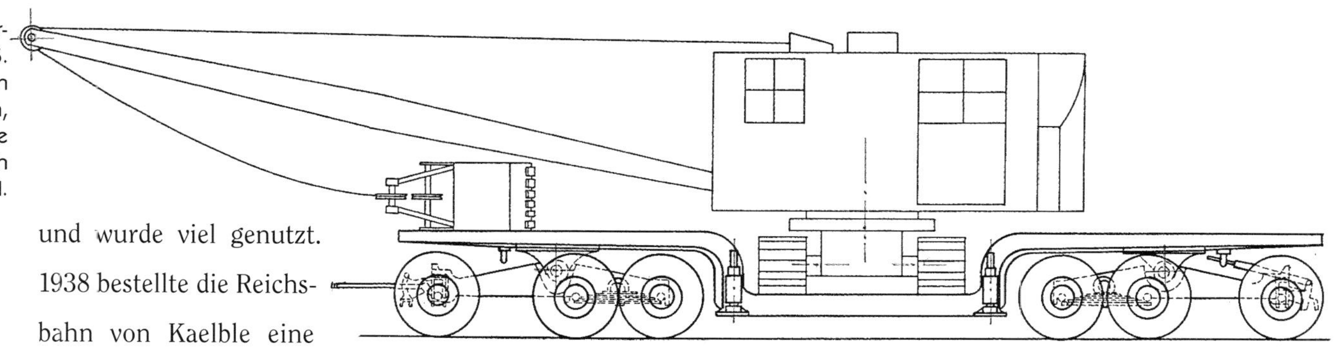

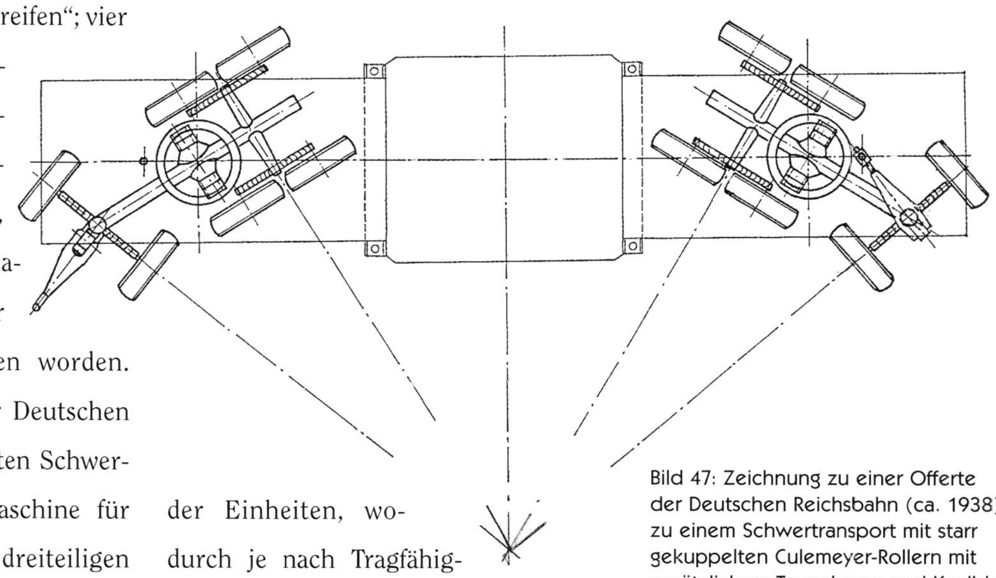

und wurde viel genutzt. 1938 bestellte die Reichsbahn von Kaelble eine schwere Zugmaschine mit Mittelmotor und 200 PS Leistung. Alle Räder waren einfachbereift mit „Riesenluftreifen“; vier der sechs Räder waren gelenkt. Damit wurden Anhängelasten bis 200 t, mit besonderen Maßnahmen bis 500 t, möglich. Das Prinzip „Zugmaschine mit Anhänger“ war also konsequent beibehalten worden. Eine Angebotszeichnung der Deutschen Reichsbahn für einen geplanten Schwertransport mit dieser Zugmaschine für 130 t Nutzlast und einer dreiteiligen Rollerkombination zeigt Bild 47. Vorteilhaft war die beliebige Kombinierbarkeit der Einheiten, wodurch je nach Tragfähigkeit von Straßen und Brücken die Radlast niedrig gehalten werden konnte.

Bild 47: Zeichnung zu einer Offerte der Deutschen Reichsbahn (ca. 1938) zu einem Schwertransport mit starr gekuppelten Culemeyer-Rollern mit zusätzlichem Tragrahmen und Kaelble-Zugmaschine 6×6 mit 200-PS-Mittelmotor; Nutzlast mit drei kurzgekuppelten Rollern 130 t.

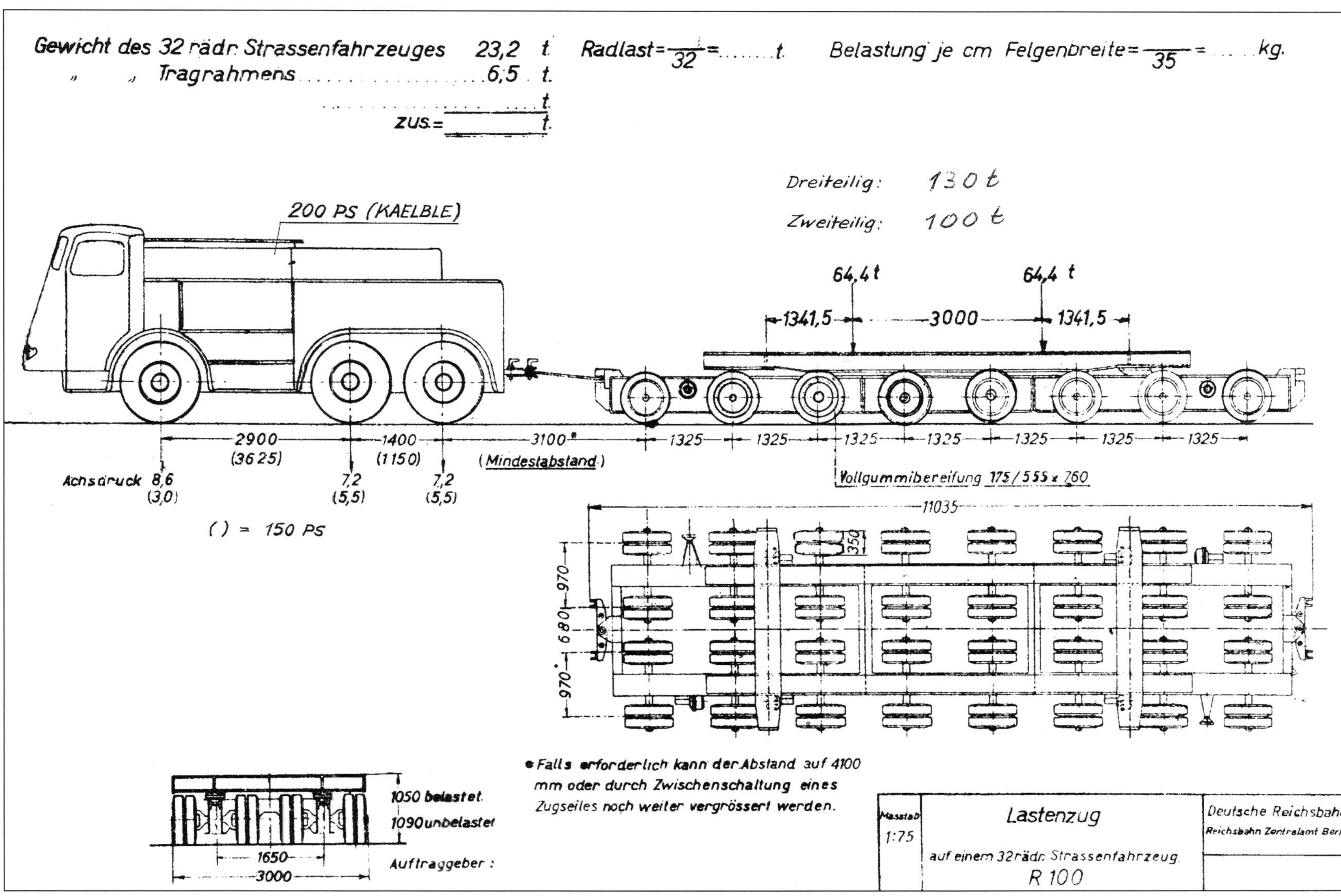

VI.

1940 bis 1950

Der Krieg bestimmt die Entwicklung von Schwerlastfahrzeugen

Panzertransporter waren gefragt. Luftreifen waren Voraussetzung, ferner eine Beladeмöglichkeit durch Auffahren in Längsrichtung durch Absenken der Plattform an einem Ende. Geländegängigkeit wurde verlangt, war aber nur begrenzt möglich. Die Konstruktionen nicht nur deutscher Fahrzeuge waren auf den militärischen Einsatz abgestimmt. Eine deutsche Variante mit Allradlenkung wurde nach dem Krieg für Schwertransporte verwendet (Bild 48). Rogers baute ein schweres Spezialfahrzeug mit 64 Rädern für eine Tragfähigkeit von 600 t (Bild 49). Es entstand in Verbindung mit den ersten Tests der A-Bombe in den USA. Daneben stieg Rogers in die Serienfertigung von Anhängern für den Transport von 45-t-Panzern ein und produzierte wöchentlich 70 solcher Transporter (Bild 50). Sie wurden in den ersten Nachkriegsjahren als robuste Transporter für Baumaschinen in vielen Ländern verwendet.

Scammell bevorzugte für Panzertransporter den Sattelzug, jetzt mit dreiachsi-

Bild 48: Panzertransporter von Schenk (1943) mit einseitig absenkbarer Tiefladebrücke beim Transport eines Transformators (ca. 1950). Die hinteren Achsen sind manuell lenkbar. Zwei Hanomag-Zugmaschinen mit je 100 PS werden ziehend und schiebend benötigt.

Bild 49: Spezialanhänger von Rogers mit 64 Rädern und 600 t Tragkraft, gebaut für die ersten Versuche mit der A-Bombe in den USA.

ger Zugmaschine und einem Auflieger mit vier Pendelachsen in zwei Achslinien. Die schwersten Transporter entstanden in den Vereinigten Staaten mit robusten dreiachsigen Zugmaschinen und schweren überfahrbaren Sattelaufliegern. Auch die Culemeyer-Straßenroller wurden für militärische Zwecke als vielrädrige Einheiten weiterentwickelt, um Sektionen

Bild 50: Im Krieg zum Großserienprodukt avancierter Panzertransporter von Rogers, nach dem Krieg für zivile Baumaschinentransporte auch in Europa verwendet.

Bild 51: Mehrteilige Rollerkombination, ursprünglich für militärische Zwecke, nach dem Krieg mehrfach in Frankreich für Schwertransporte verwendet.

von U-Booten von deutschen Werften an der Nordseeküste an die Atlantikküste zum Zusammenbau zu bringen. Sie trugen die typischen Merkmale der ersten Roller, hatten aber höhere Längsträger zur direkten Aufnahme der Last. Wegen ihrer hohen Tragfähigkeit wurden sie nach dem Krieg zum Transport von Waggons mit Baustoffen auf Großbaustellen und für Schwerlasttransporte aller Art verwendet (Bild 51).

Viel Improvisation nach dem Ende des Krieges

Zwei Bilder zeigen noch Transporte in Spanien mit einem konventionellen Tieflade-Sattelanhänger (Bild 52) und in den USA mit einem Sattelanhänger mit hochliegender Plattform, in die Mulden zur Aufnahme der Räder einer Baumaschine eingelassen waren (Bild 53). Damit wurden für das Transportfahrzeug normal große Räder und Reifen möglich.

Bild 52: Konventioneller Schwertransport in Spanien mit Büssing-Sattelzugmaschine Typ 8000.

Da der Zweite Weltkrieg weit schlimmere Folgen hatte als der Erste, waren in den Nachkriegsjahren zunächst keine Fertigungsstätten für neue Fahrzeuge und

Bild 53: Eine Antwort auf die Plattformanhänger mit kleinen Rädern: Mulden in der Plattform. Die Allis-Chalmers-Erdbewegungsmaschine wird dadurch „tief geladen".

kein Geld für Investitionen vorhanden. So fand man fast alle Fahrzeuge der Alliierten in Europa als Transportmittel beim Wiederaufbau, bis eine allgemeine Erholung von den Kriegsfolgen eintrat. Viele Zugmaschinen aus Militärbeständen wurden mit neuen Motoren und neuen Fahrerkabinen ausgestattet. Für den anspruchsvoller werdenden zivilen Einsatz waren die zu schweren und zu breiten Zugmaschinen und die nicht optimalen Anhänger und Auflieger nicht gut geeignet, zumal die Belastung der Straßen zu hoch war. Ein Transportunternehmer in Deutschland griff zur Selbsthilfe, um mit Zugmaschinen aus Militärbeständen Schwertransporte aller Art durchführen zu können. Wieder wurde die Drehgestellbauart bevorzugt, jedoch mit vier Achsen und Zwillingsbereifung und einer schweren Tiefladebrücke (Bild 54). Der Anhänger konnte in beiden Richtungen betrieben werden.

Bild 54: Eigenbau eines schweren Tiefladeanhängers mit automatischer Lenkung der hinteren Achsen durch Spedition Paul Rosenkranz um 1950, Diamond-Zugmaschine aus US-Militärbestand.

Der Wiederaufbau in Europa und das Wachstum der Industrie und der Energieversorgung forderten mehr denn je geeignete Transportmittel. Die technische Entwicklung beschleunigte sich auf allen Gebieten, und die Baumaschinen wurden größer und leistungsfähiger. Es wurden Dimensionen erreicht, die ein Verladen auf Schienenfahrzeuge nicht mehr zuließen.

Bild 55: Konventioneller Maschinentransport beim Bau des Speicherkraftwerks Kaprun in den österreichischen Alpen.

Besondere Transportleistungen erforderte der Ausbau der Energieversorgung in den Alpenländern. Generatoren, Transformatoren oder Wasserturbinen mußten über alpine Straßen und Wege in große Höhen gebracht werden, zum Beispiel beim Bau des Speicherkraftwerks Kaprun in Österreich (ab 1950) und auch in der Schweiz. Für das Kraftwerk wurden die benötigten Maschinen mit wendigen Hanomag-Schleppern, die nach dem Krieg für einige Jahre wieder gebaut wurden, zusammen mit älteren Tiefladeanhängern eingesetzt (Bild 55).

Der Pendelachstieflader beginnt 1950 seine Karriere

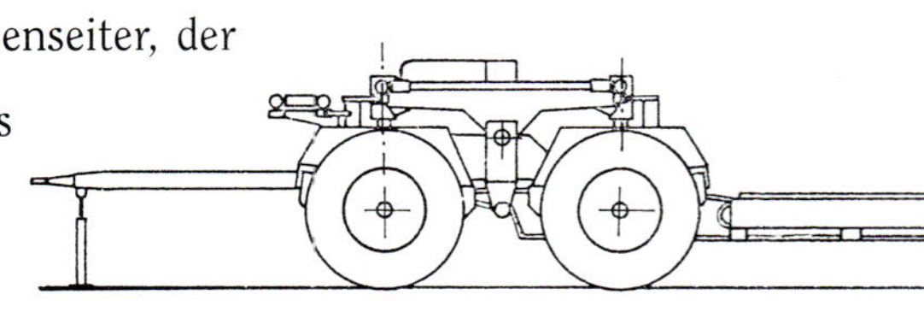

Wie so oft war es ein Außenseiter, der aus dieser Situation heraus innovative Wege beschritt, um die Mobilität von Baumaschinen zu verbessern. Willy Scheuerle verwirklichte in Pfedelbach in Württemberg im väterlichen Betrieb neue Gedanken im Fahrzeugbau. Die Grundidee war ein vierachsiger Tieflader mit einer Breite von 2,50 m in Leichtbauweise mit einfacher Belademöglichkeit in Längsrichtung (Bild 56), der 1950 gebaut wurde. Als bekannte Grundlage dienten luftbereifte

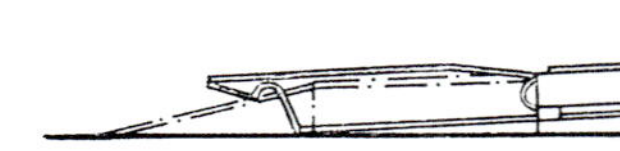

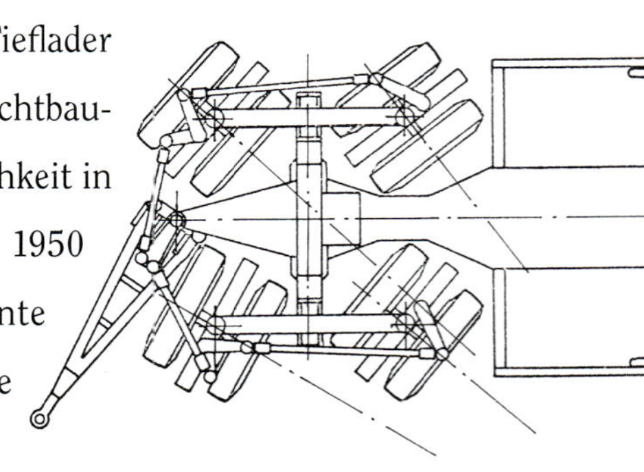

Bild 57: Tieflader nach Bild 56 mit Großpalette beladen; Laufleistung: eine Million Kilometer bei einer Spedition in Köln.

Pendelachsen. Statt der bisher üblichen schweren Tiefladebrücke wurde eine ebene Ladebrücke mit verlängertem Zentralträger in die speziell gestalteten Fahrwerke eingehängt. Ein Fahrwerk war so gestaltet, daß die Plattform hydraulisch abgesenkt und gehoben werden konnte, um das Beladen mit einer Baumaschine zu ermöglichen. Durch Allradlenkung war der Tieflader wendig, und durch den mechanischen Radlastausgleich aller 16 Räder war das Befahren von Baustellenwegen ebenso möglich wie schnelle Straßenfahrt. Mit einem Verhältnis von Nutzlast zu Eigengewicht bei einer der Varianten von 43 t : 13 t = 3,3 wurde der sechsachsige Meiller-Anhänger (Bild 45) übertroffen, außerdem entfiel bei gleicher Fahrzeuglänge ein größerer Längenanteil auf die Tiefladefläche. Diese Bauweise war für die damaligen Verhältnisse ideal, da mit geringem Aufwand Baumaschinen bis 40 t Gewicht und später noch mehr transportabel wurden, ohne die Straße über die Maßen zu belasten. Die Bauweise wurde auf Sattelauflieger und sechs- und achtachsige Tieflader ausgedehnt. Bild 57 zeigt einen solchen Tieflader nach einer Laufleistung von einer Million Kilometern. In der Tschechoslowakei wurden ebenfalls Pendelachstieflader verwendet, mit einer Tatra-Zugmaschine mit Rohrfahrgestell und Schwingachsen, angetrieben von einem luftgekühlten V12-Dieselmotor (Bild 58).

Bild 56: Erster speziell für Baufahrzeuge entwickelter Tiefladeanhänger von Scheuerle, Ladebrücke hydraulisch absenkbar, in beiden Richtungen fahrbar.

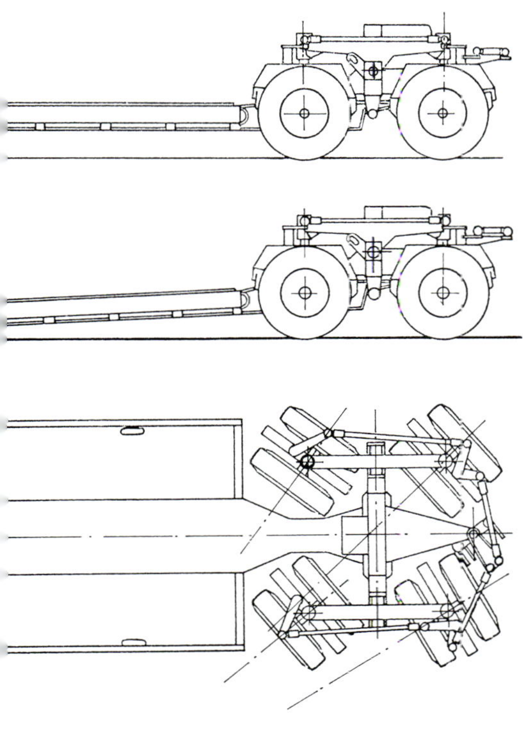

Bild 58: Kraz-Zugmaschine des Typs 111 6x6 mit Tieflader.

Andere Hersteller übernahmen dieses Bauprinzip, jedoch wurden allgemein Tieflader und Plattformanhänger mit starren Achsen auch in Sattelbauweise entwickelt, um den Baufirmen preiswerte Transportmöglichkeiten für leichtere Baumaschinen zu bieten.

VII.

1951 bis 1960

Aufbruch in neue Dimensionen

Die Mechanisierung der Bautätigkeit setzte sich auch für kleinere Hausbauten durch, der Ausbau der europäischen Straßennetze war vordringlich, und die Kraftwerke verlangten größere Maschineneinheiten, um den Wirkungsgrad der Energieerzeugung zu verbessern. Die Tragfähigkeit von Fahrzeugen und Kranen nahm in etwa gleichem Maß zu und ermöglichte so, immer größere Lasten zu heben und zu transportieren. Alle zur Verfügung stehenden Mittel wurden im Fahrzeugbau neben Neuentwicklungen genutzt. Eine deutsche Schwerlastspedition verwendete eine ältere Mack-Zugmaschine mit Pendelachstiefladern und speziell auf die Last zugeschnittene Lastbrücken, mit denen überlange selbsttragende Lasten transportabel waren (Bild 59).

Bild 59: Mack-Sattelzugmaschine der Spedition Krause in Trostberg mit universeller Kesselbrücke.

Für den Bausektor wurde eine Vielfalt von Anhängern für die sowohl kleiner als auch größer werdenden Baumaschinen angeboten (Bild 60). Interessant war die Beladeмöglichkeit, wobei für den schwereren Anhänger Rampen zum Überfahren der Hinterachse mitgeführt werden mußten. Der achträdrige Anhänger (Bild 61) hatte eine absenkbare Ladebrücke, ebenso der zweiachsige Anhänger (Bild 62). Nicolas in Frankreich baute

Bild 60: Anhänger für Baumaschinentransporte von Schenk. Oben: Leichter Tandemanhänger mit neigbarer Ladefläche für leichtere Maschinen. Unten: Tieflader mit vorderem Drehgestell und überfahrbarer Hinterachse.

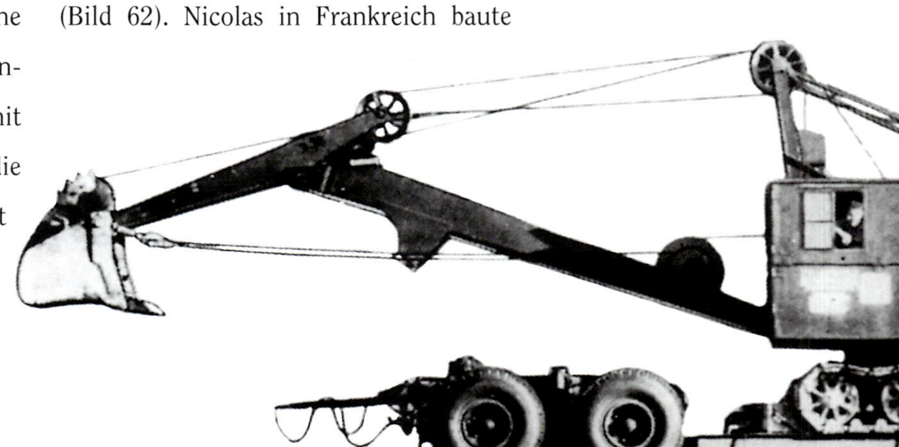

Bild 61: Schenk-Tieflader mit acht Rädern und absenkbarer Ladefläche.

Bild 62: Tiefladeanhänger von Tapper mit ausfahrbarer Hinterachse und mechanischer Absenkung der Ladefläche.

Bild 63: Nicolas baut 1954 den ersten Tieflade-Sattelanhänger als Beginn einer neuer Produktfamilie.

sein erstes Schwerlastfahrzeug als Tieflader in Sattelbauart für 50 t Nutzlast. Es eignete sich besonders für Maschinentransporte (Bild 63). Schwere Lastwagen, die als Kipper im Baugeschäft verwendet wurden, teilweise mit Vierradantrieb, wurden als Zugmittel benutzt (Bild 64). Für schwere Baumaschinen, die zu Anhängelasten bis über 70 t führten, wurden zwei Lastwagen verwendet (Bild 65). Broshuis in den Niederlanden

Bild 64: Mercedes-Benz-Kurzhauber mit Allradantrieb als Zugwagen für dreiachsigen Anhänger in befahrbarer Ausführung.

Bild 65: Seilbagger auf sechsachsigem Scheuerle-Tieflader, gezogen und geschoben von Mercedes-Benz-Kurzhauben-Lastwagen.

Bild 66: Pendelachs-Tieflader von Kässbohrer mit Elastikbereifung und breiter Ladebrücke für schwere Baufahrzeuge.

lieferte 1958 den ersten teleskopierbaren Sattelauflieger in Europa. Kässbohrer baute vorübergehend vierachsige Tiefladeanhänger mit Pendelachsen (Bild 66), auch mit drei Meter breiter Ladebrücke, um große Muldenkipper und andere ausladende Baumaschinen transportieren zu können. Für die zahlreichen neuen Bauwerke in Stahlbetonbauweise wurden Sattelzüge verschiedener Bauart, teilweise aus Aluminium, in Deutschland trotz Überlänge und Übergewicht bis fast 50 t Gesamtgewicht zugelassen, speziell zum Transport der Baustahlgewebe zur Armierung tragender Betonelemente.

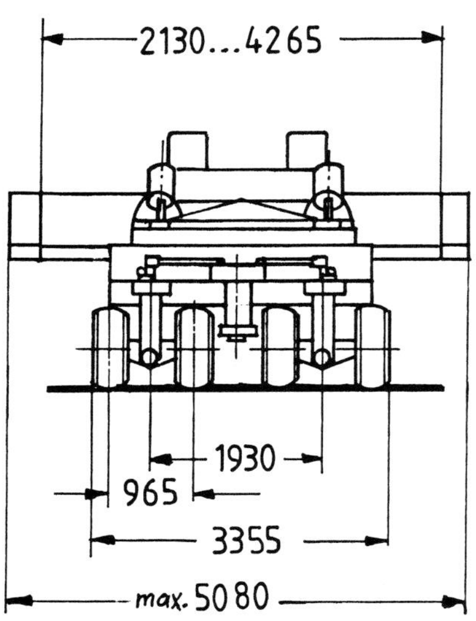

Bild 67: Schwerlastanhänger von Crane-Fruehauf (GB) mit in der Breite und Höhe verstellbarer Lastbrücke, Nutzlast maximal 200 t.

In England führte Crane-Fruehauf einen schweren Brückenanhänger mit Drehgestellen und hydraulisch gestützten Pendelachsen für maximal 200 t Nutzlast ein (Bild 67). Diese Ausführung mit sechs Achsen war der Beginn einer Baureihe mit acht und zehn Achsen. Die in der Höhe und Breite verstellbare Lastbrücke konnte entweder direkt beladen werden, oder die Last wurde auf den hochgestellten Seitenträgern hängend gelagert, wodurch die Transporthöhe niedrig gehalten werden konnte. Die Pendelachsen wurden direkt von einem Hydraulikzylinder geführt (Bild 68).

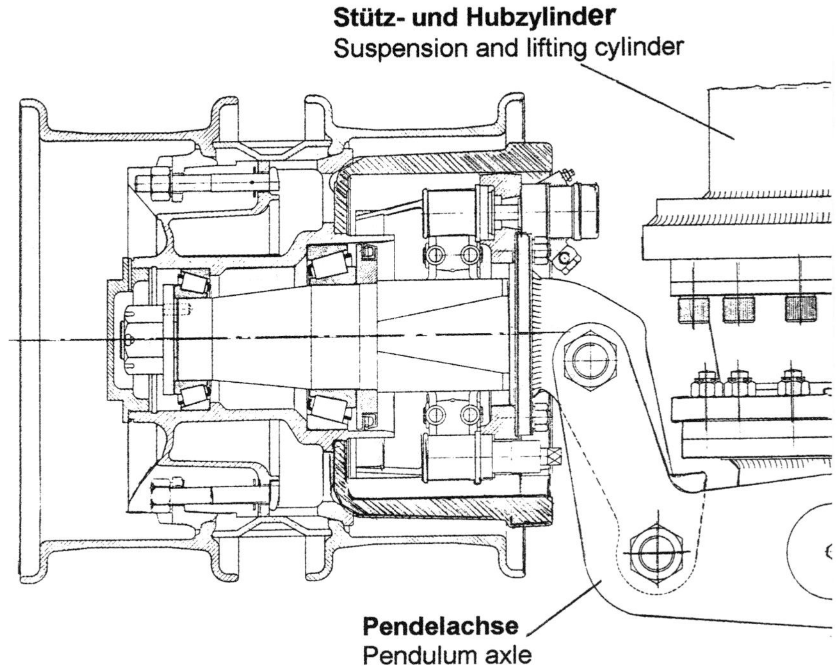

Bild 68: Pendelachse mit zentralem Stützzylinder einer späteren Ausführung von Crane mit Zwillingsbereifung.

Das Culemeyer-Schwerlastsystem erlebte Höhepunkte. Der 150 t schwere selbsttragende Stator eines Turbogenerators wurde mit Hilfe zweier Spezialträger auf zwei sechsachsige Rollerkombinationen verladen und von Baden, Schweiz, über 460 km in zehn Tagen zu einem Kraftwerk in Frankreich transportiert (Bild 69). Aus politischen Gründen wurden 13 in vier Teile zertrennte Tankschiffe 1951/1952 von der Donau auf dem Landweg zu einer Werft am Neckar in

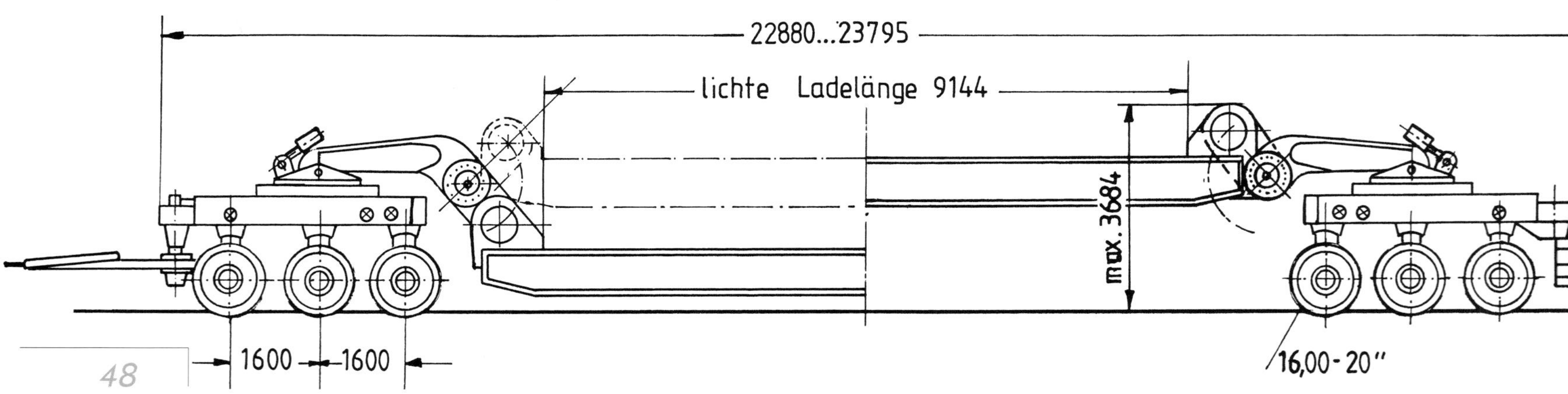

Bild 69: Die Deutsche Bundesbahn transportiert den Stator eines Turbogenerators auf einer Rollerkombination von der Schweiz nach Frankreich.

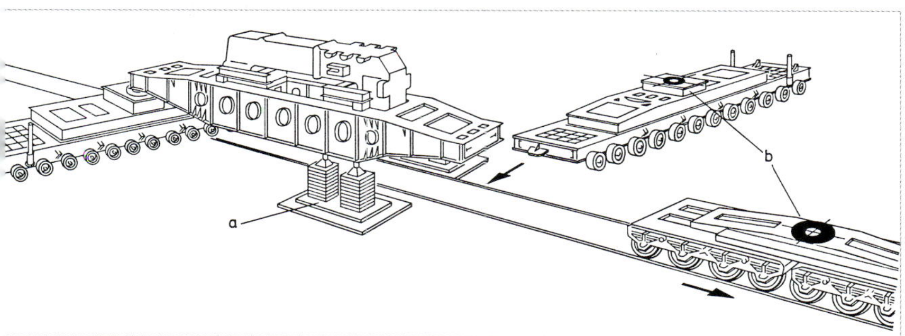

Bild 70: Erster kombinierter Schwertransport Schiene-Straße: Ein Walzenständer in spezieller Tragkonstruktion wird mit Hilfe hydraulischer Pressen von den Drehgestellen des 18achsigen Schwerlastwaggons der Deutschen Bundesbahn auf Straßenroller umgesetzt.

Mannheim mit Culemeyer-Rollern gefahren. Die Sowjets hatten in Österreich die Donau gesperrt, wodurch ein rentabler Betrieb der Tankschiffe dort unmöglich wurde. Gleichzeitig wuchs auf dem Rhein infolge des Korea-Krieges der Bedarf an Tankschiffen. Die 60 bis 100 t wiegenden Sektionen wurden auf je zwei Drehgestellen mit dreiachsigen Rollern verladen. 1957 wurde ein 257 t schwerer Walzenständer auf dem 18achsigen Schienen-Schwerlastwagen der Deutschen Bundesbahn transportiert und vom Gleis auf Straßenroller umgesetzt, um zum Aufstellungsort zu gelangen (Bild 70).

Es war der Beginn des systematisch betriebenen kombinierten Schwerlastverkehrs Straße-Schiene.

Kaelble modernisierte die Zugmaschinen für die Deutsche Bundesbahn (Bild 71) und erhöhte die Motorleistung auf 150 PS (110 kW). Eine Waggonfabrik entwickelte einen modernen Straßenroller mit außenliegenden hydropneumatisch gefederten Rädern für den Waggontransport und andere Aufgaben. Es entstanden auch Lösungen, die vom Culemeyer-Prinzip abwichen, so in Italien bei Capperi und Cometto, in Frankreich bei Nicolas und in der Schweiz bei Draize (Bild 72).

Bild 71: Verbesserte Kaelble-Zugmaschine beim Transport eines Transformators auf Rollern mit fester Zwischenbrücke.

Bild 72: Straßenroller von Draize mit luftbereiften und gelenkten Pendelachsen.

Willy Scheuerle entwickelt ein Transportsystem für die Zukunft

Wieder war es der Fabrikant und Ingenieur Willy Scheuerle, der in dieser Zeit den Markt mit einer Innovation belebte, die im Lauf der Jahre weitreichende Folgen hatte. Er schuf 1956 den Plattformwagen mit kleinen Rädern unter der Last mit hydraulischem Belastungsausgleich, mechanisch-hydraulischer Allradlenkung und Kombinierbarkeit aus mehreren Einheiten zu großen Plattformen. Das Konzept setzte hochtragfähige Reifen auf 15"-Felgen voraus, ebenso zuverlässige hydraulische Komponenten. Mit zwillingsbereiften Pendelachsen wurde eine hohe Tragfähigkeit erzielt. Die anfängliche technisch zulässige Tragfähigkeit einer Pendelachse, die als Drehgestell ausgebildet war, betrug 12,5 t und wurde später auf 17 t erhöht – natürlich nur bei einer Geschwindigkeit von maximal 5 km/h. Mit niedriger Last waren Plattformanhänger in Deutschland bis 62 km/h und in den Niederlanden bis 80 km/h zugelassen. Mit der ersten Kombination von 1957 führte die Spedition Paul Rosenkranz einen Schwertransport in Portugal durch (Bild 73). Auf zwei in Reihe gekuppelten Plattfor-

Bild 73: Erster Plattformwagen mit hydraulisch abgestützten Pendelachsen, gebaut 1957 von Scheuerle, auf einer Steigungsstrecke in Portugal.

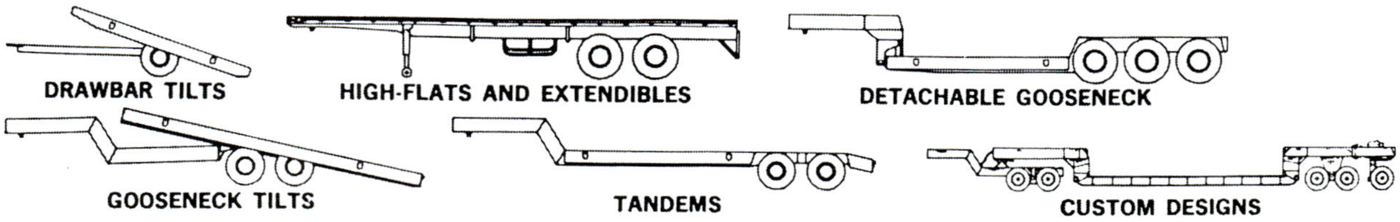

Bild 97: Aus dem Bauprogramm von Rogers Brothers: Auflieger für Maschinen- und Baumaschinentransporte 1960/1970.

Bild 98: Gewaltiger Tieflader für Transportaufgaben im Tagebau.

des Stufengetriebes. Die Vorteile wurden auch in Europa genutzt (Bild 99). Diesem Modell folgte ein stärkerer V8-Motor nach demselben Prinzip.

Bild 99: Mack R 685 mit Maxidyne-Triebwerk als Traktor mit Draize-Plattformanhänger in der Schweiz.

... und wieder nach Europa

Welche Entwicklungen gab es ab 1961 in Europa, speziell für den Transport von Baumaschinen? Ein Tiefladeanhänger von Goldhofer für leichtere Baumaschinen hatte eine abfahrbare Hinterachse (Bild 100). Ein Goldhofer-Tieflader mit Pendelachsen wurde nach Abnahme des Schwanenhalses von einem Bagger befahren (Bild 101). Ein dreiachsiger Tiefladeanhänger mit Starrachsen und kleinen Rädern erlaubte das Befahren über eine rückwärtige Rampe (Bild 102), ebenso der vierachsige Anhänger (Bild 103) mit gleichen konstruktiven Merkmalen.

Bild 100: Seilbagger auf Goldhofer-Tieflader TLU (1962), gezogen von einem Unimog mit 25 PS.

Bild 101: Seilbagger-Verladung auf Goldhofer TUT; die Vorderachse des Anhängers mit der Absenkvorrichtung wird von der Zugmaschine weggezogen.

Bild 102: Bagger auf dreiachsigem Anhänger TU neuerer Bauart mit kleinen Rädern, ebener Ladefläche und hinteren Rampen, gezogen von Mercedes-Benz-Kipplastwagen mit Ladekran.

Bild 103: Vierachsiger Goldhofer-Anhänger TU neuerer Bauart mit Liebherr-Bagger, gezogen von MAN-Dreiseitenkipper.

Bild 104: Transport von Großpaletten auf konventionellem Tieflader von Langendorf.

Auffallend war die Abkehr von den einfachbereiften großen Rädern, nachdem die Reifenhersteller sehr tragfähige und preiswerte Reifen kleiner Abmessungen für 15"-Felgen liefern konnten. Dadurch wurde auch die Konstruktion der Fahrzeuge positiv beeinflußt.

Bild 105: Pendelachstieflader von Goldhofer mit aufgesetzten Schemeln für Langmaterial, gezogen von einer Diamond-Zugmaschine.

Tieflader waren nicht nur für Maschinentransporte vorgesehen. Ein breiter Anwendungsbereich lag im Transport von Großpaletten mit Fertigbauteilen oder ganzer Fertigelemente. Der fünfachsige Lastzug mit Langendorf-Tieflader war speziell dafür geeignet (Bild 104); zur Be- und Entladung waren Hebezeuge notwendig. Ein sechsachsiger Goldhofer-Tieflader mit Lenkung aller Pendelachsen der holländischen Spedition Lommerts hatte abnehmbare Ladegestelle für Langmaterial (Bild 105).

Der Trend geht zum Sattelzug

Anhänger und Sattelanhänger standen sich gegenüber. Es hing vom Einzelfall ab, welchem Transportmittel der Vorzug gegeben wurde und ob eine Firma groß genug war, um sich einen aufwendigen Fuhrpark leisten zu können. Anhänger wurden im Bauwesen in der Regel von einem Kipperlastwagen gezogen, der durch Beladen mit Kies, Sand oder Erde

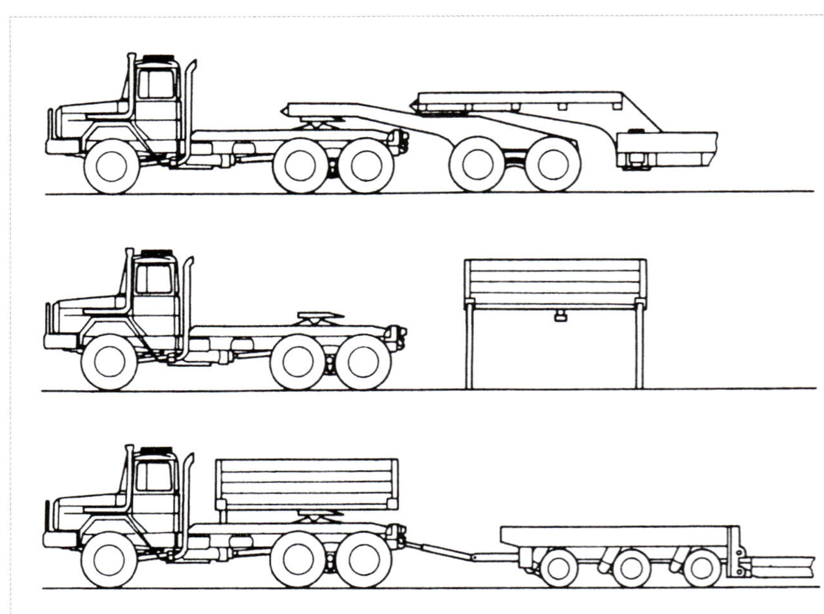

Bild 106: Magirus-Deutz-Zugmaschine mit luftgekühltem Dieselmotor mit 306 kW (416 PS) und Allradantrieb für 225 t Gesamtzuggewicht.

die notwendige Belastung der Antriebsräder erreichte. Für seine eigentliche Aufgabe stand er aber während der Transporte von Maschinen nicht zur Verfügung. Ein Sattelschlepper erhielt durch die Last auf dem Auflieger stets aus-

Bild 107: Gummiradwalze mit niedriger Bauchfreiheit fährt über lange Rampe auf Transportanhänger von Goldhofer.

Bild 108: Von hinten überfahrbarer Scheuerle-Anhänger mit Liebherr-Bagger.

reichende Belastung der Antriebsräder. Eine Kostenersparnis konnte darin liegen, daß nicht für jeden Auflieger eine eigene Zugmaschine vorhanden sein mußte.

Mehrere Varianten robuster Zugmaschinen mit Allradantrieb und lüftgekühltem Dieselmotor bot Magirus-Deutz an. Sie waren für Schwerlasttransporte universell verwendbar (Bild 106). Das Konzept basierte auf den dreiachsigen Baufahrzeugen und Muldenkippern, von denen 1978/79 mehr als 9.000 Fahrzeuge von der Sowjetunion für den Bau der Baikal-Amur-Magistrale (BAM) bestellt wurden. Eine stärkere Variante mit luftgekühltem V12-Dieselmotor mit einer Leistung von 184 kW (250 PS) baute Magirus als Typ „Uranus" von 1954 bis 1967. Das schwere dreiachsige Fahrzeug mit der Antriebsformel 6x4 oder 6x6 wurde auch als Schwerlastfahrzeug verwendet, zum Beispiel als Sattelzugmaschine mit Auflieger für Bohrfelder.

Eine Anhängerlösung mit einer Plattform und abgeschrägtem Heck konnte über eine stabile Rampe befahren werden (Bild 107). Wichtig war bei dieser Bauart ein flacher Rampenwinkel, damit auch Fahrzeuge oder Maschinen mit kleiner Bauchfreiheit problemlos auffahren

Bild 109: MAN-Muldenkipper als Zugwagen für den Anhänger nach Bild 108.

konnten. Den Transport eines Baggers auf einem dreiachsigen Anhänger, gezogen von einem Kipplastwagen, zeigen die Bilder 108 und 109. Für einen 25 t

Bild 110: Doll-Sattelauflieger mit Radmulden, von hinten über Rampen befahrbar.

schweren Radlader wurde von Doll ein dreiachsiger Sattelauflieger mit überfahrbaren Hinterachsen mit Mulden für die Räder maßgeschneidert (Bild 110). Damit konnte die vorgeschriebene Höhe

Bild 111: Last und Fahrzeug haben die gleiche Breite von 2,50 m.

Bild 112: Bagger auf vierachsigem Satteltieflader mit festem Schwanenhals und Rampen.

von vier Meter eingehalten werden. Bei dem Beispiel (Bild 111) wurde die Höhe sicher überschritten, aber der Raupenbagger war so konstruiert, daß nach Abnahme der Raupenschiffe die übliche Breite von 2,50 m eingehalten wurde.

Zwei unterschiedliche Sattelzüge mit vierachsigem Auflieger zeigen die nächsten Bilder. Für leichtere Baumaschinen eignete sich das Fahrzeug mit ebener Plattform und Beladung durch hintere Rampen (Bild 112). Für den entsprechend leicht gebauten Auflieger, der nicht für große und schwere Maschinen geeignet war, genügte eine dreiachsige Zugmaschine, normalerweise mit 10,5 bis 12 t Sattellast. Anders dagegen war der Auflieger nach Bild 113 konzipiert: Der hydraulisch absenkbare Schwanenhals und die Spezialbrücke erlaubten das Befahren mit schwerem Gerät, wobei durch die tiefe Aufstandfläche der Räder eine niedrige Gesamthöhe eingehalten werden konnte. Die vierachsige Zugmaschine konnte über den Tragsattel mit 15 t oder mehr belastet werden. Die Bilder 114 und 115 zeigen das Abfahren eines Baggers von einem Auflieger mit hydraulisch absenkbarem und abnehmbarem Schwanenhals. Zunächst sind der Schwanenhals und die noch hochgeklappten kurzen Rampen in Fahrstellung

Bild 113: Euro-Tieflader von Nooteboom mit zwangsgelenkten Achsen und Titan-Zugmaschine 3336 S 8x4 (Basis: Mercedes-Benz-Komponenten).

Bild 114 – 115: Bagger verläßt Scheuerle-Satteltieflader mit abfahrbarem Schwanenhals über kleine Rampen.

Bild 116: Die Zugmaschine hat sich mit dem abgekuppelten Schwanenhals für den Entladevorgang entfernt.

zu sehen. Die Zugmaschine hat sich mit dem abgekuppelten Schwanenhals entfernt (Bild 116).

Bild 118: Verladung eines Hauses auf niedrig gebaute dreiachsige Nachläufer.

Für lange und schwere Lasten, in diesem Fall nicht für eine Baumaschine, wurde von Nooteboom ein aus Modulen gebauter Anhänger angeboten (Bild 117). Die 3 + 5 Achsen des Aufliegers nahmen die Hauptlast auf, so daß bei richtiger Verladung auf ein Dolly verzichtet werden konnte. Die übliche Breite von 2,50 m wurde eingehalten. Die in Europa ungewöhnliche Versetzung eines ganzen Hauses, in diesem Fall auf vier luftbereifte Fahrzeuge, wie sie als Nachläufer für Langholz- oder Langmaterialtransporte verwendet wurden, führten die Schwerlastunternehmer Scholpp und Rosenkranz durch (Bild 118).

Bild 117: Satteltieflader von Nooteboom für Langmaterialtransport in Modulbauweise.

Neben Aufliegern mit abnehmbarem Schwanenhals (Bild 119) fanden die Fahrzeuge mit festem Schwanenhals und ebener oder tiefgelegter Ladebrücke Verwendung. Der Scheuerle-Tieflader mit überfahrbaren Hinterachsen war eine typische Lösung (Bild 120). Die dreiachsige Kaelble-Zugmaschine hatte Allradantrieb. Der Auflieger mit ebener Ladebrücke war über hintere Rampen befahrbar und hatte vier Starrachsen mit kleinen zwillingsbereiften Rädern, um die Ladehöhe niedrig zu halten (Bild 121). Der Grafton-Auflieger mit vier Achsen für 75 t Nutzlast hatte überfahrbare Achsen und eine besonders stabil gebaute Lastbrücke. Die Foden-Zugmaschine 6x4 eignete sich für ein Gesamtgewicht eines Zuges bis 150 t (Bild 122).

Bild 119: Baggertransport in Schweden mit Scania-Zugmaschine R 142 E 6x4 und dreiachsigem Sattelanhänger mit abfahrbarem Schwanenhals.

Bild 120: Satteltieflader mit überfahrbaren Hinterachsen auf Kaelble-Zugmaschine KDV 24 Z mit 235 kW-(320 PS-) Mercedes-Benz-Dieselmotor.

Bild 121: Sattelanhänger mit vier starren Achsen und MAN-Zugmaschine 26.361 mit 265 kW-(360 PS-) Dieselmotor.

Zwei skandinavische Lösungen waren sehr robust und arbeiteten auch mit höheren Achsdrücken. Beide Scania-Zugmaschinen (Bilder 123 und 124) waren mit Seilwinden als Beladehilfe ausgestattet. Ein vierachsiger Tiefladeanhänger wurde von einer relativ kleinen, aber durch Allradantrieb und gute Lastverteilung auf die beiden Achsen sehr leistungsfähigen Zugmaschine aus der Unimog-Familie von Daimler-Benz gezogen (Bild 125).

Bild 122: Bagger auf konventionellem Auflieger mit überfahrbaren Achsen. Die Foden-Zugmaschine eignet sich für Anhängelasten bis 150 t.

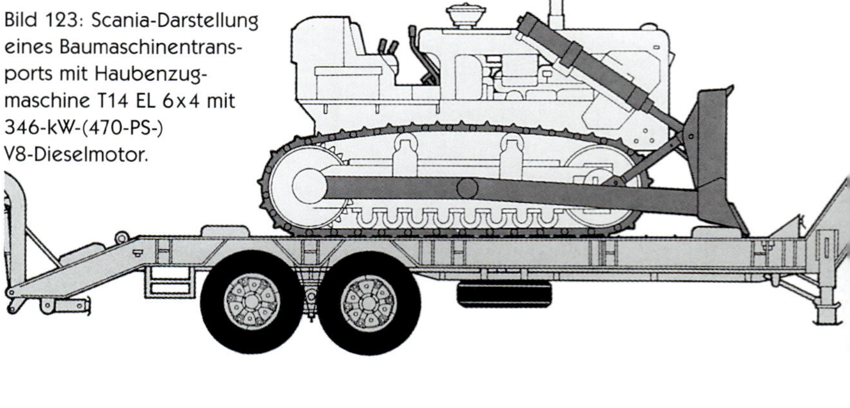

Bild 123: Scania-Darstellung eines Baumaschinentransports mit Haubenzugmaschine T14 EL 6x4 mit 346-kW-(470-PS-) V8-Dieselmotor.

Bild 124: Konventioneller dreiachsiger Sattelauflieger des norwegischen Herstellers Damm mit festem Schwanenhals.

Bild 125: Klein, aber zugkräftig ist der Unimog UZ 150 4x4 mit 110-kW-(150-PS-)Dieselmotor.

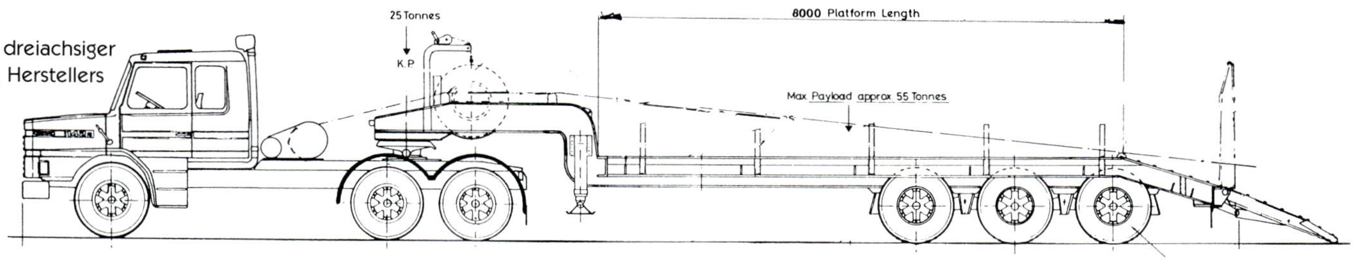

Für die Bauwirtschaft erwiesen sich die Tieflader mit vier und sechs Achslinien als beste Lösungen; mehr Achslinien waren speziell für Transportunternehmer und Energieversorgungsunternehmen und als Fahrwerke für große Gittermastkrane vorgesehen. Die nächsten Bilder zeigen sechsachsige Pendelachstieflader, die für diese Fahrzeuggattung als Maximallösung gelten konnten. Der Scheuerle-Tieflader wurde von einer der

Pendelachstieflader „klassischer" Bauart erreichen ihren Höhepunkt

Der Pendelachstieflader mit mechanischer Federung und mechanischem Achslastausgleich als Anhänger oder Sattelauflieger wurde durch die Allradlenkung und die gute, straßenschonende Lastverteilung zum Fahrzeug mit höherer Achszahl weiterentwickelt. Die Pendelachstieflader mit zwei bis acht Achsen eigneten sich für Lasten bis maximal 120 t bei entsprechend niedriger Fahrgeschwindigkeit von ca. 5 km/h. Mit Zwölf Tonnen je Achslinie waren in Europa je nach Land 62 bis 80 km/h zulässig. Das erforderte eine Zugmaschine mit ausreichender Leistung. In den siebziger Jahren setzte sich die lebhafte Entwicklung auf allen Gebieten des Schwertransports fort.

stärksten Zugmaschinen der achtziger Jahre, der MAN 40.400 DFAS 6x6 mit V10-Turbomotor mit 400 PS (294 kW), gezogen (Bild 126). Die Zugmaschine konnte auch als Sattelzugmaschine genutzt werden, das zulässige Zuggesamtgewicht betrug maximal 250 t. Der Transport eines Seilbaggers auf einem Kässbohrer-Tieflader (Bild 127) wurde

Bild 126: Pendelachstiefladeanhänger mit mechanischem Achslastausgleich von Scheuerle, gezogen von MAN-Zugmaschine 40.400 6x6 mit V10-Dieselmotor.

Bild 127: Pendelachstieflader von Kässbohrer, gezogen von MAN-Kipplastwagen.

Bild 130: Plattformanhänger der Baureihe TPA mit sechs Achslinien von Goldhofer mit mechanischer Federung und Lenkung.

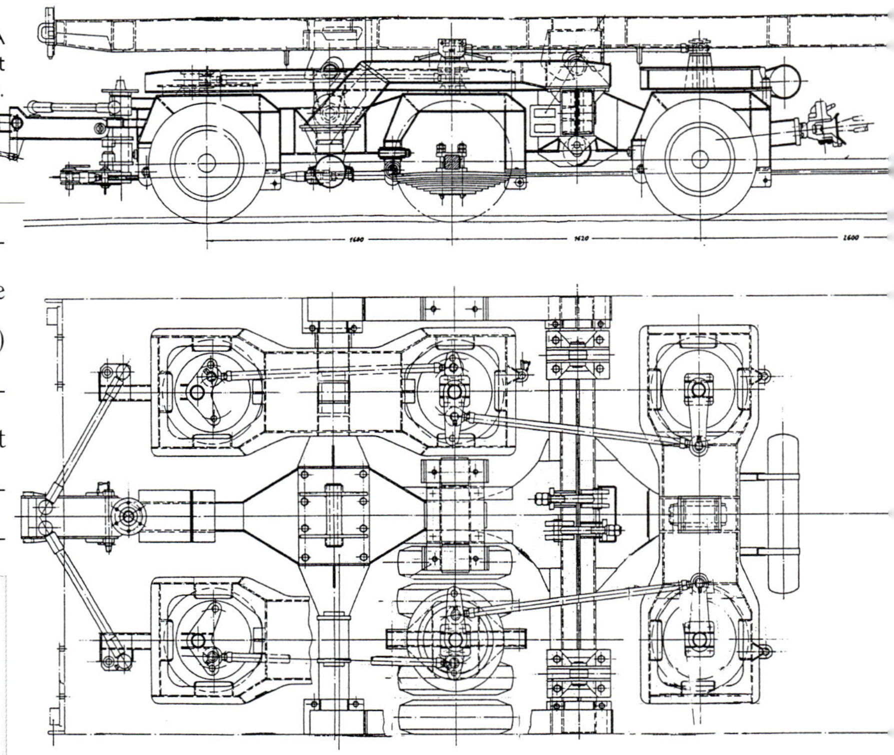

von einem MAN-Kipplastwagen mit Allradantrieb bewältigt. Die Liebherr-Raupe auf dem Scheuerle-Tieflader (Bild 128) wurde von einem dreiachsigen Mercedes-Benz-Kipplastwagen 2633 K 6x4 mit 330-PS-(243-kW-)V10-Dieselmotor gezogen. Der Zug hatte ein technisch zu-

Bild 128: Liebherr-Planierraupe auf Scheuerle-Pendelachstiefladeanhänger, gezogen von Mercedes-Benz-Kipplastwagen 2633 (6x4).

lässiges Gesamtgewicht von 96 t bei 62 km/h. Für den Tieflader mit dem Menck-Bagger (Bild 129) waren 60 t zugelassen, für den ganzen Zug 85 t.

Bild 129: Menck-Bagger auf Pendelachstiefladeanhänger von Scheuerle.

Goldhofer entwickelte auf der Basis der Tieflader-Pendelachsfahrwerke eine Baureihe TPA von mechanisch gefederten und mechanisch gelenkten Plattformwagen (Bild 130) mit der niedrigen Ladehöhe von 1.020 mm (unbeladen). Mit zwillingsbereiften Rädern ergaben sich Achslasten von 12 t bis 80 km/h und 24 t bei 20 km/h. Die vierachsige Variante hatte dementsprechend eine Nutzlast von 35 t (80 t bei 20 km/h), die achtachsige Variante (Bild 131) von 70 t (158 t bei 20 km/h). Trotz vieler Kombinationsmöglichkeiten und einer damit erreichbaren Nutzlast von 800 t wurde diese 1962 geschaffene Konstruktion 1970 durch die Plattformwagenbaureihe THP mit hydraulischem Achslastausgleich abgelöst, mit der technisch zulässige Achslasten bis 36 t erreicht wurden.

Bild 131: Größte Variante der Reihe TPA von Goldhofer mit acht Achslinien, Ladehöhe auch hier nur 1.020 mm.

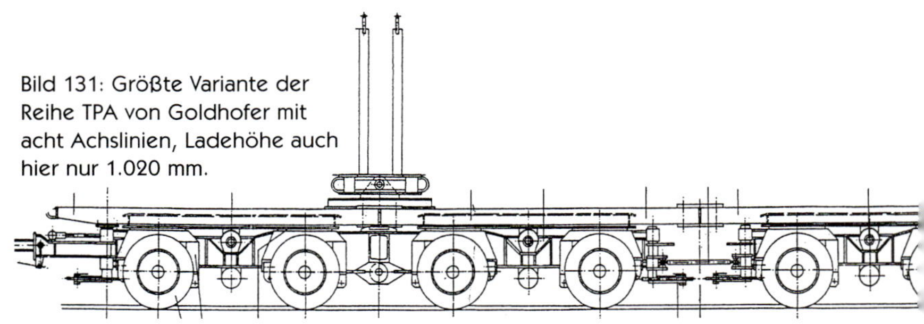

Bild 132: Selbsttragender Großbehälter, transportiert durch die Schmidbauer KG in München. Der Behälter ist mit der geteilten Kesselbrücke durch Stahlseile verspannt, das hintere Pendelachsfahrgestell wird von dem Steuerstand manuell gelenkt.

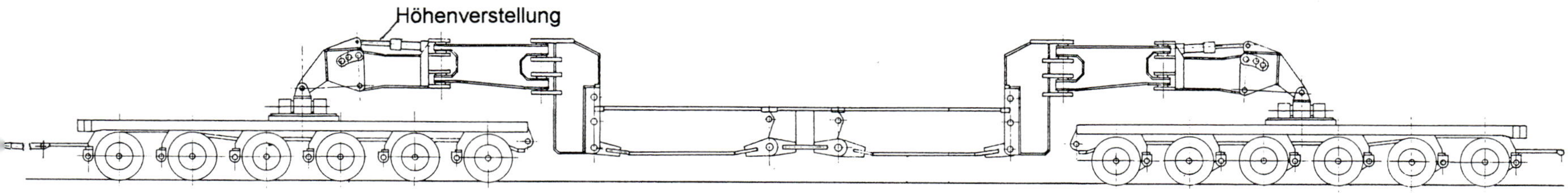

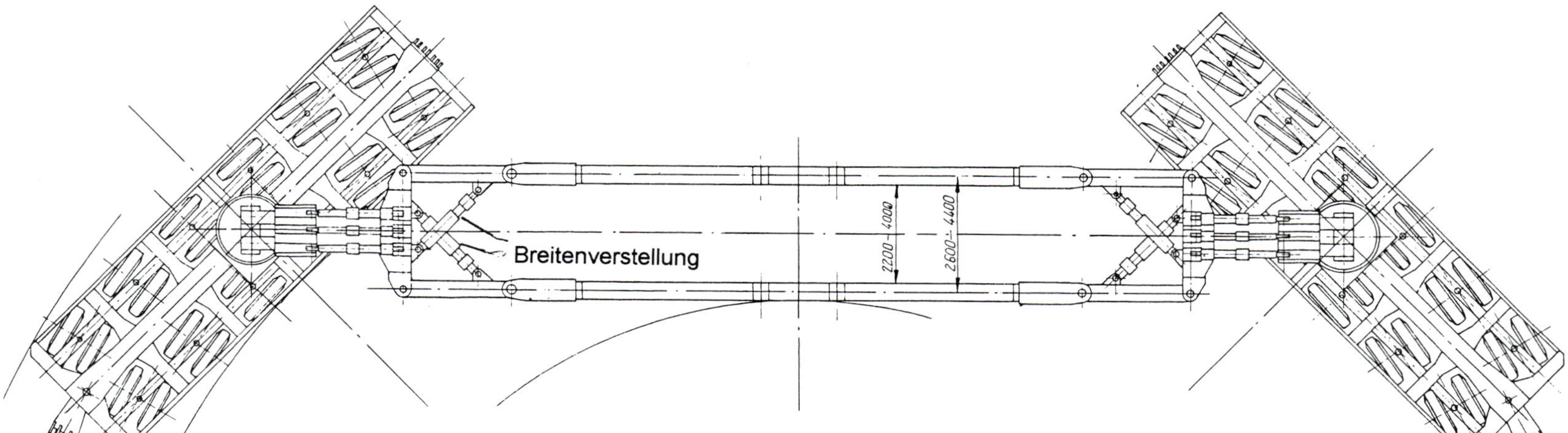

Bild 133: Schwere Plattformwagen von Scheuerle mit hydraulisch verstellbarer Kesselbrücke.

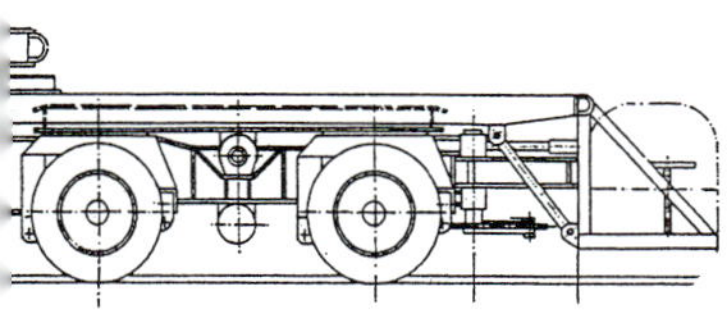

Für den Transport eines selbsttragenden Behälters wurden zwei dreiachsige Fahrgestelle mit einer sogenannten Kesselbrücke verwendet (Bild 132). Die Kesselbrücke wurde geteilt und war über Spannseile fest mit dem Behälter verspannt. Erkennbar ist eine Faun-Zugmaschine im Hintergrund. Am Beispiel eines in den sechziger Jahren nach Ägypten gelieferten Fahrzeuges mit Lastbrücke auf zwei Plattformen wird die Verstellbarkeit der Kesselbrücke mit Hydraulikzylindern in der Breite und in der Höhe dargestellt (Bild 133).

Die Goldhofer-Fahrgestelle (Bild 134) wurden so gestaltet, daß der Rheinstahl-Bagger starr eingehängt werden konnte. Dadurch wurde Totgewicht gespart, eine tiefe Schwerpunktlage erreicht und einfaches Aufnehmen und Absetzen ermöglicht. Eine solche Lösung boten natürlich auch Plattformanhänger.

Bild 134: Vielfältige Nutzung von Pendelachsfahrwerken: Ein Bagger kann mit zwei Spornen als selbsttragende Last eingekuppelt werden.

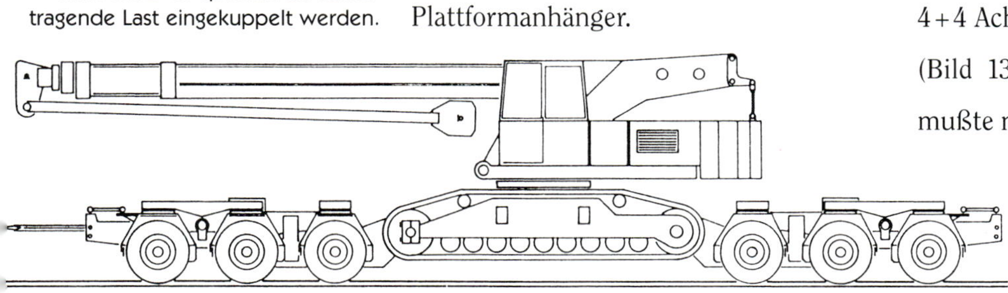

Seltenere Ausführungen mit mehr als vier Achslinien dienten für Transporte oberhalb des Baumaschinenbereichs. Der Schwerlasttransporteur Stoof in Breda in Holland beförderte einen Transformator hängend in einer speziellen Tragkonstruktion auf zwei vierachsigen Pendelachs-Fahrgestellen (Bild 135); dabei war es schwierig, städtische Straßen zu befahren. Für Elektroprenos in Zagreb lieferte Scheuerle ein Fahrzeug mit 4+4 Achslinien und einer Tiefladebrücke (Bild 136). Das nachlaufende Fahrwerk mußte manuell gelenkt werden. Gezogen wurde der Brückenanhänger von einer schweren Kaelble-

Bild 135: Pendelachsfahrgestelle als Drehgestell für eine Seitenträgerbrücke bei schwieriger Stadtdurchfahrt in Holland mit einer Pazific-Zugmaschine.

Bild 136: Schwerlastzug mit Tiefladebrücke und Pendelachsfahrwerken und Kaelble-Zugmaschine KDV 680 (6x6). Für die Abnahme durch den Kunden werden Zugmaschine und Tieflader mit Ballast beschwert.

Zugmaschine mit 110-kW-(150-PS-)Dieselmotor. Schließlich wurde nach Italien eine Schwerlastkombination mit zwei sechsachsigen Fahrwerken von Scheuerle für den Transformatorentransport geliefert (Bild 137), hier mit einer Diamond-Zugmaschine. Es ist sicher vorstellbar, daß diese vielachsigen Fahrwerke mit mechanischer Federung und mechanischem Achslastausgleich über Zwischenbrücken zu schwer und zu aufwendig waren. Für solche Transportaufgaben setzten sich schließlich die tragfähigeren und stabileren Plattformwagen mit hydraulischem Achslastausgleich durch.

Bild 137: Ein Transformator des italienischen Unternehmens ENEL wird in einer Seitenträgerbrücke auf zwei sechsachsigen Pendelachsfahrwerken von Scheuerle transportiert.

Eine Sonderbauart der Pendelachstieflader war der in den sechziger Jahren bei der damaligen Firma Weinmann entstandene Satteltieflader mit integriertem Dolly. Der Belastungsausgleich zwischen dem Tragsattel und den beiden Dollyachsen erfolgte mechanisch über den Schwanenhals, die Federung war mechanisch, und alle Räder waren vom Sattel her zwangsgelenkt (Bild 138). Bei diesem integrierten Dolly liefen die Räder in der Kurve zwangsläufig weit innerhalb der Spur der Zugmaschine. Diese neuartige Konstruktion eröffnete dennoch Perspektiven, bald auch für die Hersteller hydraulisch abgestützter Plattformwagen, wobei der Belastungsausgleich zwischen Sattel und Dollyachsen ebenfalls hydraulisch erfolgte. Die Fahrsicherheit war der eines Zuges mit frei beweglichem Dolly überlegen, vor allem beim Bremsen.

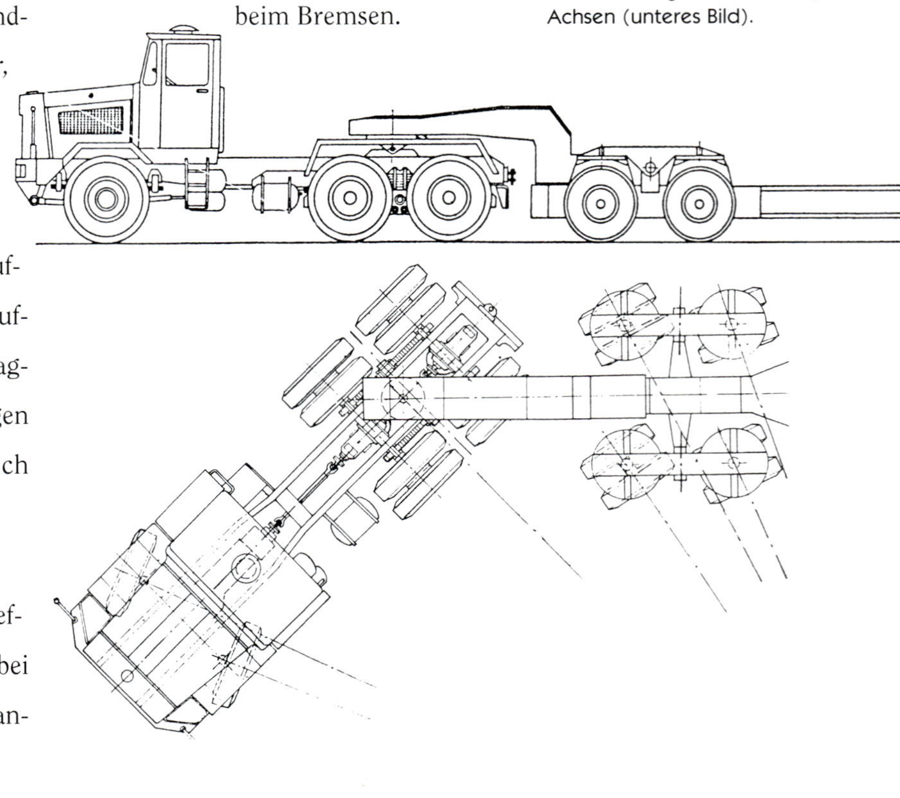

Bild 138: Eine Innovation, die Schule macht: Satteltieflader der Firma Weinmann mit integrierten und zwangsgelenkten Dolly-Achsen. Diese Konstruktion bewirkt ein anderes Kurvenverhalten und erfordert einen Belastungsausgleich zwischen Tragsattel und Dolly-Achsen (unteres Bild).

Bild 149: Prinzipdarstellung des Plattformanhängers mit zwillingsbereiften Scheuerle-Pendelachsdrehgestellen (links) und des Schwerstlastrollers der DB mit achsschenkelgelenkten Pendelachsen.

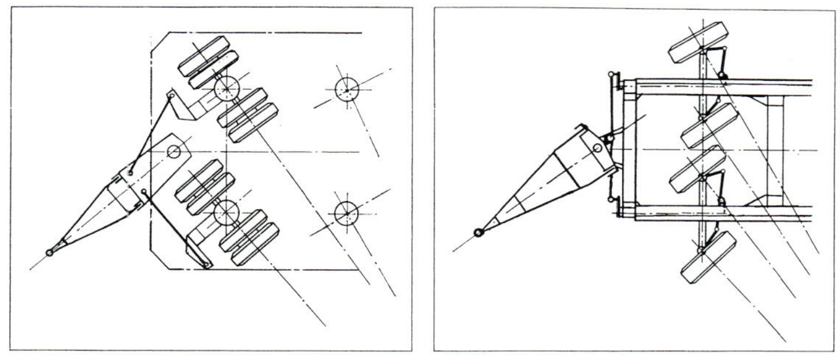

Bild 150: Durch Anbau eines Moduls mit einer Reihe Pendelachsen wird die Plattform auf 4,6 m verbreitert.

gleich bewährte sich, obwohl anfänglich Zweifel geäußert worden waren. Je nach Land waren für Plattformwagen mit dieser Technik Höchstgeschwindigkeiten bei Leerfahrt oder mit leichter Last von 62 km/h bis 80 km/h zugelassen. Die technisch mögliche Nutzlast war aber nur mit geringer Geschwindigkeit von 5 km/h oder weniger transportabel, um die dynamische Belastung von Fahrzeug und Straße niedrig zu halten. Mit außerhalb öffentlicher Straßen, zum Beispiel auf Großbaustellen oder Werften, eingesetzten Fahrzeugen wurden unvorstellbar große und schwere Lasten transportabel. Die Transporte mit den sogenannten Schwerstlasttransportern der Deutschen Bundesbahn erlebten Höhepunkte, doch mußten sie den leistungsfähigeren Plattformwagen weichen. Ein wesentlicher Unterschied zwischen den beiden Gattungen lag darin, daß das Rollerkonzept keine Zwillingsbereifung zuließ, wodurch die Belastbarkeit der Pendelachse eingeschränkt wurde (Bild 149). Außerdem hatte nur die Plattform die ausreichende Stabilität für schwerste Lasten und bot eine seitliche Kombinationsmöglichkeit. Die Tragfähigkeit der Roller konnte lediglich durch Erhöhen der Zahl der Achslinien erreicht werden. Im kombinierten Verkehr waren dem aber Grenzen gesetzt.

Die Technik der tragfähigen Plattform mit hydraulisch gestützten Pendelachsen eroberte auch den innerbetrieblichen Transport mit reinen Spezialfahrzeugen für Stahl- und Hüttenwerke, wo sie durch ihre Flexibilität den gleisgebundenen Transport weitgehend ersetzten.

Selbst wenn das Parallelkuppeln von zwei gleichen Plattformen wegen der damit entstehenden Breite von mehr als sechs Meter weder möglich noch notwendig war, gab es eine Problemlösung (Bild 150). Durch den Anbau eines Moduls mit nur einer Reihe von Pendelachsen entstand ein etwa 4,50 m breites Fahrzeug mit fast 50 Prozent höherer Nutzlast. Diese Plattformkombination mit einer technisch zulässigen Nutzlast von 750 t bei 5 km/h wurde 1979 von Goldhofer nach Texas geliefert.

Der Plattformwagen ist für den Schwerlast-Straßentransport unentbehrlich

Der Plattformwagen oder Plattformanhänger fand großes Interesse bei Transportunternehmungen und Herstellern von Apparaten, Kesseln und Großmaschinen, da er für den Transport unteilbarer Lasten ungeahnte Möglichkeiten eröffnete. Auch die Baufirmen profitierten von den neuen Möglichkeiten des Transports schwerer Baumaschinen. Goldhofer brachte 1970 die schweren

Plattformwagen THP mit hydraulisch abgestützten Pendelachsen und den üblichen Kombinationsmöglichkeiten auf den Markt. Daneben schuf Goldhofer mit der SKPH-Reihe eine leichtere Variante der Plattformwagen mit durchgehenden Achsen, Achsschenkellenkung und hydraulischem Belastungsausgleich. Scheuerle bot eine „Leichte Reihe“ mit einfach bereiften Pendelachsen und ebenfalls vielfältigen Kombinationsmöglichkeiten. Auch Cometto entwickelte eine leichtere Baureihe mit durchgehenden Achsen und hydraulischer Abstützung. Kamag kam mit einer ungewöhnlichen Lösung: Die Pendelachstieflader mit Blattfederung erhielten einen hydraulischen Achslastausgleich, die Pendelachsen konnten dadurch ohne eine Schwinge direkt am Fahrgestell befestigt werden. Im übrigen trat der Plattformwagen einen Siegeszug an und erreichte eine weltweite Verbreitung. Eine Voraussetzung dafür war zumindest in Europa die Entwicklung leistungsfähigerer Zugmaschinen.

Serie kontra Speziallösungen

Eine typische Situation ist in dem Stimmungsbild von einer Kranverladung dargestellt (Bild 151). Die Faun-Zugmaschine des Typs 1212/45 ZA 6x6 mit luftgekühltem Deutz-Dieselmotor mit 250 kW (340 PS) kam 1965 zur rechten Zeit als Ergänzung des Programms von speziellen Zugmaschinen der Faun-Werke auf den Markt. Das Zusammenwirken von Verladekran und Transportmitteln aus einer Hand – hier von Van Twist in Dordrecht (Holland) – war weitgehend selbstverständlich geworden. Darum herrschte bei den Schwerlasttransporteuren und Kranverleihern ein hoher Organisationsgrad. In Deutschland wurden die Interessen der Unternehmer schon bald in der Bundesfachgruppe Schwertransporte und Kranarbeiten (BSK) und in den USA in der Special Carriers & Rigging Association (SC & RA) vertreten.

Die Notwendigkeit wuchs, Fahrzeugkombinationen zu verwenden (Bild 152). Die Transportgewichte nahmen schneller zu als die Leistungsfähigkeit der Zugmaschinen, weshalb häufig mehrere Zugmaschinen angespannt wurden, um die nötige Zugkraft, vor allem auf Steigungen, aufzubringen.

Bild 151: Stimmungsbild einer Kranverladung in einem holländischen Hafen.

Der deutsche Hersteller Titan in Appenweier baute seit 1978 Schwerlastzugmaschinen auf Basis von Mercedes-Benz-Komponenten. Die erste dreiachsige Zugmaschine entstand aus dem Kipperfahrgestell Typ 2632 AK durch Umrüsten und Einbau eines stärkeren V12-Motors mit 309 kW (420 PS) mit ZF-Getriebe mit Wandlerschaltkupplung (WSK). Hinter der Kabine wurde eine Schwerlast-Kühlanlage aufgesetzt, da im Schwerlast-

Bild 152: Aufrüsten mehrerer Scheuerle-Plattformeinheiten der Spedition F.W. Neukirch, Bremen, zu einer großen Kombination mit zwölf Achslinien und vier Pendelachsen je Achslinie.

betrieb der kühlende Fahrtwind fehlte und der Motor durchschnittlich viel höher belastet wurde als im normalen Straßenbetrieb. Diese erste Zugmaschine 3042 Z 6x6 wurde so verstärkt, daß sie statt des bisherigen Gesamtgewichts von 26 t mit Ausnahmegenehmigung der Behörde 33,5 t mit Ballast wiegen konnte (Bild 153). Nur auf diese Weise war die Umsetzung der hohen Motorleistung in Zugkraft möglich. Die weiteren Entwicklungen schwerer Zugmaschinen mit drei und vier Achsen waren erfolgreich. Titan verwendete schließlich auch Komponenten von anderen Herstellern, zum Beispiel von MAN.

Selbst im Gebirge bewährten sich Titan-Zugmaschinen. In Norwegen dienten Plattformwagen als Drehgestelle für eine Spezialbrücke zur Aufnahme von Rohrsegmenten für ein Wasserkraftwerk (Bild 154). Für die Spedition Nygaard war der Transport von 105 Segmenten mit einem Gesamtgewicht von ca. 5.000 t über eine Strecke von 80 km unter

Bild 153: Titan-Schwerlastzugmaschine 3042 S 6x6 mit 420-PS-V12-Mercedes-Benz-Dieselmotor.

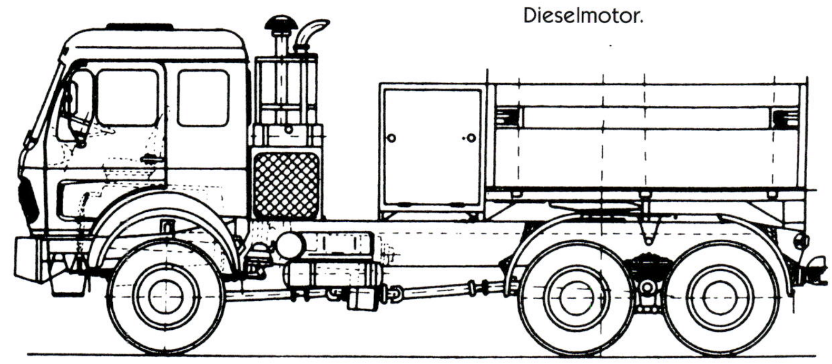

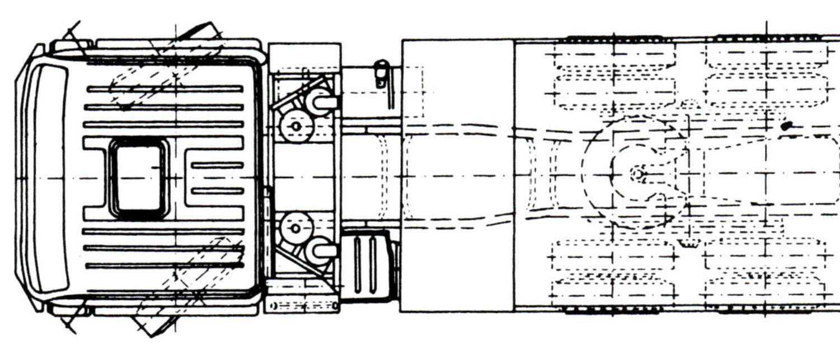

Bild 154: Schwertransport in Norwegens Bergen mit fünfachsiger Titan-Zugmaschine (10x8/6) und Goldhofer-Plattformwagen der Reihe THP.

schweren Bedingungen durch enge Straßen und Tunneldurchfahrten eine Herausforderung. Der Zug bestand aus zwei sechsachsigen Goldhofer-Plattformwagen TKPH 6 mit Pendelachsen und hydraulischem Achslastausgleich, gezogen von einer fünfachsigen Titan-Zugmaschine 10x8/6 mit 386-kW-Dieselmotor. Acht Räder wurden angetrieben und sechs gelenkt. Der Kunde lobte die Fahrstabilität dieser fünfachsigen Zugmaschine auf verschneiter oder vereister Fahrbahn.

Schließlich war bewiesen, daß Fahrzeuge mit Serienkomponenten letzten Endes im Schwerlastbetrieb den speziellen Zugmaschinen von Kaelble und Faun in den meisten Fällen ebenbürtig waren. Dennoch mußte Titan 1989 aus wirtschaftlichen Gründen aufgeben. Vorübergehend übernahm die Küpper-Weisser GmbH den Bau von Zugmaschinen und Sonderfahrzeugen, bis schließlich das Ingenieurbüro Gehringer & Luithardt nach Kauf des Namens und der Konstruktionsunterlagen 1996 den Bau in Backnang in dem früheren Kaelble-Werk wieder aufleben ließ.

Das technisch überzeugende Konzept von Titan machte Schule, und die Zeit der speziellen Schwerlastzugmaschinen näherte sich langsam dem Ende, denn die Hersteller der Lastkraftwagen hatten allgemein Motoren höherer Leistung und einen entsprechend ausgelegten Triebstrang, außerdem drei- und vierachsige Kipperfahrgestelle, die sich zur Umrüstung in Schwerlastzugmaschinen eigneten. Getriebe für hohe Drehmomente, auch mit der WSK, standen zur Verfügung. Ein wesentlicher Vorteil war die bei Leerfahrt mögliche Höchstgeschwindigkeit von 80 km/h und die Breite von 2,50 m.

Transporte in Frankreich, Italien und Spanien

Die italienische Spedition Peyrani betrieb in den sechziger Jahren die wahrscheinlich einzigen Plattformwagen mit Elastikreifen. Damit wurde eine Tiefladebrücke mit Seitenträgern von einem zwölfachsigen Waggon auf die Plattformwagen für den Weitertransport auf der Straße umgesetzt (Bild 155). Peyrani übernahm ferner den Transport eines 320 t schweren Dampferzeugers vom Hersteller Breda Termomecanica in Italien nach Hamburg. Die Last wurde

Bild 155: Stator mit Tiefladebrücke wird von einem Waggon auf Plattformwagen übernommen.

Bild 156: 320 t schwerer Dampferzeuger auf zwei Cometto-Plattformen als Drehgestelle auf dem Weg von Italien nach Deutschland.

Bild 157: Transformator auf bahntransportfähiger Seitenträgerbrücke auf zwei Cometto-Plattformen als Drehgestelle, zwei Magirus-Deutz-Zugmaschinen mit Allradantrieb.

über die Tragschnäbel und Lastverteiler auf zwei Plattformwagenkombinationen von Cometto mit je zwölf Achslinien verteilt (Bild 156). Mehrere Zugmaschinen bewältigten diesen Schwertransport, darunter auch Magirus-Deutz-Haubenfahrzeuge mit Allradantrieb und luftgekühltem Deutz-Dieselmotor. Die italienische Spedition Filii Elia verwendete ähnliche Zugmaschinen beim Transport eines Großtransformators mit einem Gewicht von 230 t. Die dafür verwendete Seitenträgerbrücke ruhte auf zwei Cometto-Kombinationen mit je acht Achslinien (Bild 157). Die Cometto-Pendelachse unterschied sich deutlich von den anderen, da der Zapfen, der das Pendellager trug, nicht an einer Schwinge, sondern an einem Parallelogramm befestigt war und daher beim Ausschwingen immer parallel zur Straßenoberfläche blieb. Nachteilig war die größere Zahl von Gelenken (Bild 158).

Die französische Spedition Désirier Zucconi transportierte mit einer klassischen Zugmaschine von Berliet, Typ TBO 15 (6x4), eine Schwerlast mit aufgesatteltem Nicolas-Plattformwagen mit

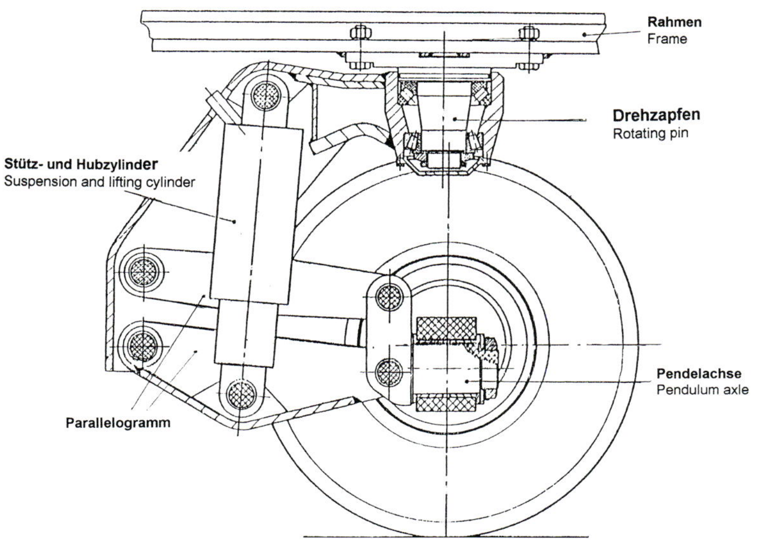

Bild 158: Pendelachse von Cometto mit Stützzylinder und Parallelogrammführung der Pendelachse.

einem Schwanenhals mit hydraulischem Belastungsausgleich (Bild 159). Auf dem Schwanenhals war ein Servoaggregat für die hydraulischen Funktionen des Fahrzeugs einschließlich der Lenkung aller Pendelachsen montiert, um unabhängig von der Zugmaschine zu sein. Ein Monstrum fuhr auf einem Nicolas-Auflieger und einer Berliet-Zugmaschine zur nächsten Baustelle (Bild 160). Der französische Transportunternehmer R. Leyx transportierte einen 420 t schweren Transformator auf einer Kombination mit 20 Achslinien und mit in drei Reihen angeordneten Pendelachsen des französischen Herstellers Nicolas (Bild 161). Die Kombination hatte somit 60 Pendelachsen mit 240 Reifen. Drei, streckenweise vier Zugmaschinen des Fabrikates P. R. P.-Willème zogen die Schwerlast. Die schwächste Zugmaschine fuhr an der Spitze, die stärkste und schwerste (8x8) direkt vor dem Anhänger. Die Firma Pérez et Raymond Paris (P. R. P.) übernahm von Willème die Rechte für die Fertigung dieser Schwerzugmaschinen. Auch Trabosa in Spanien und Mol in Belgien fertigten einzelne Fahrzeuge dieser Bauart.

Bild 160: Scraper auf Nicolas-Plattform mit Tiefladebrücke und Berliet-Sattelzugmaschine.

Bild 159: Berliet-Zugmaschine TBO 15 (6x6) mit kompakter Schwerlast auf Nicolas-Plattformwagen mit acht Achslinien und abnehmbarem Schwanenhals.

Eine Berliet-Frontlenker-Sattelzugmaschine der Firma STAG transportierte Schwergut mit einem Nicolas-Auflieger, erkennbar an dem typischen Schwanenhals (Bild 162). Die Zugmaschine des Fabrikats Willème Typ TG 250 für 250 t Gesamtzuggewicht hatte Allradantrieb. Eine weitere Nicolas-Kombination der Schwerlastspedition Cussoneau über-

Bild 174: Noch ein Transport unter alpinen Verhältnissen mit Spezial-Tieflader und Lastwagen.

Ein schweres Turbinengehäuse wurde von der Spedition Welti-Furrer AG in Zürich auf eine Kombination von Goldhofer mit 16 Achslinien verladen (Bild 175). Zwei Zugmaschinen von Saurer, Typ 5 DM 6x6, und eine von Steyr, Typ 1490 (6x6), wurden für den sicheren Transport benötigt.

Bild 175: Zwei Saurer- und eine Steyr-Zugmaschine transportieren ein Turbinengehäuse auf Goldhofer-Kombination THP 16.

Ein 121 t schwerer Transformator wurde von Welti-Furrer unter außergewöhnlichen Bedingungen in eine hochgelegene Kraftzentrale in den Schweizer Alpen verbracht. Trotz der kurzen Strecke von 15 km Länge dauerte der Transport 14 Tage, da zwei große, zwei mittlere und acht kleine Brücken mit demselben Basismaterial unterstützt werden mußten. Eine Umfahrungsstrecke mußte neu angelegt werden. Ferner führte die Welti-Furrer AG den bis zu diesem Zeitpunkt schwersten Straßentransport durch: Ein für die USA bestimmter Stator eines Turbogenerators wurde vom Hersteller in Frankreich zum Auhafen bei Basel zur Verladung auf ein Binnenschiff gefahren. Der direkte Weg mit nur 70 km Länge konnte nicht befahren werden, weshalb eine Umfahrungsstrecke von 175 km gewählt wurde. Auch hier wurden Brücken verstärkt, und eine Notbrücke mußte angelegt werden. Zum Überwinden einer Steigung von 8 Prozent wurde der Lastzug von sechs Zugmaschinen mit Allradantrieb und einer Gesamtleistung von 1.177 kW (1.600 PS) gezogen und geschoben (Bild 176).

Bild 176: Probleme beim Befahren einer schmalen Straße im Bergland.

Luftkissentechnik für Schwertransporte in England

Einen anderen Weg zur Entlastung von Brücken oder zur Verminderung der Achszahl beschritten die britische Schwerlastspedition Pickfords und die Plaut Transportation Engineer in London in den siebziger Jahren. Unter der Tiefladebrücke wurde eine Schürze für ein Luftpolster oder Air Cushion Equipment (ACE) angebracht, das von einem auf der Brücke montierten Kompressoraggregat mit Druckluft durch vier parallel geschaltete Druckluftaggregate mit Axialkompressoren versorgt wurde (Bild 177). Die unter dem Luftkissen liegende Straßenfläche wurde dadurch wesentlich gleichmäßiger belastet, als es mit Rädern möglich gewesen wäre. Anhänger mit maximal 600 t Gesamtgewicht wurden dadurch noch straßentransportfähig. Das Prinzip lehnt sich an das Luftkissenprinzip der British Hovercraft Corporation Ltd. an. Die Fahrwerke mit 8+8 Achslinien stammten von Nicolas, gezogen wurde die Last von zwei Scammell-Constructor-Zugmaschinen. Auch Wynns führte solche Transporte mit einer Ladebrücke mit Luftkissen auf zwei Plattformwagen von Crane-Fruehauf mit je sechs Achslinien durch (Bild 178). Dabei wurden Plattformanhänger mit zwillingsbereiften kleinen Rädern verwendet. Der Transport (Bild 179) wurde noch mit der älteren Variante mit Drucklufteinspeisung über Rohre von den auf einem hinteren Fahrzeug angeordneten Kompres-

Bild 178: Transport auf Luftkissen und Rädern mit Fahrzeug nach Bild 177.

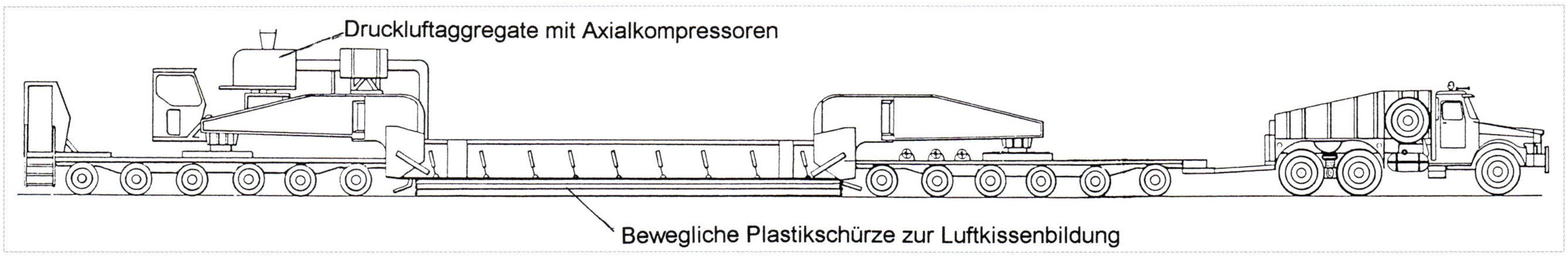

Bild 177: Schwerer Tieflader mit Plattformen von Crane, ausgerüstet mit Druckluftaggregaten und Luftkissen.

Bild 179: Schwierige Stadtdurchfahrt auf Luftkissen und Nicolas-Kombinationen.

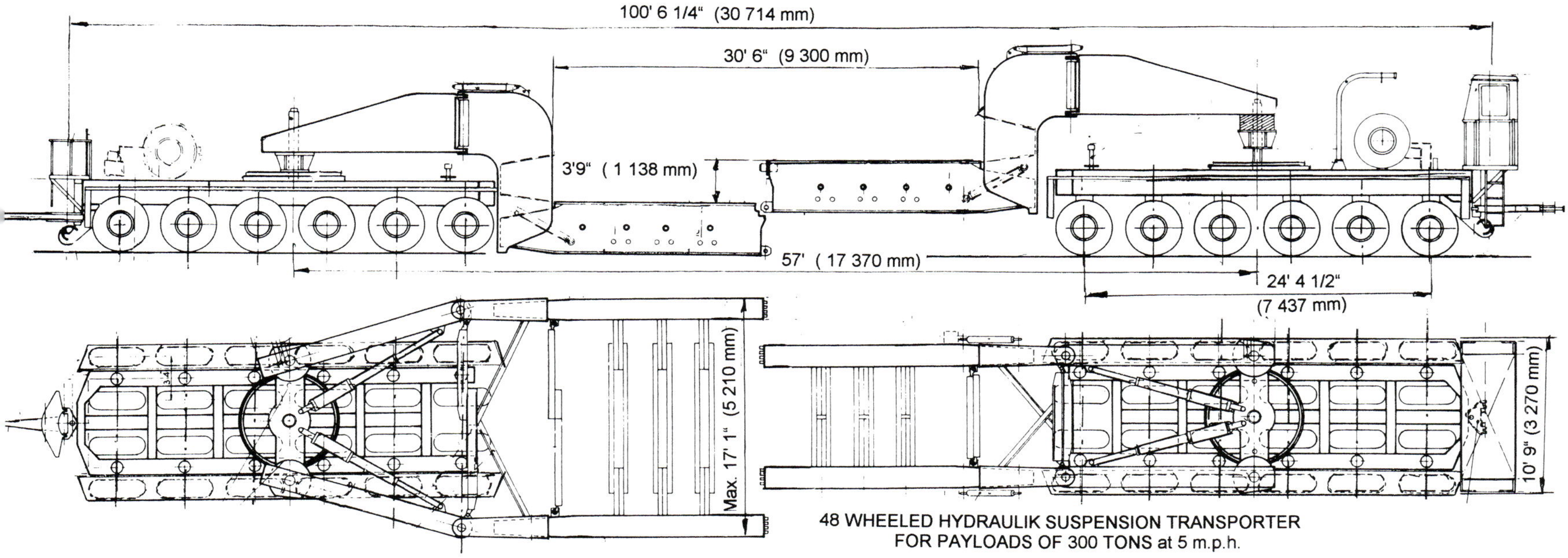

Bild 180: Typisch englischer Tiefladeanhänger mit Pendelachsen und direkter hydraulischer Abstützung, wie er lange von Crane mit 2x3, 2x4, 2x5 und 2x6 Achslinien gebaut wurde.

soren durchgeführt. Die Lastbrücke ruhte auf zwei Nicolas-Kombinationen mit je sieben Achslinien. Mit den verwendeten Plattformwagen wurden die lange bevorzugten nicht kombinierbaren Plattformen mit großen Rädern (Bild 180) abgelöst.

Vielseitige Transporte mit schwerer Last

Eigentlich sind alle Schwerlasttransporte ungewöhnlich, aber einige fallen doch aus dem Rahmen. Spektakulär war ein Transport von Deutschland-West nach Deutschland-Ost mit Ausrüstungen für ein Chemiewerk, weil in den sechziger Jahren ein grenzüberschreitender Verkehr mit großen Schwierigkeiten verbunden war. Den Transport führte die Spedition Baumann in Bonn, damals zur Bohne-Gruppe in Bremen gehörend, durch. Das schwerste Stück war ein 410 t schwerer Reaktor, der auf einer Scheuerle-Kombination mit 3x6=18 Achslinien verladen war. Für den Reaktor wurden vier Faun-Zugmaschinen mit zusammen 1.324 kW (1.800 PS) benötigt. Die mittlere Geschwindigkeit auf dem 470 km langen Transportweg betrug weniger als 6 km/h. Für den Transport der gesamten Ausrüstung standen Faun-Zugmaschinen des Typs 1212/44 ZA 6x6 mit luftgekühltem Deutz-Dieselmotor und des Typs L 1206/45 WZ 6x6 mit wassergekühltem MTU/Mercedes-Benz-Motor zur Verfügung.

Wie verschieden die Verladearten und Transportmöglichkeiten sein können, zeigen die nächsten Beispiele. Ein selbsttragendes Reaktorunterteil wurde mit speziellen Tragvorrichtungen über Lastverteilrahmen auf zwei Goldhofer-Plattformen THP 8 gelagert (Bild 181). Das technisch zulässige Gesamtgewicht der Kombination betrug 480 t bei 5 km/h. Die Spedition Baumann in Bonn verlud

Bild 181: Selbsttragendes Reaktorunterteil mit spezieller Tragvorrichtung auf zwei Goldhofer-THP-Plattformen mit je acht Achslinien.

einen 400 t wiegenden Reaktor für ein Kernkraftwerk bei Hamburg auf eine Scheuerle-Plattformkombination aus vier Fahrzeugen – seitlich und in Reihe – mit zwölf Achslinien mit je vier Pendelachsen (Bild 182). Die Last ruhte auf drei Konsolen ohne eine besondere Tragkonstruktion. Das Gesamtgewicht betrug

Bild 182: Ein 400 t schwerer Reaktor wird auf parallelgekuppelten Scheuerle-Plattformen mit 192 Reifen befördert. Die Traverse für die Kranverladung verbleibt beim Transport am Reaktor.

500 t, und mehrere Titan-Zugmaschinen wurden benötigt. Bild 183 zeigt zwei Goldhofer-Plattformanhänger, die durch eine Baggerbrücke starr miteinander verbunden sind; dadurch konnte die selbsttragende Last über Holzbohlen abgestützt werden. Alle Pendelachsen waren zwangsgelenkt. Gezogen wurde die Last von einer der seltenen Krupp-Zugmaschinen mit drei Achsen und einem Krupp-Cummins-V8-Dieselmotor.

Bild 183: Schwerlast auf zwei Goldhofer-Plattformen, die durch eine Baggerbrücke miteinander verbunden sind.

Der holländische Unternehmer Van Twist Heavy Hauling N. V. in Dordrecht bekam 1971 den Auftrag, einen bei der CMP in Frankreich gebauten Drucktank mit einem Gewicht von 548 t, einem Durchmesser von 5,2 m und einer Länge von 61 m auf dem Land- und Seeweg im RoRo-Verfahren nach Holland zu transportieren. Der Tank wurde auf zwei Scheuerle-Kombinationen, bestehend aus seitlich gekuppelten Plattformen mit je acht Achslinien mit Drehschemeln, gelagert. Insgesamt hatte die Kombination 16 Achslinien mit 64 Pendelachsen und 256 Reifen. Zwei Faun-Zugmaschinen des Typs L 1212/45 ZA 6x6 mit je 250 kW (340 PS) bewegten die riesige Last ziehend und schiebend. Der ganze Zug hatte ein Gesamtgewicht von 760 t bei einer Länge von 91,5 m. Umfahrungen von Brücken und Viadukten waren notwendig, wodurch der Transportweg verlängert wurde. Es war einer der schwersten Transporte in Europa zu dieser Zeit.

Die Schwerlastspedition Schütz, damals zur Bohne-Gruppe gehörend, hatte 1972 den Auftrag, in der Türkei im anatolischen Hochland Transformatoren und Walzenständer mit Stückgewichten von 135 t bis 160 t bis auf eine Höhe von über 1.600 m zu transportieren. Das erschien vom Gewicht her nicht schwierig, entscheidend war die Topographie und der unerwartet schlechte Zustand der Straßen und Brücken. Die Anforderungen an Mensch und Maschine waren außerordentlich hoch. 1980 führte Schütz einen weiteren ungewöhnlichen Transport mit einer Scheuerle-Kombina-

Bild 184: Reaktor-Unterteil (Schüssel) mit 190 t Gewicht auf Scheuerle-Plattformkombination mit 20 Achslinien; für enge Ortsdurchfahrten wurde ein Modul mit vier Achslinien entfernt.

Bild 185: Millimeterarbeit in der Kurve.

tion mit 8+8+4=20 Achslinien durch (Bilder 184 und 185). Über Land wurde das 190 t schwere Reaktorunterteil vom Hafen Heilbronn nach Gundremmingen in Bayern wegen der Tragfähigkeit einiger Brücken mit 20 Achslinien gefahren, vor ein paar Ortsdurchfahrten wurde ein vierachsiges Modul nach Abstellen der Last auf Elefantenfüße entfernt, um enge Kurven überhaupt (mit nur 16 Achslinien) durchfahren zu können. Nicht nur Schütz hatte trotz mehrjähriger Planung solcher Transporte immer wieder Probleme, weil oft kurz vor dem Transport unvorhersehbare Änderungen, zum Beispiel durch Baustellen, auftraten. Das Prüfen der Strecke von Schweden nach Gundremmingen für den Transport eines Reaktorteiles verursachte Kosten von rund 1,5 Millionen DM!

Bild 186: Schwergewichtiger Coiltransporter auf Scheuerle-Plattformen „Leichte Reihe" mit Baggerbrücke.

Auf einer Baggerbrücke zwischen Plattformen mit vier und drei Achslinien wurde ein schwerer Scheuerle-Coiltransporter eines fahrerlosen Transportsystems (FTS) verladen (Bild 186). Diese Arbeits- und Transportgeräte sind auch Schwerlastfahrzeuge (Automatic Guided Vehicles), können aber im Rahmen dieses Buches nicht behandelt werden. Den Transport führte die Spedition Neukirch (Bohne-Gruppe) mit der Faun-Zugma-

Bild 187: In Europa ein seltener Anblick: Haus auf Rädern. Das 335 t schwere Objekt wurde von der Firma Muts-Rosenkranz in Antwerpen mit der Kombination nach Bild 152 um drei Kilometer versetzt.

schine L 1206 /45 WZ 6x6 mit 331-kW-(450-PS-)MTU/Mercedes-Benz-Dieselmotor durch. Eine gleiche Faun-Zugmaschine des Transportunternehmers Muts-Rosenkranz in Antwerpen (Bohne-Gruppe) zog in Holland ein auf einer Scheuerle-Kombination mit vier Pendelachsen je Achslinie verladenes Haus (Bild 187), ein in Europa ungewöhnlicher Transport. Für die Erweiterung der deutschen Magnetbahn-Versuchsstrecke im Emsland für den Transrapid waren Schwerlastfahrzeuge unentbehrlich. Stahlträger von 31 m Länge wurden mit sechsachsigen Scheuerle-Plattformwagen in die Nähe der Versuchsstrecke über Land gefahren, dann wurden zwei Träger zusammengeschweißt und mit 62 m Länge an die Strecke gefahren (Bild 188). Die Schwerlastspedition Schmidbauer in München übernahm beim Bau der U-Bahn in München das Verladen und den Transport einer Baugruppe einer Maschine zum bergmännischen Tunnelvortrieb auf Scheuerle-Plattformkombinationen, wenn ein Ortswechsel notwendig wurde. Auch in Schnee und Eis muß transportiert werden, zum Beispiel das Turbinenrad einer Wasserturbine auf einer Nicolas-Plattform mit sechs Achslinien (Bild 189) mit zwei Faun-Zugmaschinen mit speziell „winterfest" umgerüsteten Kabinen. Der Dauerfrost im skandinavischen Winter machte die Straßen tragfähiger und ließ höhere Achslasten zu.

Bild 188: Zwei Krane heben einen 62 m langen Stahlträger der Versuchsstrecke für den Transrapid von zwei Plattformwagen ab.

Bild 189: Auch auf Schnee und Eis muß gefahren werden: Laufrad einer Wasserturbine auf Nicolas-Plattformauflieger in Schweden. Interessant sind die umgebauten Kabinen der Faun-Zugmaschinen für die Bahnverladung.

Nicolas baut ab 1980 eigene Tractomas-Zugmaschinen

Der Transporteur Désirier Zucconi verwendete die Berliet-Zugmaschine, die schon auf Bild 159 gezeigt wurde, mit Ballast und Ladegut zum Transport eines Behälters auf zwei Nicolas-Plattformen der leichten Baureihe (Bild 190). Doch die Zeiten hatten sich geändert, schon 1967 ging Berliet an Citroën über und später an Renault Véhicules Industriels (R.V.I.). Die eindrucksvollen Berliet-Zugmaschinen verschwanden damit endgültig. Nicolas brachte ab 1980 eigene Tractomas-Zugmaschinen mit drei und vier Achsen auf den Markt und bot damit „Alles aus einer Hand“.

Der schwere Hydraulikbagger (Bild 191) wurde quer auf die Tiefbettbrücke einer Nicolas-Kombination verladen, da das Befahren in Längsrichtung wegen der integrierten Dolly-Achsen nicht möglich war. Der Antrieb erfolgte durch eine vierachsige Schwerlastzugmaschine Tractomas mit Serienkomponenten von Nutzfahrzeugen. Als Kabine wurde die von Renault Véhicules Industriels übernommene Berliet-Kabine gewählt. Merkmale waren die robuste Ausführung mit einer Schwerlast-Kühlergruppe hinter der

Bild 190: Berliet-Zugmaschine mit Ballast und Ladegut zieht Druckkessel auf zwei Nicolas-Plattformen der leichten Baureihe.

Bild 191: Von der Seite verladener Bagger auf Nicolas-Plattformkombination mit vierachsiger Tractomas-Zugmaschine von Nicolas.

Kabine. Eine dreiachsige Ausführung Tractomas TR 66 (6x6) mit Cummins-Dieselmotor KTA 450 für 200 t Gesamtgewicht des Zuges operierte in England (Bild 192), eine 6x4-Variante, ebenfalls mit Nicolas-Auflieger, des Transportunternehmers Buzzichelli in Frankreich (Bild 193).

Bild 192: Dreiachsige Zugmaschine Tractomas mit Cummins-Dieselmotor transportiert Bagger mit demontiertem Fahrwerk auf Tiefladebrücke.

1983 kam der Tractomas TR 66 (6x6) auf den Markt mit Motoren von 295 kW (400 PS) bis 441 kW (600 PS) mit einem technisch zulässigen Gesamtgewicht von 40 t für ein Zuggesamtgewicht von 300 t. Der Tractomas TR 88 (8x8) eignete sich

Bild 193: Noch ein Tractomas mit Renault-Dieselmotor und Nicolas-Auflieger.

bei einem zulässigen Gewicht von 74 t für Zuggewichte bis 400 t und hatte dafür einen Detroit-Dieselmotor mit 598 kW (810 PS). Die leichteren Versionen 6x4 und 8x4 hatten Motoren im Leistungsbereich von 316 kW (430 PS) bis 441 kW (600 PS). Hersteller der Motoren waren Cummins, Daimler-Benz und Detroit Diesel. Die Getriebe stammten von Allison, Clark, Fuller oder ZF, die Achsen von Soma oder Renault. Damit waren sie Komponentenfahrzeuge, die speziellen Kundenwünschen angepaßt werden konnten. Von der Bauart her waren es Schwerlastzugmaschinen, die sich konstruktiv auf möglichst viele Baugruppen aus dem Lastwagenbau stützten.

Weitere Transporte in Deutschland

Die Schmidbauer KG in München, eines der großen Unternehmen für Schwertransporte und Kranverleih, verwendete für den Transport eines Hydraulikbaggers einen Auflieger mit Baggerbrücke und abfahrbarem Schwanenhals (Bild 194). Schütz beförderte mit dreiachsigen Scheuerle-Aufliegern mit abfahrbarem

Bild 194: Bagger auf Scheuerle-Satteltieflader mit abfahrbarem Schwanenhals.

Bild 195: Faun-Muldenkipper für den Export nach Übersee auf dem Weg von Nürnberg nach Bremerhaven.

Bild 196: Baggertransport nur innerbetrieblich mit Plattform, die sich auf die Gabel des Staplers stützt.

Bild 197: Oben: Scraper fährt auf einen Mafi-Schwerlastanhänger mit acht Achslinien und hydraulisch gestützten Pendelachsen.

Unten: Nach der Verladung mit hochgeklappten Rampen.

Schwanenhals Faun-Muldenkipper von Nürnberg über die Autobahn nach Bremerhaven zum Verladen nach Übersee (Bild 195). Auch innerbetrieblich und auf Kurzstrecken mußten Baumaschinen gelegentlich transportiert werden (Bild 196). Die kleine Plattform aus dem Mafi-Cargotrailer-System stützte sich über einen Schwanenhals auf die Gabel eines Gabelstaplers. Das große Mafi-Fahrzeug (Bild 197) hatte hydraulisch gestützte und mechanisch gelenkte Pendelachsen und eine Tragfähigkeit von über 100 t. Die lange Rampe mit relativ flachem Winkel konnten auch lange Fahrzeuge noch gut befahren. Es war ein innerbetrieblich nutzbares Fahrzeug, durfte aber mit entsprechender Ausrüstung auch öffentliche Straßen befahren. Ein schweres Gerät wurde auf der Tiefladebrücke eines Goldhofer-Aufliegers der Reihe THP mit zwei integrierten Dolly-Achsen verladen (Bild 198). Nicht direkt belastet dagegen war die Baggerbrücke zwischen zwei THP-Plattformen, da der selbsttragende Kessel nur auf den Plattformen ruhte (Bild 199).

Bild 198: Schweres Gerät mit Raupenfahrwerk, verladen auf Goldhofer-Plattformen mit Tiefladebrücke.

Bild 199: Selbsttragender Großbehälter auf Goldhofer-Kombination THP mit 7+7 Achslinien.

Schiffe wurden zu allen Zeiten auch mal übers Land transportiert. Auf Bild 200 ist ein Seenotrettungskreuzer auf dem Weg von der Nordsee ins Deutsche Museum in München zu sehen. Die Spedition Krause aus Trostberg verwendete dafür zwei Scheuerle-Fahrzeuge mit je sechs Achslinien und einer Kesselbrücke, die auf volle Breite ausgefahren und mit Verlängerungsstücken der Länge des Schiffs angepaßt wurde. Für diesen Transport mußte die Kesselbrücke geschlossen sein, da das Schiff nicht wie eine selbst-

Bild 201: Schwertransport nach Bild 200 in schwieriger Kurve.

Bild 200: Schiffstransport mit verlängerter Kesselbrücke auf Scheuerle-Plattformen, gezogen von Titan-Zugmaschine Z 42.615 (8x6/4) mit MAN-V12-Dieselmotor mit 452 kW (615 PS).

Bild 202: Eine Karosseriepresse wird auf einer Scheuerle-Kombination mit 16 Achslinien in direkter Verladung transportiert, gezogen von einer Zugmaschine Mercedes-Benz 3850 A 6x6 mit dem V10-Dieselmotor mit 368 kW (500 PS).

Bild 203: Großraumtransport auf Scheuerle-Plattform mit 20 Achslinien, aus vier Modulen kombiniert.

tragende Schwerlast mit den offenen Hälften der Kesselbrücke verspannt werden konnte. Eine vierachsige Titan-Schwerlastzugmaschine Z 42.615 F 8x6/4 (also mit drei angetriebenen und zwei gelenkten Achsen) mit 452 kW-(615 PS-) Mercedes-Benz-Dieselmotor konnte den Transport alleine bewältigen. In einer schwierigen Kurve mußte das hintere Fahrzeugteil von der Zugmaschine einige Meter in die Kurve gezogen werden, da sich ein rechter Winkel zur Lastbrücke ergeben hatte (Bild 201).

Eine 200 t schwere Presse für ein Automobilwerk wurde auf eine Scheuerle-Kombination mit 16 Achslinien verladen; eine Mercedes-Benz-Zugmaschine 3850 A (6x6) mit 368-kW-(500 PS-)V10-Dieselmotor und eine Titan-Zugmaschine (auf Basis von Mercedes-Benz-Komponenten) wurden ziehend und schiebend eingesetzt (Bild 202). Die Schwerlastspedition Sauter benutzte für Schwertransporte Scheuerle-Plattformwagen in verschiedener Kombination. Für den Großraumtransport wurde eine Kombination mit 20 Achslinien zusammengestellt (Bild 203), gezogen von einer Mercedes-Benz-Zugmaschine. Technisch war für 20 Achslinien ein Gesamtgewicht von ca. 600 t bei maximal 5 km/h zulässig. Für ein Gestell einer Karosseriepresse wurde ein Auflieger mit sechs und acht Achslinien mit Schwanenhals mit hydraulischem Lastausgleich und mit dazwischengeschalteter Plattform ohne Achsen verwendet (Bild 204). Die Ballastpritsche der Zugmaschine über dem Tragsattel war abnehmbar.

Bild 204: Noch eine Karosseriepresse, diesmal auf Scheuerle-Kombination mit 6+8 Achslinien mit Zwischenplattform verladen.

Ein Papierglättezylinder mit ca. 4,5 m Durchmesser bildete eine kompakte und sperrige Schwerlast. Das Schwertransportunternehmen Heinrich Schütz verlud sie auf einer Scheuerle-Kombination mit zwölf Achslinien (Bild 205). Möglich

Bild 205: Kompakte Schwerlast: Papierglättezylinder von ca. 150 t Gewicht, mit Aufsatzrahmen direkt auf Plattformkombination mit zwölf Achslinien verladen.

war diese Verladeart nur auf Strecken ohne Höhenbegrenzung. Schütz übernahm auch eine ganz ungewöhnliche Aufgabe: Die Vorbaurüstung für eine Autobahnbrücke in Betonbauweise mußte nach Fertigstellung einer Fahrbahn gedreht werden, damit die andere Fahrbahn in entgegengesetzter Richtung im Vorbau erstellt werden konnte (Bild 206). Bis zu diesem Zeitpunkt wurde das ganze Stahlgerüst mit einem Gewicht von 504 t zerlegt und neu aufgebaut oder mit aufwendiger Kranhilfe gedreht. Beides war teuer und dauerte bis zu sechs Wochen. Schütz hob das Vorbaugerüst für eine Brücke und positionierte in 33 m Abstand zwei Plattformen mit je zwölf Achslinien darunter. Der zu befahrende Kreisbogen wurde für die Fahrer der drei- und vierachsigen Titan-

Bild 206: Vorbaugerüst zum Betonieren von Brückenfahrbahnen wird erstmalig zum Betonieren der Gegenfahrbahn mit Plattformanhängern und Zugmaschinen gewendet.

und MAN-Zugmaschinen markiert. Die Lenkung der Scheuerle-Kombinationen wurde im Stand genau auf den zu befahrenden Radius eingestellt. Wegen des schlechten Untergrundes wurden fünf Zugmaschinen und ein Raupenlader benötigt. In diesem Fall waren die Plattformwagen Arbeitshilfe und Transportmittel zugleich.

Eine selbsttragende Last wird zur selbstschwimmenden Last

Ein Stahlwerk in Frankreich erhielt den Auftrag zur Herstellung riesiger Schwimmkörper für Bohrplattformen in der Nordsee. Voraussetzung war die günstige Lage in der Nähe des Rheins, da ein Landtransport wegen des Durchmessers von 25 m und des Gewichts von rund 600 t unmöglich war. Jeder Schwimmkörper ruhte schon während des Zusammenschweißens auf Stützen, um das Unterfahren mit Plattformanhängern zu ermöglichen. Den Transport zum Verladeplatz am Rhein führten die Unternehmen Welti-Furrer (Zürich) und Straumann (Colmar in Frankreich) An-

Feinarbeit mit schwerster Last

Lothar Husemann
Abschlepp- und Bergefahrzeuge
Wenn sie anrücken, die Zwei-, Drei- und Vierachser, dann ist Action angesagt. Lothar Husemann war hautnah dabei, wenn die Schlepper-Bande in Aktion getreten ist.
200 Seiten, 250 Bilder
Bestell-Nr. 02347 **€ 26,–**

Lothar Husemann
Erdbewegungs-Maschinen
Lothar Husemann hat sich bei den Tief- und Straßenbauern umgesehen und gibt in diesem Technik-Report präzise Auskunft.
224 Seiten, 257 Bilder, davon 247 in Farbe, 30 Zeichnungen
Bestell-Nr. 02166 **€ 26,–**

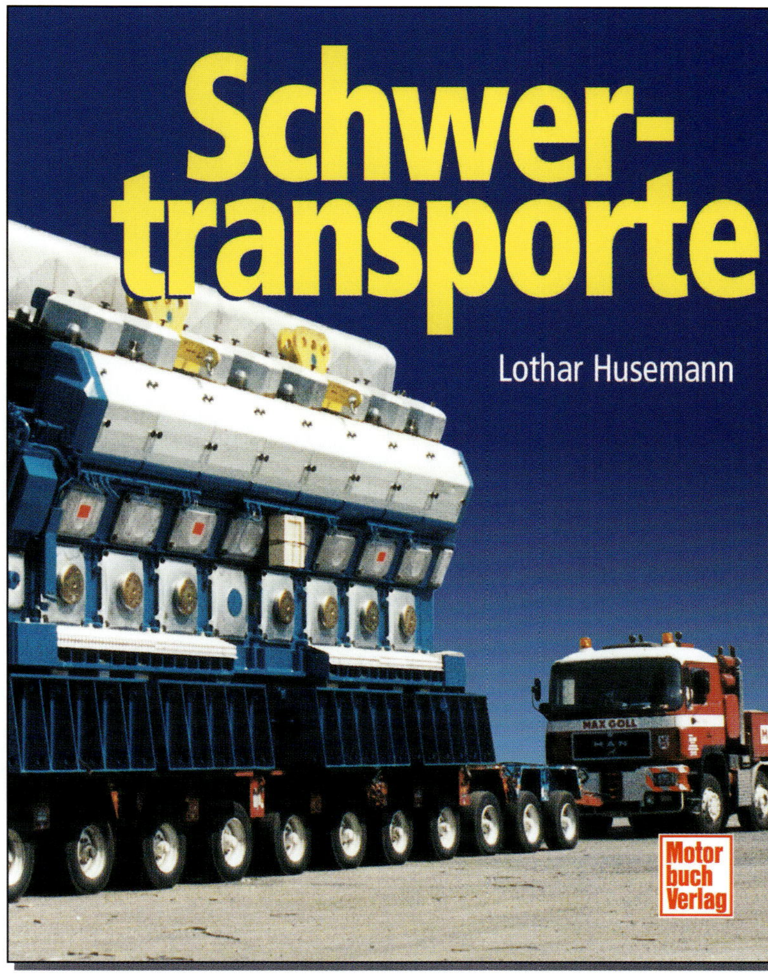

Lothar Husemann, **Schwertransporte**
Manche Schnecke ist schneller als ein 100-Tonnen-Schwertransport. Aber längst nicht so faszinierend. Auch Plattformwagen, Kesseltransporte und Chemiekolonnen sorgen stets für Aufsehen. Was es mit den schweren Brummern auf sich hat, was Sie über ihre Geschichte und Technik wissen sollten, beschreibt dieses Buch. Das Ganze ist mit tollen Bildern illustriert. So schön können Verkehrshindernisse sein.
208 Seiten, 226 Bilder, davon 189 in Farbe, 45 Zeichnungen **Bestell-Nr. 01987** **€ 22,–**

Lothar Husemann
Krane
Lothar Husemann hat sich diesmal im Hochbau getummelt, sah den Autokran-Führern über die Schulter, ließ sich in Turmdrehkränen den Wind um die Nase wehen.
192 Seiten, 285 Bilder, davon 242 in Farbe
Bestell-Nr. 02258 **€ 26,–**

Lothar Husemann
Baufahrzeuge
Keiner mag sie so richtig, doch ohne diese Erdferkel ginge im Bau nichts voran. Dieses Buch berichtet über Technik und Einsatz.
208 Seiten, 235 Bilder, davon 225 in Farbe, 67 Zeichnungen
Bestell-Nr. 02057 **€ 26,–**

Frank Rönicke
Verdiente Aktivisten
Auf dem Gebiet der ehemaligen DDR kamen 4,6 Millionen Hektar unter den Pflug – eine Aufgabe, die ganzen Einsatz erforderte. Frank Rönicke setzt hier den Helden der Scholle ein Denkmal. Akribisch recherchiert, üppig bebildert und ausführlich dokumentiert, liefert er einen Überblick über das,
was im Arbeiter- und Bauernstaat die Felder bestellte. Abgerundet durch technische Daten, überzeugt dieser Autor einmal mehr durch Kompetenz und Sachlichkeit.
200 Seiten, 250 Bilder
Bestell-Nr. 87233 **€ 26,–**

Frank Rönicke/Wolfgang Melenk
Helden der Arbeit
Diese Dokumentation setzt den »Helden der Arbeit« ein Denkmal. Sie widmet sich der Geschichte von Framo und Barkas, den Transportkarren (»Multicar«), den Lastwagen und Bussen von Phänomen und Robur, den Traktoren, Bussen und Lkw von Horch und denen aus Werdau, den Lastwagen- und Omnibus-Komponenten aus Ludwigsfelde sowie den kleinen Herstellern wie Fleischer aus Gera. Abgerundet wird das Ganze von den technischen Daten.
192 Seiten, 270 Bilder, davon 110 in Farbe
Bestell-Nr. 87226 **€ 26,–**

Peter J. Davies
Lastwagen der Welt
Auf den Straßen der Welt sind Frontlenker und Haubenschnauzer unterwegs, Zwei- und Viertakter, Diesel- und Elektromotoren, Schwergewichte mit zwei, vier, sechs und noch mehr Achsen. Wie sie alle heißen, woher sie kommen und wann sie auf die Räder gestellt wurden, zeigt jetzt diese internationale Lastwagen-Revue.
256 Seiten, 600 Farbbilder
Bestell-Nr. 02257 **€ 24,90**

Stand Juli 2003 – Änderungen in Preis und Lieferfähigkeit vorbehalten

IHRE VERLAGE FÜR AUTO-BÜCHER

Postfach 10 37 43 · 70032 Stuttgart
Telefon (07 11) 2 10 80 65 · Telefax (07 11) 2 10 80 70

Motor buch Verlag | Schrader Verlag

Bild 207: Die Kugelschwimmer für Bohrplattformen in der Nordsee werden auf zwei Reihen von Plattformwagen mit Zugmaschinen über rund einen Kilometer Entfernung vom Ort der Herstellung zum Rhein gefahren.

fang 1974 gemeinsam durch (Bild 207). Mit den in zwei Reihen angeordneten Plattformkombinationen wurde die Last von den Stützen abgehoben und dann in Fahrstellung gebracht und einen Kilometer weit an den Rhein gefahren. Nach dem Umladen auf Schienenwagen rollten die riesigen Schwimmer ins Wasser und wurden einzeln mit Schleppern rheinabwärts in die Nordsee zu dem zu Norwegen gehörenden Bohrfeld geschwommen. In der Folge wurden Aufträge für Module von Bohrplattformen für Offshore-Aufstellung an Werften vergeben, da die zunehmende Größe die Nutzung von Binnenwasserstraßen nicht mehr zuließ.

Spezialisten für Transporte von Großrohren und Kesseln

Die Beförderung von Kesseln, Großrohren und Behältern erfordert wegen der hohen Schwerpunktlage eine breite Spur des Fahrzeugs und eine möglichst niedrige Verladung. Dafür wurden beispielsweise spezielle Fahrzeuge von Cometto und Goldhofer und anderen Firmen mit fester oder verstellbarer Breite entwikkelt. Ein von der Bauweise der Plattformwagen abweichendes Konzept wies das Spezialfahrzeug des italienischen Herstellers Capperi (heute eine Tochter der Scheuerle-Fahrzeugfabrik) durch ein extrem niedriges Fahrgestell mit sehr tief angelenkter Zugdeichsel auf. Mit einer Verstellbarkeit der Breite von 2,98 m bis vier Meter wurden Rohre oder Kessel bis fünf Meter Durchmesser transportabel (Bild 208). Mit zwei Modulen T 447 B mit

Bild 208: Extrem tief gelagerter Kessel auf Capperi-Spezialtransporter mit verstellbarer Breite.

Bild 209: Zwischen die Module mit vier Achslinien des Fahrzeugs nach Bild 208 wird eine Tiefladebrücke für den Transport einer Baumaschine eingehängt.

je vier Achslinien betrug die Nutzlast 77,5 t. Dieser extreme Tieflader wurde aber auch zum Transport von Baumaschinen auf einer Tiefladebrücke von der Firma Italiana Trasporti Eccezionali (ITE) verwendet (Bild 209). Auf der Basis der schweren Plattformwagenbaureihe von Scheuerle wurde ein Fahrzeug mit einem längsgeteilten Zentralträger und einer verstellbaren Breite von drei bis fünf Meter mit allen Merkmalen der üblichen Plattformwagen gebaut (Bild 210). Mit acht Achslinien hatte dieses Fahrzeug

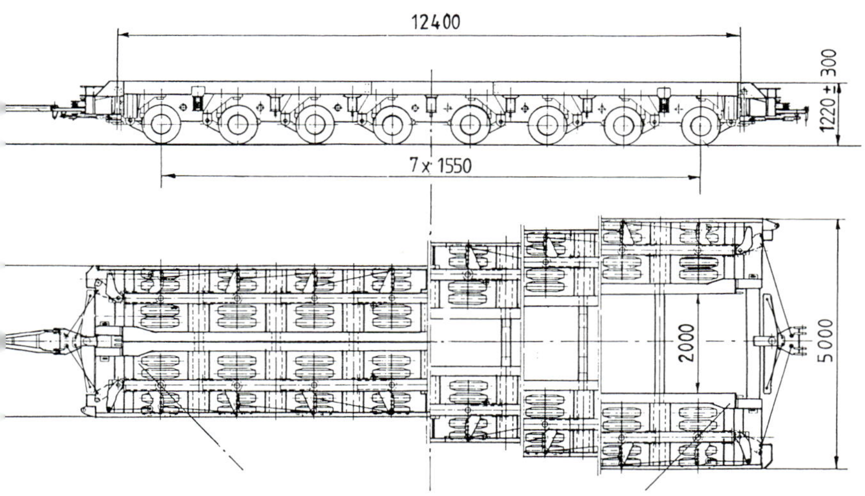

Bild 210: Scheuerle-Kesseltransporter mit verstellbarer Breite von 3.000 bis 5.000 mm.

ein Eigengewicht von 39 t und bei zwölf Tonnen je Pendelachse (für 80 km/h) eine Nutzlast von 157 t. Bei 3 km/h erhöhte sich die technisch zulässige Nutzlast auf 201 t. Die Spedition Schindler verlud ein Reaktorteil auf dieses Fahrzeug (Bild 211). Am Heck war das Servoaggregat zur Unterstützung der Lenkung und der Senk- und Hubbewegung angebracht. Der Anhänger bot bei fünf Meter Breite einen ungwöhnlichen Anblick (Bild 212).

Eine MAN-Zugmaschine (8x8) mit 515 kW-(700 PS-)V12-Turbodieselmotor zog die ca. 160 t schwere Anhängelast im Alleingang. Auch Voss in Dortmund verwendete vorübergehend dieses

Bild 211: Schwertransport mit Fahrzeug nach Bild 210 und der seinerzeit stärksten europäischen Zugmaschine MAN 48.700 VFAR 8x8 mit 515 kW (700 PS).

MAN-Fahrzeug. Die Schwerlastspedition Frasers in Johannesburg in Südafrika kaufte später diese und eine weitere Zugmaschine für Schwertransporte. Eine Hafenszene in Porto Vesme auf Sardinien zeigt die Verladung eines Behälters aus Leichtmetall mit „nur" 59 t, aber neun Meter Durchmesser mit bordeigenem Ladegeschirr auf ein Schiff. Die Cometto-Fahrzeuge mit Tiefladeplattform und

Bild 212: Kesseltransporter nach Bild 210 in voller Breite.

speziellen Auflagern wurden von einer damals häufig anzutreffenden Diamond-Zugmaschine gezogen (Bild 213). Offenbar bestand keine Höhenbegrenzung, oder die Last konnte tief genug gelagert werden, weshalb kein Spezialfahrzeug genommen wurde.

Bild 213: Auf Sardinien wird mit bordeigenem Ladegeschirr ein Leichtmetallbehälter vom Tieflader aufs Schiff übernommen.

Bagger, Krane und anderes Schwergut zwischen Atlantik und Ural

Ein Liebherr-Großbagger mit Raupenfahrwerk wurde von der Spedition Bohnet mit einer dreiachsigen Sattelzugmaschine der schweren Klasse von Mercedes-Benz und einem Scheuerle-Auflieger mit 3+4 Achslinien und einer Baggerbrücke transportiert (Bild 214). Das Gesamtgewicht des Zuges überstieg 150 t. Die „Leichte Reihe" von Scheuerle mit einfachbereiften Pendelachsen war

vielseitig kombinierbar und wurde vorwiegend mit abfahrbarem Schwanenhals für Baumaschinentransporte geliefert (Bild 215).

Die nächsten Bilder zeigen wieder die Vielfalt der Fahrzeuge und die fast unbegrenzten Möglichkeiten, Schwerlasten auf und abseits der Straße zu transportieren. Das holländische Schwertransportunternehmen Big Lift transportierte schon 1967 mit Raupenfahrwerken eine 135 t schwere Kolonne in Ägypten (Bild 216). Zwei Bulldozer zogen und schoben die Anhängelast. Ziel war das Abu Gardig Field, das nach 135 km Wüstentrip erreicht wurde. Die beiden antriebslosen Raupenfahrwerke trugen die Last über eine drehbar aufgelagerte und 16 m lange Brückenkonstruktion. Die auf der Zeichnung erkennbare Zwangslenkung durch über Kreuz geführte Lenkstangen wurde offenbar bei diesem Transport nicht genutzt.

Bild 215: „Leichte Reihe" von Scheuerle mit integriertem Dolly, Baggerbrücke und hydraulisch absenkbarem Schwanenhals mit dreiachsiger Sattelzugmaschine.

Bild 214: Liebherr-Großbagger als fast erdrükkende Last auf Baggerbrücke verladen.

In Holland versetzte Van Twist einen kugelförmigen Druckbehälter mit einer Scheuerle-Plattformkombination und einer Faun-Zugmaschine (Bild 217). Stoof Breda lud einen 50 m langen Kessel mit 7,2 m Durchmesser auf zwei seitlich gekuppelte Kombinationen von Draize, die uns später wieder bei einem load-out zusammen mit der Mack-Schubmaschine begegnen (Bild 218). Die vordere Kombination war eine ältere Bauart, beide hatten einen kurzen Achsabstand von 1,10 m und dementsprechend niedrigere Last pro Achslinie.

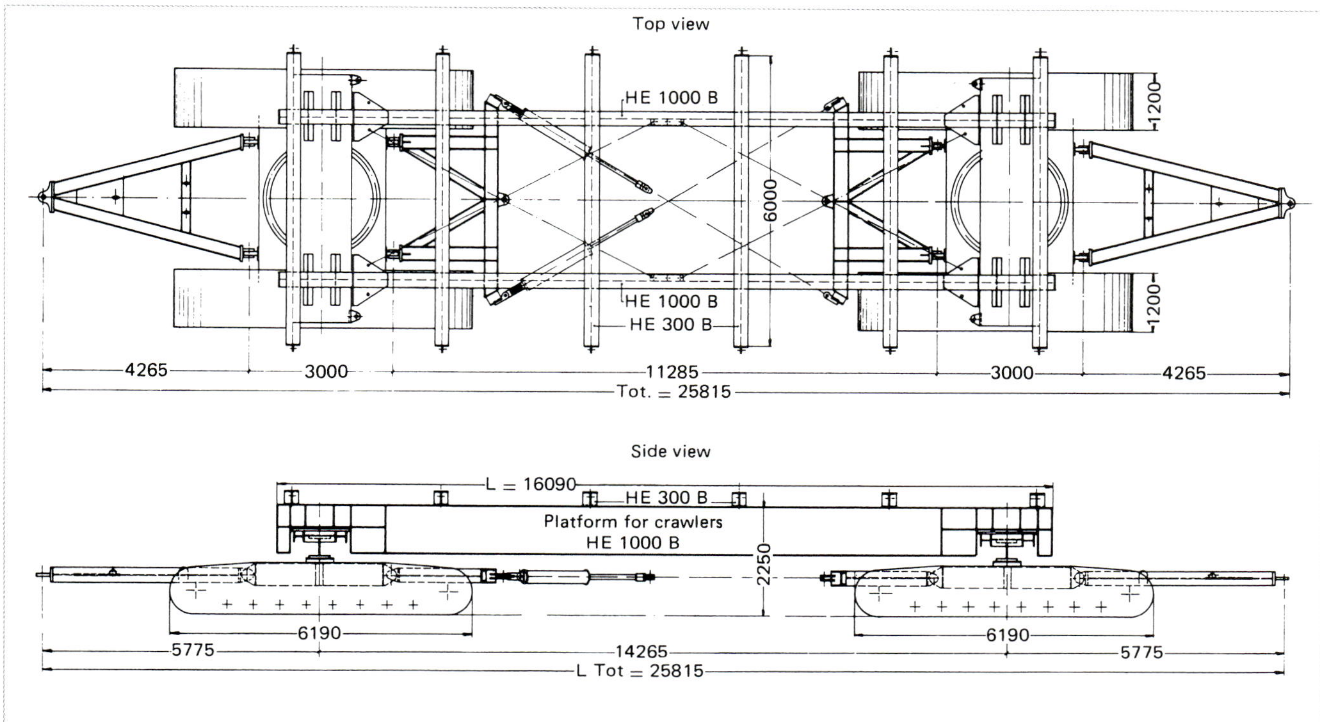

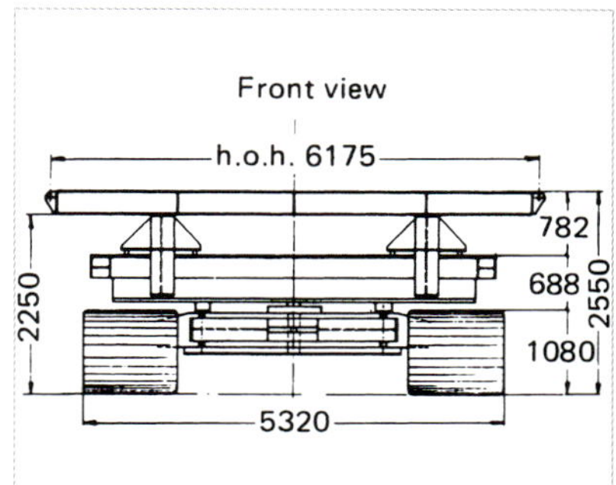

Bild 216: Schwertransport im Wüstensand von Ägypten auf nicht angetriebenen Raupen des holländischen Transportunternehmers Big Lift.

Bild 217: Druckbehälter auf seitlich gekuppelter Scheuerle-Kombination von Van Twist mit Faun-Zugmaschine.

Bild 218: Druckkessel auf seitlich gekuppelten Draize-Plattformen von Stoof Breda mit schiebender Mack-Zugmaschine.

Von Transportes Modernos in Madrid wurde in Spanien ein Reaktorkessel auf einer seitlich gekuppelten Kombination von Trabosa mit 20 Achslinien transportiert (Bild 219). Dafür wurden zwei der in Europa seltenen (oder vielleicht einzigen) und schweren Hayes-Zugmaschinen mit Allradantrieb und ein Mack-Traktor eingesetzt. Der 1962 gegründete Hersteller von Anhängern und Aufbauten BTO-Trabosa in Mollet Des Valles bei Barcelona in Spanien entwickelte auch Plattformanhänger mit hydraulischer Abstützung. Um 1980 führte die von der spanischen Firma Sainert gegründete ETAL (Egyptian Transportation & Logistics in Kairo) in Spanien Schwertransporte mit Trabosa-Plattformen durch. Mit großen Kombinationen wurden Modultransporte bis 2.000 t Gewicht durch

Bild 219: Zwei Hayes-Traktoren (6x6) und ein dreiachsiger Mack-Traktor mit Reaktorkessel auf seitlich gekuppelter Trabosa-Kombination mit 20 Achslinien mit 320 Reifen.

Sainert ausgeführt. 1985 übernahm BTO-Trabosa die Lizenz von P.R.P.-Willème für die früher vorgestellten vierachsigen Schwerlastzugmaschinen 8x8. Sie wurden mit dem GM-Zweitakt-Dieselmotor mit 405 kW (550 PS) ausgerüstet.

1980 fand wieder ein Schwertransport des Türkije Elektrik Kurumu (TEK) unter erschwerten Bedingungen in der Türkei statt (Bild 220). Ein Transformator wurde zu einem Kraftwerk überführt, wobei die Straße bis auf 2.200 m Höhe führte. Für die Strecke von 350 km Länge benötigte der Transport auf meist unbefestigten Wegen 15 Tage. Wiederum wurden Faun-Zugmaschinen verwendet, diesmal zwei des Typs HZ 50.60/50 W 8x8 (Gigant) mit einer Antriebsleistung von zusammen 846 kW (1.150 PS). Unter der abnehmbaren Ballastpritsche war ein Tragsattel montiert. Der in einer Tiefladebrücke mit Tragschnäbeln eingehängte Transformator wurde über Lastverteilrahmen auf zwei Plattformwagen des spanischen Herstellers BTO-Trabosa mit je zehn Achslinien gelagert. Die Tragkonstruktion konnte auf Schienendrehgestelle umgesetzt werden. Das Transportgewicht des ca. 50 m langen Zuges erreichte fast 490 t.

Die Carl Kaelble GmbH baute 1983/84 vierachsige Zugmaschinen für einen Transporteur in der Türkei. Ein V12-Turbodieselmotor der MAN mit einer Leistung vom 452 kW (615 PS) trieb über ein Allison-Sechsgang-Automatikgetriebe mit hydrodynamischem Drehmomentwandler und Retarder alle vier Achsen an. Bei einem zulässigen Gesamtgewicht von 45 t war eine Sattellast von 27,5 t möglich. Es waren die letzten von Kaelble gebauten Zugmaschinen, denn

Bild 220: Schwertransport in der Türkei mit BTO-Trabosa-Plattformwagen und Faun-Zugmaschinen.

Bild 222: Brauereitank mit sechs Meter Durchmesser auf Kesselbrücke.

drei- und vierachsige Zugmaschinen mit Komponenten aus der Serienfertigung von Lastkraftwagen, deren Motorleistungen ständig anstiegen, setzten sich immer mehr durch.

Großraumtransporte umfaßten meist relativ leichte Behälter oder Tanks mit großem Durchmesser und/oder großer Länge. Damit wurde das Durchfahren von Städten sehr erschwert, Umgehungsstraßen waren oft nicht vorhanden.

Bild 221: Brauereitank auf dem Transport nach Polen.

Bild 221 zeigt eine solche Durchfahrt in der polnischen Stadt Gdansk (Danzig). Die Kesselbrücke mit dem langen Tank lag auf der dreiachsigen Zugmaschine und dem dreiachsigen Nachläufer von Scheuerle auf und wurde über 300 km nach Posen gefahren. Den vorangegangenen Seetransport und den Straßentransport organisierte die Firma Hermann Paule Schwertransporte in Stuttgart. Ein fast 50 t schwerer Brauereitank mit sechs Meter Durchmesser wurde ebenfalls von Paule bei Nacht transportiert; hier wurde eine vierachsige Mercedes-Benz-Zugmaschine mit einem Auflieger, einer Kesselbrücke und einem Nachläufer von Scheuerle verwendet (Bild 222). Besonders schwierig gestaltete sich der Transport eines Segments der Weltraumrakete Ariane vom Hersteller in München zum Zusammenbau im französischen Toulouse. Die Gründe lagen in den Ortsdurchfahrten und den notwendigen Genehmigungen deutscher und französischer Behörden für Paule (Bild 223). Der Transportbehälter hatte eine Länge von acht Meter, eine Breite von sechs Meter und eine Höhe von sechs Meter. Zur Streckenprüfung wurden vor dem Transport 6.000 km abgefahren. Für Schienenfahrzeuge aller Art hatte Paule einen Auflieger mit Tiefbett und abfahrbarem Schwanenhals mit allen gängigen Spurweiten. Der meterspurige Gelenk-Straßenbahnwagen der Stuttgarter Straßenbahnen wurde ohne fremde Hilfe mit der Seilwinde aufgeladen (Bild 224).

Bild 223: Technisch und verwaltungsmäßig schwieriger Transport von München nach Toulouse.

Bild 224: Gelenkzug der Stuttgarter Straßenbahnen (SSB) auf Tiefbett verladen.

Weitere Höchstleistungen unter extremen Witterungs- und Wegebedingungen waren die vom VEB Fernleitungsbau, Leipzig, in der Deutschen Demokratischen Republik durchgeführten Transporte beim Pipelinebau in der Sowjetunion zwischen 1975 und 1989. Die Mitwirkung am größten Erdgasversorgungssystem der Welt erforderte einen hohen technischen Standard, um die geforderten Transportleistungen erbringen zu können. Ab 1985 lagen die Baustellen auch im Nordosten der Sowjetunion im westlichen Ural auf einem Breitengrad, der Mittelnorwegen entspricht. Vorherrschende Temperaturen schwanken dort, je nach Jahreszeit, zwischen – 40 °C und + 40 °C mit Spitzenwerten von – 50 °C und + 45 °C. Während überdurchschnittlicher Regenfälle im April, Mai, September und Oktober mußten die Arbeiten wegen untragbarer Verkehrs- und Transportbedingungen eingestellt werden. Die Arbeit im Winter erforderte für die Fahrzeuge die Verwendung kältefesten Stahls. Bahntransporte des schweren Arbeitsgeräts waren nur in ganz seltenen Fällen möglich. Den Transport der Großrohrsektionen mit Nachläufern (Bild 225) und der Baumaschinen und Ballastierungselemente bis 60 t Gewicht für die Rohrverlegung auf schwerem zweiachsigem Auflieger (Bild 226) bewältigten dreiachsige Faun-Zugmaschinen des

Bild 225: Pipelinebau im russischen Winter. Faun-Traktor mit Goldhofer-Nachläufer transportiert Großrohrsektionen.

Bild 226: Am Ural, der Grenze zwischen Europa und Asien, transportieren Faun-Traktoren Maschinen bei Temperaturen bis – 40 °C.

Typs HZ 36.40/45 (6x6) mit luftgekühlten KHD-(Deutz-)Dieselmotoren mit einer Leistung von 280 kW (380 PS) in spezieller winterfester Ausführung. Die gegenüber der Normalausführung schwächere Motorleistung erwies sich außer im Ural als ausreichend. Für die dortigen Wegeverhältnisse wurden für alle Achsen Reifen der Größe 16,00-25" verwendet. Andere Fabrikate konnten die Aufgaben nicht erfüllen, weshalb bei Bedarf wieder Faun den Auftrag erhielt. Außer den 15 dreiachsigen Zugmaschinen wurden zwei vierachsige Zugmaschinen des Typs HZ 46.40/49 (8x8) mit Tiefladeaufliegern eingesetzt. Die Sattellast betrug in allen Fällen 25 t. Eine dieser letzten Zugmaschinen hatte bis 1988 eine Transportleistung von 10,2 Millionen Tonnenkilometern „erarbeitet". Nach Auftreten von Schäden am Rahmen als Folge der Extrembelastung wurden 1986 vier schwerere Zugmaschinen mit der höheren Motorleistung von 353 kW (480 PS) und mit ZF-Getriebe mit Wandlerschaltkupplung (WSK) von der VEB Fernleitungsbau beschafft. Ein letzter Schritt war der Kauf von vier weiteren Faun-Zugmaschinen mit einer Motorleistung von 386 kW (525 PS), ebenfalls mit ZF-Getriebe mit WSK.

Der GEC Distribution Service in England verwendete 1988 Faun-Zugmaschinen für Transporte von Kraftwerkskomponenten bis zu einem Gewicht von 350 t. Die eingesetzte vierachsige Faun-Zugmaschine des Typs „Goliath" 8x8 hatte einen Cummins-Dieselmotor mit sechs Zylindern und 336 kW (456 PS), ein Gesamtgewicht von 48 t einschließlich Ballast

Bild 227: Faun-Zugmaschine „Goliath" 8x8 im Dienst der GEC Distribution Service in England.

und war für ein Zuggesamtgewicht bis 300 t ausgelegt (Bild 227). Die Sattellast konnte bis 36 t betragen. Auf Wunsch des Kunden wurde ein fester Ballastkasten aufgesetzt und vorne eine stabile Kupplung angebaut. Faun bot auch bei diesem Typ Motoren verschiedener Fabrikate bis 386 kW (525 PS) an. Die Faun AG war seit 1986 im Mehrheitsbesitz des Baumaschinenherstellers Orenstein & Koppel AG (O&K) in Dortmund, was damals zu einer Neugliederung des Zugmaschinenprogramms führte. Statt der Typenbezeichnungen wurden Namen als Merkmal eingeführt. Doch war dem Programm keine lange Lebensdauer beschert. Das Projekt einer sechsachsigen Bimotor-Zugmaschine wurde nicht realisiert. In den neunziger Jahren trennte sich O&K wieder von Faun, und der Bau von Zugmaschinen wurde eingestellt. Die neue Firma Faun-Tadano baut Auto- und Mobilkrane.

Schwere Mobilkrane wie der Demag PC 9600 waren transportgerecht konstruiert und, in Komponenten zerlegt, gut transportabel (Bild 228). Der Sockel wurde als selbsttragende Last fest mit zwei Plattformen verbunden. Der A-Bock und ein Ausleger wurden ebenfalls direkt auf zehn Achsen verladen. Für das Transportgewicht von durchschnittlich 120 t

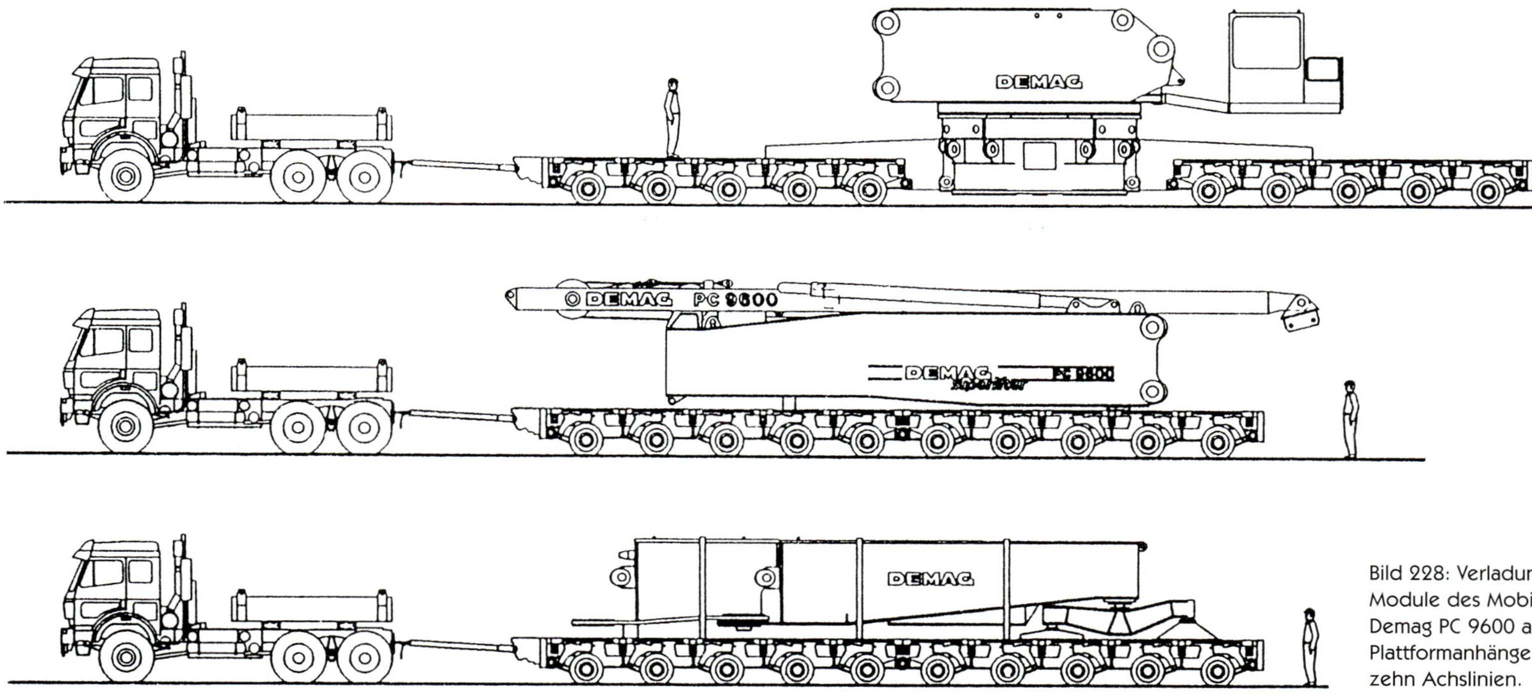

Bild 228: Verladung der Module des Mobilkrans Demag PC 9600 auf gleiche Plattformanhänger mit je zehn Achslinien.

Bild 229: Ein Kamin von 37 m Länge benötigt eine Kombination mit 20 Achslinien (Goldhofer THP).

einschließlich Fahrzeug wurde für zügige Fahrt auf längeren Strecken eine dreiachsige Zugmaschine verwendet. Die Schwerlastspedition Scholpp in Stuttgart wählte für den Transport eines Kamins aus Edelstahl mit rund fünf Meter Durchmesser und 37 m Länge eine Goldhofer-THP-Kombination mit 20 Achslinien (Bild 229). Das Fahrzeug wurde weniger dem Gewicht der Last als seiner Länge angepaßt. Die bei der NAW in der Schweiz umgerüstete Zugmaschine mit gelenkter Vorlaufachse und abnehmbarer Ballastpritsche hatte den V8-Turbodieselmotor mit 329 kW (435 PS).

Die englische Schwerlastspedition A.L.E. übernahm 1990 einen 350 t schweren Stator eines Turbogenerators, der vom Hersteller Siemens mit einem Binnenschiff nach Rotterdam kam, mit Hilfe des Schwimmkrans „Matador“ auf zwei

Bild 230: 350 t schwerer Stator wird auf Nicolas-Kombination verladen; Scammell-Contractor-Zugmaschine.

Nicolas-Plattformwagen mit Lastbrücke (Bild 230). Mit drei Scammell-Contractor-Zugmaschinen wurde der Stator auf ein RoRo-Schiff zur Weiterfahrt nach England und von dort weiter zu einem Kraftwerk gebracht.

Bild 231: Katalytischer Cracker („Stanlow's Christmas Cracker") bei Einfahrt in die Shell-Raffinerie im Nordwesten Englands.

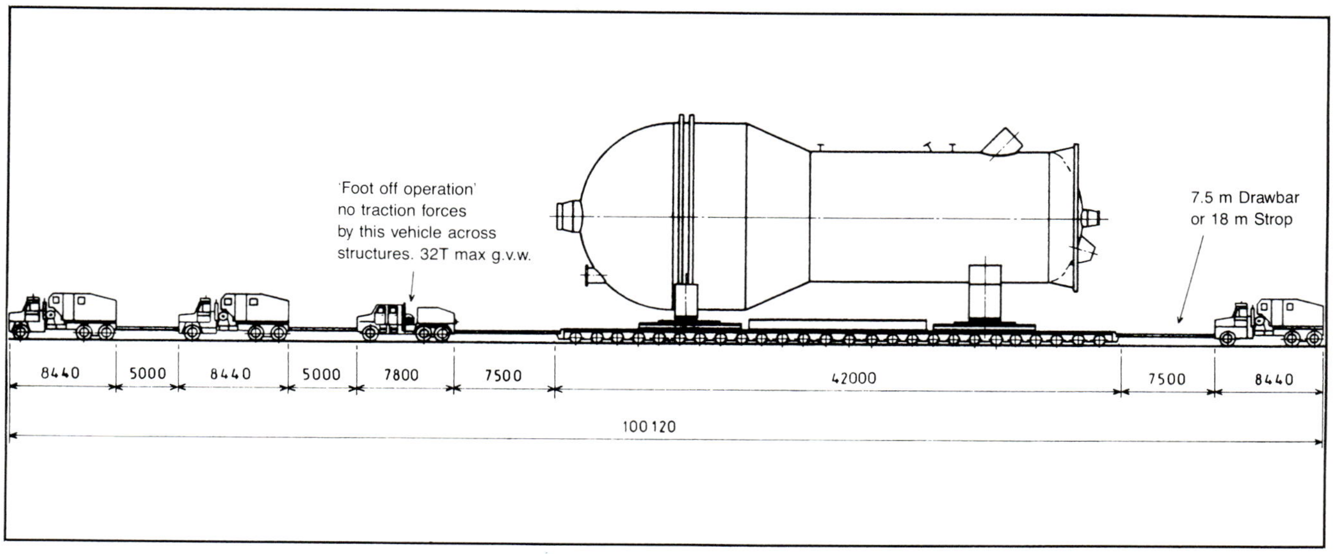

Bild 232: Transportkonzept des Crackers nach Bild 219. Für den Transport werden zwei Zugmaschinen mehr benötigt als auf der Zeichnung dargestellt sind.

Last but not least...

Vor dem Ende des betrachteten Zeitraums von 1961 bis 1990 fand noch ein besonderer Schwertransport statt. Er galt als der größte Transport auf öffentlichen britischen Straßen und wurde 1987 von Econofreight Heavy Transport (EHT) geplant und ausgeführt. Ein aus Japan auf dem Seeweg angelieferter katalytischer Cracker wurde von den Ellesmere Port Docks im Nordwesten Englands zur neuen Shell-Raffinerie (Stanlow refinery site) über fünf Meilen, entsprechend ca. 8,1 km, transportiert (Bild 231). Weil der Cracker im Dezember kam, wurde er „Stanlow's Christmas Cracker" genannt. Der Aufwand war gewaltig, da der ca. 700 t schwere Cracker einen größten Durchmesser von 15 m und eine Länge von ca. 40 m hatte. Er wurde auf eine Plattformkombination von Nicolas verladen, bestehend aus seitlich und in Reihe gekuppelten Einheiten mit insgesamt 26 Achslinien und vier Pendelachsen je Achslinie. Daraus ergaben sich 104 Pendelachsen mit 208 zwillingsbereiften Rädern, also mit 416 Reifen (Bild 232)! Der Cracker lagerte auf zwei Stützen, zwischen denen eine schwere Stahlplatte die Plattformen stabilisierte. Damit konnte auf einen aufwendigen Lastverteilrahmen zu Gunsten einer tieferen Lage des Schwerpunkts verzichtet werden. Das gesamte Transportgewicht mit drei Scammell-Contractor-, einer Scammell-S24-Zugmaschine und einem Tractomas betrug 1.522 tons (1.268 t) bei einer Länge des gesamten Zuges von über 125 m mit sechs Zugmaschinen. Die Motorleistung aller sechs Zugmaschinen zusammen betrug 2.000 bhp (1.866 kW). Einige Jahre später transportierte EHT eine 672 t schwere Kolonne auf selbstfahrenden Automas-Plattformen von Nicolas.

Ein ebenfalls spektakulärer Transport wurde 1989 von dem Transportunternehmen Pieper in Dortmund ausgeführt (Bild 233). Mit einer Goldhofer-Kombination aus fünf Einheiten mit zusammen 24 Achslinien – entsprechend 48 Pendelachsen mit 192 Reifen – wurde ein 220 t schweres Reaktorteil mit acht Meter Durchmesser transportiert. Es war die längste in Deutschland auf der Straße gefahrene Plattformkombination. Das Gesamtgewicht des Zuges mit zwei Mercedes-Benz-Schwerlastzugmaschi-

Bild 233: Reaktorteil auf Plattformwagenkombination mit 24 Achslinien; Transport in Deutschland durch Pieper (Dortmund).

nen MB 2648 A (6x6) und MB 3550 (8x4/4) betrug 364 t. Überboten wurde dieser „Rekord“ mit den selben Fahrzeugen, allerdings mit einer starr eingekuppelten Tiefladebrücke zwischen zwei zwölfachsigen Kombinationen. Transpor-

Bild 234: Stator auf der Tiefladebrücke der Golhofer-THP-Kombination mit 24 Achslinien.

tiert wurde der 182 t schwere Stator eines Hochspannungsgenerators (Bild 234), der im Hafen von Nürnberg ausgeladen und über die Straße zu einem Kraftwerk gefahren wurde. Die Zuglänge betrug 70,4 m. Der ganze Schwerlastzug war in einem Binnenschiff verladen (Bild 235), wozu die ganze Kombination getrennt werden mußte. Eine RoRo-Verladung ist bei einer solchen Länge wegen der Rampenwinkel nicht möglich.

Bild 235: Schiffsverladung der teilweise zerlegten Fahrzeugkombination und des Stators nach Bild 234 mit Hilfe eines Autokrans.

Roll-on/roll-off-Verladung

RoRo-Transporte sind eine Form des kombinierten Verkehrs Straße-Wasserstraße, wobei die Fahrzeuge mit der Last auf einen Ponton fahren und dort verbleiben. Am Zielort wird in umgekehrter Weise sofort entladen. Wegen der besonderen Problematik dieser Transporte werden hier einige wegen der unterschiedlichen Gegebenheiten und Möglichkeiten zusammengefaßt. Vor allem in dem Kapitel über die Schwerlasttransporte in den USA wird mehrfach über RoRo-Transporte berichtet. Der Anteil des

Bild 236: Erster Transport der 1972 gegründeten Mammoet B.V.: Ein Hochspannungstransformator wird an Land gezogen.

auf der Straße zurückgelegten Weges ist naturgemäß klein. Das RoRo-Verfahren wird nicht nur in Binnengewässern praktiziert, sondern auch mit speziellen RoRo-Schiffen auf hoher See. In diesem Fall muß die Last aus Sicherheitsgründen vom Fahrzeug abgesetzt und besonders verzurrt werden.

Auf Binnengewässern werden vorwiegend Pontons verwendet, die eine lange und breite Deckfläche bieten und nicht angetrieben werden. Der kastenförmige Rumpf ist in Kammern unterteilt, die beim Überrollen des Zuges über eine Rampe belüftet oder befüllt werden, um den Ponton in waagerechter Lage zu halten. An Küsten hängt der Zeitpunkt der Beladung von den Gezeiten ab. Das Befahren der Rampe ist nur mit minimaler Geschwindigkeit möglich, da der Übergang vom festen Kai oder Ufer auf den schwimmenden Ponton eine harte Belastung darstellt. In der Regel werden schwere Lasten transportiert, die Plattformwagen mit einer hohen Zahl von Achslinien erfordern. Der Übergang wird um so schwieriger, je länger das Fahrzeug ist. Bei einem Schwergutschiff für Binnengewässer entsteht eine andere Problematik. Der Rumpf ist als nach oben offenes U gebaut, so daß die Fahrzeuge über eine integrierte Rampe in den Rumpf hineinfahren. Nur so kann der Kapitän im Steuerhaus am Heck die Sicht behalten. Auch hier werden die Vertikalausschläge der Pendelachsen mit ± 300 mm voll genutzt. Die Rampe ist relativ kurz und steil, weshalb eine Zugmaschine nicht ausreicht. Bei Regen ist es ohnehin wegen der verminderten Haftung zwischen Reifen und Fahrbahn nicht möglich, die volle Motorleistung einzusetzen. Je nach den gegebenen Verhältnissen werden mehrere Zugmaschinen benötigt, oder eine leistungsfähige Zugmaschine wird auf festem Boden positioniert und zieht das Fahrzeug mit der Last aus dem Schiffsrumpf. Wegen der auf der Rampe auftretenden starken Gewichtsverlagerung bei Lasten mit hohem Schwerpunkt müssen so viele Achsen vorgesehen werden, daß eine Überlastung des Fahrwerks und der Reifen verhindert wird. Ohne Kompromisse zu schließen, ist eine RoRo-Verladung nicht möglich. Die Bilder zeigen verschiedene Problemlösungen bei solchen Transporten; in jedem Fall hat der

Bild 237: Ein ca. 35 m langer Druckkessel wird in Dordrecht, Holland, auf einen Ponton gefahren. Erschwerend ist das Gefälle am Ufer.

Bild 238: RoRo-Transport eines 410 t schweren Walzengerüsts von Dortmund nach Mülheim an der Ruhr, zum größten Teil auf dem Wasserweg, verbracht. Der 63 m lange Zug mit einem Gesamtgewicht von über 500 t legte nur zwölf Kilometer auf der Straße zurück.

Plattformanhänger 20 Achslinien. Offenbar bildet das die Höchstgrenze, denn bei dem im Abschnitt vorher geschilderten Transport mit 24 Achslinien waren eine getrennte Verladung des Stators auf das Schiff und eine Trennung der Kombination notwendig, da ein Befahren der Rampe nicht mehr möglich war.

Bei dem ersten gemeinsamen Transport der von Goedkoop, Stoof und Van Wezel (Holland) 1972 gegründeten Mammoet B.V. in Breda wurde ein Hochspannungstransformator auf seitlich gekuppelten Draize-Plattformwagen mit zwölf Achslinien wegen der Steigung mit ziehenden und schiebenden F.T.F.-Zugmaschinen von Bord geholt (Bild 236). Zum Vermindern des Rollwiderstands wurde der Weg mit Platten belegt.

Ein etwa 35 m langer Druckkessel wurde auf einem Scheuerle-Plattformwagen in Dordrecht (Holland) auf einen Ponton gefahren (Bild 237). Die Zugmaschine steuerte und hatte Bremsfunktion. Erschwerend war das Gefälle am Ufer. Den Transport führten Mammoet und Big Lift gemeinsam durch. Der Bereich Landtransporte von Big Lift wurde 1979 von Mammoet übernommen.

Schütz in Hagen führte 1985 den RoRo-Transport eines 410 t schweren Walzengerüsts mit einem Ponton der holländischen Firma Van der Wees aus Dordrecht

Bild 239: Roll-on eines 146 t schweren Transformators auf ein RoRo-Hochseeschiff in Bremerhaven.

durch (Bild 238). Bemerkenswert war die lange Rampenkonstruktion. Das Gußstück wurde auf einem Scheuerle-Plattformanhänger von Dortmund nach Mülheim an der Ruhr zum größten Teil auf dem Wasserweg verbracht. Für den

Bild 240: Zwei Druckwassertanks werden von Hamburg nach Köln im RoRo-Verfahren mit einem Schwergutschiff transportiert.

Straßentransport und das Entladen setzte Schütz drei Titan-Zugmaschinen (6x6) mit 310-kW-(422-PS-)Dieselmotor ein. Der 63 m lange Zug hatte ein Gesamtgewicht von über 500 t und benötigte für insgesamt zwölf Kilometer Weg an Land 3,5 Stunden.

Pieper in Dortmund transportierte 13 Transformatoren mit je 146 t Gewicht nach Assuan in Ägypten (Bild 239). Für den Seeweg wurden die Transformatoren auf ein RoRo-Hochseeschiff in Bremerhaven im Roll-on-Verfahren verladen. Die Höhe durfte 6,10 m nicht überschreiten. Der Transformator wurde auf eine Tragkonstruktion gesetzt, damit er an Bord nach Absenken des Scheuerle-Plattformanhängers auf Stützen stehen konnte.

Baumann in Bonn transportierte 1989 auf einer Scheuerle-Kombination zwei Druckwassertanks von Hamburg nach Köln im RoRo-Verfahren mit einem Schwergutschiff (Bild 240). Für die Ausfahrt über die Rampe waren eine Titan-Zugmaschine 3242 (6x6) mit 310-kW-Motor und eine Mercedes-Benz 3544 (8x4) mit 324-kW-Motor vorgespannt. Ein Hochspannungstransformator wurde über die steile Rampe aus dem Bauch des Schwergutschiffs mit der Seilwinde an Land gezogen, die Faun-Zugmaschine stand auf festem Boden (Bild 241). Auf diese Weise konnte auf eine zweite Zugmaschine verzichtet werden.

Bild 241: Ein Hochspannungstransformator wird über die steile Rampe aus dem Schwergutschiff mit der Seilwinde an Land gezogen.

Zwei Zugmaschinen der Deutschen Bundesbahn (DB) zogen gemeinsam einen Transformator auf einem Scheuerle-Plattformwagen mit 2x10 Achslinien seitlich gekuppelt über die steile Rampe an Land (Bild 242). Vorne zog eine Faun HZ 40.45 W 6x6 in Bundesbahnausführung mit luftgekühltem V12-KHD-(Deutz-)Dieselmotor mit 386 kW (525 PS), dahinter eine dreiachsige Kaelble-DB-Zugmaschine.

Bild 242: Zwei Zugmaschinen der Deutschen Bundesbahn (DB) ziehen gemeinsam einen Transformator über die steile Rampe an Land.

IX.

1961 bis 1990

Schwerlasttransporte in den USA und in Kanada

Das Transportwesen hat in Amerika eine lange Tradition, und ähnlich wie in Europa entstanden einige Transportunternehmen schon vor dem Jahr 1900. Die Entwicklung verlief kontinuierlich vom Transport mit Pferden, später mit Lastwagen und Lastzügen bis zu heutigen Fahrzeugen für Baumaschinen- und „echten" Schwerlasttransporten. Parallel zum technischen Fortschritt wuchsen die Entfernungen, die überbrückt werden konnten. Neben einer typisch amerikanischen Fahrzeugtechnik für Lasten von 100 t bis etwa 500 t wurden vorwiegend für höhere Lasten Plattformwagen mit europäischer Technik verwendet. Im Gegensatz zu Europa wurden häufig Crawler mit hoher Tragfähigkeit für On-road-Transporte, für RoRo-Verladungen und auch off-road verwendet.

Bild 244: Transformator auf zehnachsigem Tiefladezug mit Dolly von Fontaine.

Eine Möglichkeit zum Transportieren schwerer und breiter Lasten bestand darin, zwei gleiche Lastzüge einfacher Bauart parallel fahren zu lassen (Bild 243), was hohes fahrerisches Können voraussetzte. Auf diese Weise wurde ein 125 t schwerer Transformator mit einem Doppelgespann der Emmerson Truck and Storage Co., Battle Creek, Michigan, transportiert. Um die Tragfähigkeit zu erhöhen, wurde häufiger als in Europa ein Dolly zwischen Schwanenhals und Zugmaschine verwendet (Bild 244). In einem besonderen Fall wurde außer dem üblichen Dolly ein Tieflader mit Schwanenhals gewissermaßen als zweites Dolly verwendet, um den Tragrahmen mit der Last aufzunehmen. Der Tragrahmen selbst war ein Auflieger mit hinteren Achsen. Damit ließ sich die Achszahl des Zuges erhöhen auf 3+2+2+2=9 Achsen (Bild 245). Die gesamte Last wurde damit gleichmäßiger auf Straßen und Brücken verteilt; nachteilig war das hohe Leergewicht einer solchen Anordnung und die hohe Lagerung der Last. Die Beispiele zeigen bereits den Weg zu Fahrzeugen mit generell längeren Achsabständen, wie sie dann dem Highway-Code entsprechen.

Bild 243: Transformator auf zwei parallel fahrenden Tiefladern verladen mit zwei Zugmaschinen.

Bild 245: Transformator auf hochliegender Lastbrücke, die sich auf eigene Achsen und das Tiefbett abstützt; mit Mack-Traktor und Dolly ist dieser Lastzug vierteilig.

Die Entwicklung und Verwendung der neueren Schwerlastfahrzeuge mit Nutzlasten von 100 t war in den USA einerseits durch die Gesetzgebung beeinflußt und andererseits durch die nach Kundenwünschen ausgerichtete Technik der Fahrzeuge für Nutzlasten bis weit über 100 t. Es wurde mehr individuell gebaut als in Europa; betroffen waren davon die Zugmaschinen ebenso wie die Anhänger. Transporte bis 50 t Gesamtgewicht waren mit üblichen Sattelzügen und zusätzlichem Jeep-Dolly zwischen Traktor und Auflieger und gegebenenfalls durch Anbau eines Stinger oder Booster am hinteren Ende realisierbar. In leichteren Fällen genügte eine hochklappbare dritte Achse am Fahrgestell, Flip-over genannt. Die spezielle amerikanische Technik der Fahrzeuge für Nutzlasten bis etwa 100 t war bedingt durch die auf Highways zulässigen Achslasten und Achsabstände. Die Transportunternehmer, die Lasten bis 100 t transportierten, waren die „Specialised Carriers", die für höhere Lasten waren die „Heavy Haulers". Bauartbedingte Grenzen waren erkennbar, weshalb für Lasten bis 600 t – von Ausnahmen abgesehen – kompakt gebaute Fahrzeuge eingesetzt werden mußten. Die europäische Fahrzeugtechnik wurde für Lasten über 500 t in verschiedener Form genutzt. Die Genehmigungsverfahren für solche Transporte waren wegen der zu befahrenden Brükken schwierig und auch von Bundesstaat zu Bundesstaat verschieden. Häufig mußte auf Straßen zweiter Ordnung ausgewichen werden.

Unterschiede der amerikanischen und europäischen Systeme waren natürlich gegeben, was auf unterschiedlicher Gesetzgebung beruhte. Die Plattformanhänger europäischer Konstruktion waren seitlich und hintereinander kuppelbar und hatten Allachslenkung und hydraulischen Achslastausgleich. Die Belastung in kg/m² Straßenfläche war bei voller Nutzlast höher. Bei einigen amerikanischen Versionen konnte die zulässige Achslast durch eine verstellbare Breite der Fahrzeuge etwas erhöht werden. Durch seitliches Kuppeln der Plattformen stieg die Nutzlast, aber da die Zahl der Räder ebenfalls erhöht wurde, blieb die Last je Rad bei der technisch zulässigen Nutzlast immer gleich. Vorübergehend bestand für die europäische Plattformwagentechnik eine Zusammenarbeit von Cometto (Italien), Nicolas (Frankreich) und Trabosa (Spanien) mit Fontaine einerseits und Talbert andererseits.

Die Transporte, die häufig „off-highway" oder sogar „off-road" über Gebirgsstrecken, durch Wüsten, durch trockene Flußbetten oder durch Furten (Bild 246), in extrem kaltem oder heißem Klima oder über sehr lange Strecken außerhalb der Highways auf Straßen zweiter Ordnung geführt wurden, erregten Aufsehen. Nicht selten trafen bei einem mehrere Tage dauernden Transport alle Wege- und Klimaverhältnisse zusammen!

Bild 246: Wasserkraftwerke in den Bergen sind oft nur „off-road“ erreichbar. Hier ein Transport von Good Fellow in Australien.

Bild 247: Der Bagger wird auf Bohlen gefahren, damit die Baggerbrücke ihn aufnehmen kann.

Bei vielen Transporten über längere Strecken wurde der ganze Lastzug auf eine Barge – einen Ponton – verladen, weil Seen oder Flüsse überquert werden mußten oder weil ein Straßentransport technisch nicht möglich war.

Leichtere Transportmittel für Baumaschinen und Baufahrzeuge

Für leichte und mittlere Baumaschinen bis ca. 50 t Gewicht wurden Transportlösungen geboten, die sich wenig von den europäischen unterschieden. Für Baumaschinentransporte wurden diverse Belademöglichkeiten geboten. Ein Bagger wurde auf eine Baggerbrücke verladen, wozu entweder der Schwanenhals abnehmbar sein oder das hintere Tandemaggregat abgefahren werden mußte (Bild 247). Bei einem leichteren Fahrzeug konnte zum Befahren die ganze Ladefläche mit Hydraulikhilfe geneigt werden, oder bei einem längeren Auflieger wurde die Tandemachse mit einem Hydraulikzylinder an die Sattelzugmaschine herangezogen, um bei einer langen Ladefläche mit einem geringen Neigungswinkel auszukommen (Bild 248); ein solcher Auflieger wird „hydraulic sliding axle trailer“ genannt. Beide Verfahren benötigten keine Rampen zum Auffahren der Baumaschinen, und eine geringe Bauchfreiheit bildete auch kein Problem. Das Tiefbett mit hydraulisch lösbarem Schwanenhals erlaubte ebenfalls ein direktes Befahren (Bild 249). Zur Anpassung an das Gewicht der Last oder zum Verringern der Achslast bot Rogers den „Flip-up 3rd axle trailer“, bei dem die dritte Achse bei Leerfahrt hochgeschwenkt wurde (Bild 250). Diese dritte Achse konnte leicht entfernt werden,

Bild 248: Diese Beladeart ergibt einen besonders flachen Rampenwinkel; die Anhängerachsen werden bei diesem Landollanhänger hydraulisch nach vorne geschoben (Landoll Corp.).

Bild 249: Belademöglichkeit durch hydraulisches Absenken und Abfahren des Schwanenhalses (Landoll Corp.).

Bild 250: Die dritte Achse ist hochklappbar und abnehmbar.

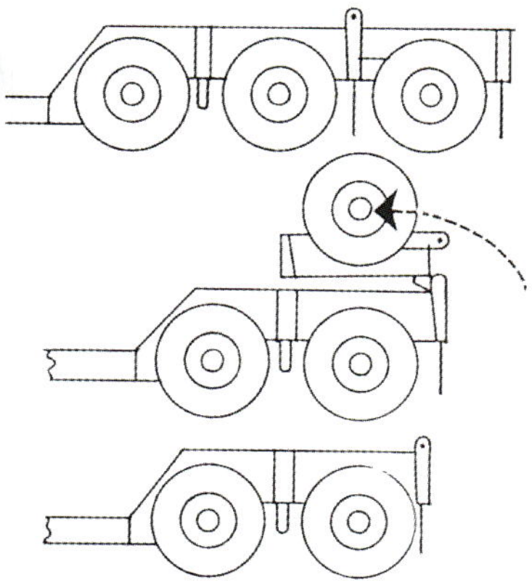

wenn kein Bedarf bestand. Dazu waren für die Druckluftbremse und die hintere Beleuchtung Schnellkupplungen zum Umrüsten vorgesehen. Der 60-t-Tieflader von Liddell-Birmingham in Leichtbauweise mit Luftfederung hatte einen abnehmbaren Schwanenhals und ein Tiefbett speziell für Radfahrzeuge (Bild 251). Die vierte Achse konnte abgenommen werden.

Fahrwerke mit Pendelachs-Dollies aus dem Baukasten

Interessante Aspekte ergeben sich mit zu einem Tandem zusammengefaßten Pendelachsen, die als Modul oder Dolly individuelle Kombinationen ermöglichen. Ein Waagebalken, der die beiden Pendelachsen verbindet, bewirkt den Belastungsausgleich und trägt einen Hydraulikzylinder, der zum Einstellen der Höhe für die Trageinrichtung dient und zugleich das Drehlager bildet (Bild 252). Eine Pendelachse ist lenkbar.

Bild 252: Lenkbares Dolly mit zentralem Hydraulikzylinder für 68 t Tragfähigkeit, geeignet als Modul für individuelle Bildung von Schwerlastfahrwerken.

Schon in den sechziger Jahren wurden Lasten bis 400 t mit Kombinationen aus derartigen Modulen bewegt. Natürlich mußte große Sorgfalt für einwandfreien Geradeaus- und Kurvenlauf aufgewendet werden. Die Belding Corporation, in den USA ein Pionier für die Verwendung von Luftreifen für Schwerlastfahrzeuge, verwendete ebenfalls diese „heavy-duty

dollies“. Für den Transport eines Reaktors mit einem Gewicht von ca. 250 t in den sechziger Jahren wurden 16 Dollies mit 64 zwillingsbereiften Rädern und zusammen 128 Reifen unter einem Tragrahmen in zwei Gruppen angeordnet und bildeten die Basis für eine Tragkonstruk-

Bild 251: Tiefbett speziell für Radfahrzeuge in Leichtbauweise mit Löchern in der Tragkonstruktion.

tion (Bild 253); durch das gerundete Ende des Tragrahmens war ein leichtes Aufrichten in die Senkrechte mit Hilfe eines Kranes möglich. Die Zugkraft wurde beim Fahren direkt auf den Rahmen geleitet. Das Lenkgestänge zur Übertragung der Lenkbewegung auf die Dollies ist erkennbar. Den einfachen Aufbau zeigt der Blick auf eine hintere Gruppe eines System mit vier Dollies entsprechend acht Achslinien (Bild 254).

Bild 253: Dollies bilden das Fahrwerk für den 250 t schweren Reaktor.

Bild 254: Schwertransport mit Emmert-Dollies.

Bild 255: Schwerlast auf modular gebildetem Fahrwerk aus Dollies.

Die werblich gestaltete Darstellung (Bild 255) zeigt einen auf Dollies verladenen Reaktor, der hier mit Seilzug über eine kürzere Strecke bewegt wurde.

Bild 256: Dollies unter dem Tiefbett verteilen die Last gleichmäßiger beim Befahren von Brücken.

Die Wilhelm Trucking in Portland, Oregon, nutzte 1973 für den Transport einer 182 t schweren Turbinenwelle über eine Entfernung von mehr als 100 Meilen (160 km) zum Kraftwerk des Grand Coulee Dam diese Dollies in anderer Weise. Das Tiefbett war so hoch auf dem Traktor und der hinteren Achsgruppe gelagert, daß insgesamt vier Dollies direkt unter der Last untergebaut werden konnten (Bild 256); dies wurde wegen der nicht ausreichenden Tragfähigkeit einiger Brücken notwendig.

Auch für den Ortswechsel ganzer Häuser eigneten sich diese Dollies, die in einem speziellen Fall (Bild 257) in zehn Reihen unter den Stahlträgern angeordnet waren. Die Zugkraft wurde nicht auf die Dollies, sondern auf die Tragkonstruktion übertragen. Das 2.600 t schwere GEM-

Bild 257: Ein ganzes Theater wird mit Dollies unterfahren und versetzt.

Theater in Detroit wurde mit Trägern unterstützt und von den Dollies in Gräben unter dem Gebäude mit Hilfe der Hydraulik angehoben und versetzt. Bei diesem Kurzstreckentransport mußte die ganze „Schwerlast" mit diesen Dollies um

Bild 258: Ortswechsel einer mobilen Bohranlage mit Dollies als Fahrwerk.

180 Grad gedreht werden. Für die extrem langsame Bewegung wurden keine Zugmaschinen verwendet, vielmehr wurde der Vortrieb mit Hydraulikbaggern über ein Seilsystem als Flaschenzug bewirkt. Durchgeführt wurde dieser Transport von den International Chimney Expert House Movers. Für die Vielzahl solcher mit außergewöhnlichen Mitteln durchgeführten Transporte ganzer Häuser entstand ein besonderer Verband, die International Association of Structural Movers.

Bild 259: Anordnung der Dollies mit hydraulischer Abstützung unter der Bohranlage nach Bild 258.

Bild 260: Ein Behälter auf Dollies wird mit manueller Lenkung um 180 Grad gedreht.

Auch eine mobile Bohranlage konnte in einfacher Weise mit den individuell untergebauten Dollies an einen anderen Einsatzort gefahren werden (Bilder 258 und 259). Ein langer Behälter für flüssigen Stickstoff wurde von J. E. Oswalt & Sons in Batesburg, South Carolina, mit vier untergebauten Dollies am Aufstellungsort mit Handlenkung um 180 Grad gedreht (Bild 260). Ebenso verwendete Oswalt einen sogenannten Dolly-Transporter für 300 t Nutzlast, dessen Seitenträgerbrücke sich auf zwei aus Dollies gebildeten Drehgestellen abstützte. Jedes Drehgestell hatte sechs Dollies, die an stabilen kastenförmigen Trägern angebaut waren (Bild 261). Die bekanntesten Hersteller solcher Dollies waren die Firmen Emmert, Holland Dollie und Regent.

Bild 261: Dolly-Transporter des Unternehmers J. E. Oswalt & Sons mit zwei Fahrwerken mit je sechs Dollies.

Bild 262: Ein Schwimmbagger wird durch eine amerikanische Stadt manövriert.

Entwicklung der Schwerlastfahrzeugtechnik für hohe Nutzlasten

Beeindruckend war der Schwertransport eines Saugbaggers mit schätzungsweise elf Meter Breite von einem Gewässer in ein anderes (Bild 262). Der Transport eines Reaktors wirkte dagegen „freundlicher" auf den Betrachter (Bild 263).

Es wurde von „Enormous Loads" gesprochen, schwere Zugmaschinen wurden beispielsweise als „Mastodont" bezeichnet, auch „Mammouths", „Hauling Giants" und „Herculean Haul" tauchten als Bezeichnungen auf. Bei den Schwerlastfahrzeugen spielte der Name des Herstellers oft eine untergeordnete Rolle, da Anhänger und Auflieger, gelegentlich auch Zugmaschinen oberhalb der Standardtypen, häufig nach Wünschen der Transportunternehmer gefertigt wurden. Die Zugmaschinen aller Größen waren meistens Komponentenfahrzeuge, da der Kunde fast immer das Fabrikat des Motors, des Getriebes und der Achsen frei bestimmen konnte. Im höchsten Leistungsbereich wurden in einzelnen Fällen modifizierte Fahrgestelle schwerer

Bild 263: Ein Autoklav als selbsttragende Last mit Drehschemeln auf zwei unabhängigen Fahrwerken eines 17achsigen Zuges von Jake mit Peterbilt-Traktor.

Bild 265: 40 m langer Druckbehälter rollt auf 78 Reifen zu einer Raffinerie in Kalifornien.

Hinterkipper verwendet. Durch die Räder mit großem Durchmesser eigneten sich derartige Fahrzeuge auch für die gelegentlichen Off-road-Strecken. In den USA gewannen auch Raupentransporter oder Crawler große Bedeutung.

Schon auf den ersten Blick werden Unterschiede zur europäischen Schwerlasttechnik sichtbar: Den vielgliedrigen Konstruktionen mit den zu einem Tandem zusammengefaßten Achsen und großen Abständen zwischen den Tandems standen die kompakten europäischen Fahrzeuge gegenüber. Auffallend war die Häufigkeit der Transporte von Komponenten für die Energieerzeugung, die dem steigenden Energieverbrauch entsprechend größer und schwerer wurden.

Traktoren und Anhänger werden individuell angepaßt

Higgins & Sons, Inc., Buffalo, New York, transportierte Anfang der sechziger Jahre mit verschiedenen speziell gebauten Schwerlastanhängern Transformatoren und anderes Schwergut auch über längere Strecken. Das größte Fahrzeug war ein elfachsiger Lastzug mit dreiachsiger Zugmaschine mit einer über den Dollies hochliegenden Lastbrücke zum hängenden Transport von Transformatoren. Durch die gute Lastverteilung konnten Straßen zweiter Ordnung und Brücken befahren werden. Auffallend war die geradlinige Gestaltung ohne Schwanenhals (Bild 264).

1962 transportierte die Bigge Drayage Co. in San Leandro, Kalifornien, auf einer zwölfachsigen Kombination einen 40 m langen Reaktor für eine Raffinerie, der von einer Flußfähre übernommen wurde (Bild 265). Der ganze Zug rollte auf

Bild 266: 342 t schwerer Reaktor auf hochliegender Lastbrücke auf zwei Fahrwerken mit je acht Dollies.

78 Reifen, und das nachlaufende Fahrzeug wurde über die führende Achse manuell von einem Begleitmann gelenkt. Ebenfalls 1962 transportierte Bigge einen 342 t schweren Reaktor auf einer Lastbrücke, die sich auf zwei Drehgestelle stützte (Bild 266). Jedes Drehgestell bestand aus acht der oben erwähnten Dollies, so daß sich 2x8 Achslinien mit

Bild 264: Transformator in hochliegender Lastbrücke eines zehnachsigen Zuges.

zusammen 128 Reifen ergaben. Das Gesamtgewicht des Zuges mit zwei schweren Radladern als Zugmittel betrug 461 t. Im gleichen Jahr beschaffte Bigge Traktoren von Peterbilt in Frontlenkerbauweise mit Caterpillar-Dieselmotoren, in Amerika „cab-over tractor" genannt.

1963 bildete ein gewaltiger Autocar-Traktor AP19 T mit einem Eigengewicht von 18,5 t und einem Detroit-Dieselmotor mit 475 hp (355 kW) den Antrieb für einen ebenso gewaltigen Transformatorentransport der Arizona Public Service Company auf einer Eidal-Kombination (Bild 267). Für den Transport von Prewitt zu einem Kraftwerk bei Farmington (Neu Mexiko) über eine Distanz von 125 Meilen (195 km) wurde dieser Auflieger von Eidal mit besonders großen Rädern gewählt, da schlechte Wegstrecken durch Wüste und über Hügel zu überwinden waren (Bild 268). Das Dolly und der Auflieger hatten zusammen 16 Räder in einer Größe, die sonst nur bei schweren Erdbaugeräten üblich war. Das Gesamtgewicht des Zuges betrug 340 t bei einem technisch zulässigen Gesamtgewicht von 431 t. Autocar war damals eine Division der White Motor Company, die in den achtziger Jahren von Volvo übernommen wurde.

Bild 268: Neu-Mexiko, eine für Europäer wenig bekannte Region; einige Orte, die mehrfach erwähnt werden, sind besonders gekennzeichnet. Das hier genannte Las Vegas ist nicht mit dem bekannteren Ort in Nevada zu verwechseln.

1964 wurden in Saskatchewan (Kanada) 30 m hohe Getreidesilos aus Holz über 75 Meilen (120 km) über meistens unbefestigte Wege auf Raupendollies transportiert (Bild 269). Das Gewicht betrug bis 240 t, und die Last wurde von Autocar-Zugmaschinen gezogen. Die Verwendung von Raupendollies ging auf die Jahre 1940 bis 1944 zurück, als damit U-Boot-Sektionen mit Crawlern der Manitowoc Engineering Co. transportiert wurden. Außerdem wurden in Texas mit Raupen komplette Bohrtürme über die Prärie zu anderen Standorten gefahren.

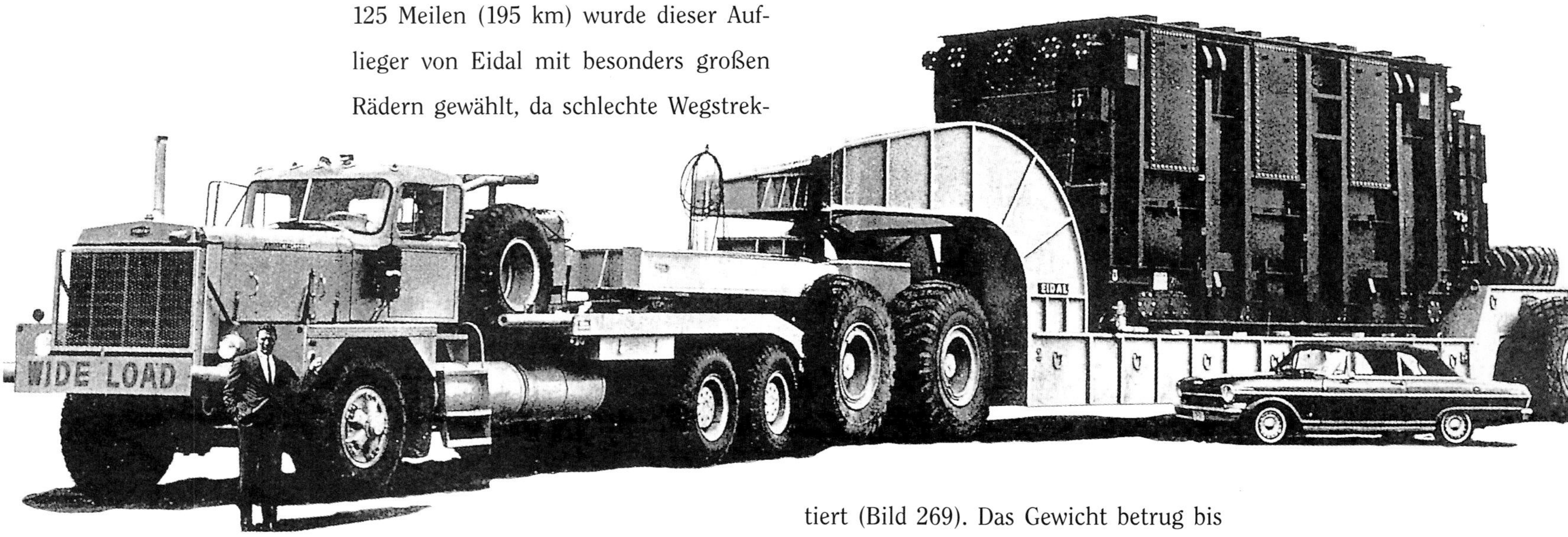

Bild 267: Off-highway-Transport eines Transformators in Neu-Mexiko mit Autocar-Traktor und großrädriger Eidal-Kombination.

Bild 269: Eines von mehreren Getreidesilos wird zum Ortswechsel auf Raupendollies verladen und von einem Autocar-Traktor gezogen.

Für schwere Transportaufgaben ließ die McLeod Trucking & Rigging eine ungewöhnliche Zugmaschine bauen. Sie hatte Allradantrieb 8x8, einen V12-Flugmotor als Antrieb und ein Automatikgetriebe (Bild 270). Diese Zugmaschine war eine Beispiel für den Trend zu vier Achsen, nicht nur um die Tragfähigkeit zu erhöhen, sondern auch um die Zugkraft des Motors effektiver zu nutzen.

Trans Western Transport Inc. in Odessa, Texas, transportierte 1964 eine 43 m lange Kolonne für die petrochemische Fabrik von Shell in Geismar, Louisiana, auf vier Raupendollies. Bulldozer zogen und schoben die Last.

Bild 270: Ungewöhnliche Zugmaschine von McLeod Trucking & Rigging mit Allradantrieb und modifiziertem Flugmotor als Antrieb.

1964 übernahm Higgins den Transport eines etwa 146 t schweren Transformators durch die Schlucht des Niagara-Flusses über eine Steigung von 15 Prozent. Dazu wurde ein kompakter Lastzug mit nur sechs Achsen und mit einer neuen vierachsigen Zugmaschine verwendet. Alle Achsen des Zuges waren mit Reifen der Größe 16.00 R25 ausgerüstet. Die

schwere Zugmaschine mit einem Cummins-Dieselmotor mit 525 hp (392 kW) mit Wandlergetriebe und Planetenantriebsachsen konnte die Last ohne Schubhilfe über die Strecke bringen. In diesem Fall hatte die Zugmaschine einen Tragsattel, sie konnte aber auch als Traktor mit Ballast zum Ziehen von Anhängern eingesetzt werden (Bild 271). Higgins beschaffte später Plattformwagen europäischer Bauweise.

Bild 271: Schwere Hendrickson-Zugmaschine von Higgins mit Cummins-Dieselmotor, wahlweise mit Ballastbrücke oder Tragsattel.

Unter schwierigsten Bedingungen wurde 1964 als „off-highway haul" ein 122 t schwerer Transformator über die Kontinentalscheide zwischen Süd- und Nordamerika von dem Transportunternehmen Southwestern mit Niederlassungen in El Paso, Texas, und in Albuquerque, Neu Mexiko, transportiert (Bild 272). Eine Atlantic-Zugmaschine zog die Last mit dem auf einem Tiefbett verladenen

Bild 272: Schwieriger Transport über die Kontinentalscheide zwischen Nord- und Südamerika.

Anhänger über aufgeweichten Boden, durch Sand und Treibsand – teilweise bei Schnee und Temperaturen bis –5 °C – von Prewitt nach Farmington, Neu Mexiko (Bild 268). Dazu mußte eine Straße angelegt werden, weicher Grund wurde mit Holzbohlen belegt, und eine

Bild 273: Zehnachsige Kombination von Bigge Drayage mit Tiefbett und abnehmbarem Schwanenhals und Oshkosh-Traktor mit Allradantrieb und Caterpillar-Dieselmotor.

Flußdurchquerung war nicht zu vermeiden. Für den Transportweg über 137 Meilen (215 km) wurden wegen der Schwierigkeiten mehrere Tage benötigt.

Bild 274: Von Bigge zusammen mit Peerless entwickelter Traktor mit Allradantrieb und gelenkter hinterer Tandemachse.

1965 führte die Reliance Truck Co. in Phoenix, Arizona, verschiedene Transporte mit zehnachsigen Lastzügen konventioneller Bauart mit Lasten bis 75 t durch. In eigener Werkstatt wurden spezielle Trägerfahrzeuge gebaut, um eingemottete Flugzeuge der US Air Force von Litchfield Park (bei Phoenix) nach Tucson, Arizona, zu transportieren. Fünf Spezialfahrzeuge standen für die Transporte zur Verfügung. Schwere Komponenten für Nuklearkraftwerke stellten bald erheblich höhere Anforderungen an die Transportkapazität von Reliance Truck.

1965 setzte Bigge eine zehnachsige Kombination mit Jeepdolly und Tiefbettbrücke für Schwertransporte ein (Bild 273). Als Zugmaschine diente ein nach Bigges Vorstellungen von Oshkosh gebautes vierachsiges Fahrzeug, Typ 88-14-3655, mit Allradantrieb und 425-hp-(317-kW-)Caterpillar-Dieselmotor mit Twin-Disc-Lastschaltgetriebe. Im Bild wird ein (nur) 65 t schwerer und teilweise demontierter Manitowoc-Kran, Modell 4000, transportiert. Auf dem hinteren Jeepdolly war eine Kabine montiert, von der aus das hintere Fahrgestell hydraulisch gelenkt werden konnte; ein kleines PowerPack lieferte hydraulische Energie und Druckluft, wodurch es möglich wurde, nur das hintere Fahrwerk oder auch die vorderen Achsen mit Druckluft zu bremsen. Beide Schwanenhälse waren abnehmbar, das Tiefbett konnte bis auf den Boden abgesenkt werden. Dieser Traktor erreichte auf Highways eine Geschwindigkeit von 80 km/h. Hinter der Kabine war eine Seilwinde für 13,6 t Zugkraft montiert. 1969 erhielt Bigge eine neue Schwerlastzugmaschine, die von Peerless gebaut wurde (Bild 274). Ein besonderes Merkmal bildete die gelenkte hintere Tandemachse, wodurch die Kurvenläufigkeit verbessert werden sollte. Für Transporte bei Tag in Kalifornien war diese Zugmaschine mit Allradantrieb für ein Zuggesamtgewicht von 455 t zugelassen. Das Eigengewicht war mit ca. 14 t relativ niedrig, aber die zulässige Sattellast betrug 34 t. Mit dem langen Achsstand zwischen den vorderen und hinteren Doppelachsen war bei dieser Zugmaschine eine Angleichung an übliche Achsabstände der Anhängerkonstruktionen erfolgt. Bild 275 zeigt die Verladung eines Druckrohres auf einen Bigge-Lastzug mit dieser Zugmaschine.

1966 transportierte ein Pacific-M26-Traktor mit einem Auflieger nacheinander zehn Großmotoren. Das Gesamtgewicht des Lastzuges betrug 155 t, was damals ein beachtliches Gewicht darstellte (Bild 276). Auf einer neunachsigen Kombination von Talbert wurde ein teilweise demontierter Raupenkran auf einem Tiefbett verladen und transportiert (Bild 277).

Bild 275: Traktor nach Bild 274 als Sattelschlepper mit Anhänger in Modulbauweise mit Dolly-Fahrwerken.

1968 transportierte die Frank W. Hake Company in Philadelphia nach einer dreijährigen Transportplanung einen 291 t schweren Reaktorkessel über 3.500 Meilen (ca. 5.600 km) auf der Straße, mit der Bahn und per Schiff. Der in Chattanooga, Tennessee, hergestellte Reaktorkessel hatte Abmessungen, die einen Transport über den Highway nicht zuließen, auch das Gewicht war zu hoch. Für die erste Verladung auf einer Barge wurde der von Talbert Trailers in Rensse-

Bild 276: Einer von zehn Großdieselmotoren wird zu einer Kraftstation einer Pipeline gefahren (LeRoy, L. Wade & Sons).

Bild 277: Neunachsiger Lastzug mit auf dem Tiefbett verladenem Bagger.

Bild 279: Transformator auf zehnachsiger Kombination von Talbert mit Kennworth-Zugmaschine von Moss Trucking.

laar, Indiana, gebaute 500-ton-Anhänger (Bild 278) mit der Bahn zur Verladestelle gefahren, um den Reaktor aufzunehmen und auf die Barge zu fahren. Der Anhänger hatte 32fache Bereifung der Größe 12,00-24. Der Reaktor wurde mit zwei Kranen auf den auf der Barge blockierten und gesicherten Anhänger verladen. Nach der Landung in Georgetown wurde der Anhänger von einem vierachsigen Euclid-Traktor mit einem Dolly an Land gezogen. Nach einem weiteren Land- und Seetransport wurden der Reaktor und der Anhänger auf Schienenfahrzeuge verladen und fuhren auf der Seabord Cost Line nach Carolina. Der Landtransport umfaßte nur eine kurze Strecke, war aber mit vielerlei Problemen belastet.

Bild 279 zeigt einen Schwertransport von Moss Trucking mit einem Talbert-Anhänger mit Dolly für 120 t Nutzlast und einer Kennworth-Zugmaschine.

Für die „Operation Big Lift" setzte Laramy, Inc., Detroit, 1969 für den Transport eines 150 t schweren Trockners zwei gleiche und nebeneinander fahrende Lastzüge ein. Zwei Tieflader mit Jeep-Dolly wurden durch Querträger verbunden, auf denen der Trockner verladen wurde. Die Fahrer der Mack-Traktoren mußten auf gleichmäßiges Fahren und stets gleichen Abstand der beiden Fahrzeuge achten (Bild 280).

Bild 280: Laramy Inc. verlädt einen 150 t schweren Trockner auf zwei parallel fahrende Lastzüge.

Ultraschwere Lasten für Nuklearkraftwerk auf historischem Boden

Hoffmann Rigging & Crane Service, Inc. in Belleville, New Jersey, vergrößerte seine Transport-Flotte mit einem schweren Lastzug mit acht Achsen, dessen Anhängerkombination von Rogers Brothers Corp. in Albion, Pennsylvania, gebaut wurde. Die Sattelzugmaschine von Autocar hatte einen Dieselmotor mit einer Leistung von 200 hp (150 kW). Die Nutzlast betrug ca. 250 t, und der ganze Zug mit 28 m Länge war 50fach bereift. Er wurde als größter Trailer der Welt deklariert. Das Tiefbett mit festen Schwanenhälsen konnte hydraulisch bis auf den Boden abgesenkt werden. Die letzte der drei hinteren Achsen war mit Servohilfe lenkbar. Transportiert wurden schwere Transformatoren und anderes Schwergut, vorwiegend an der Ostküste.

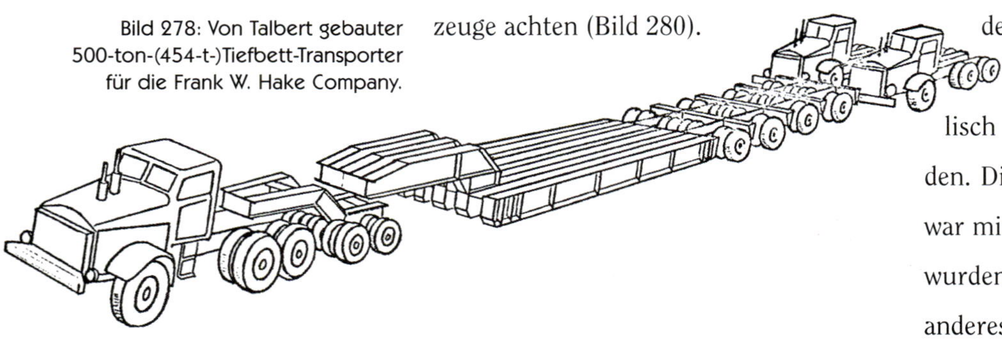

Bild 278: Von Talbert gebauter 500-ton-(454-t-)Tiefbett-Transporter für die Frank W. Hake Company.

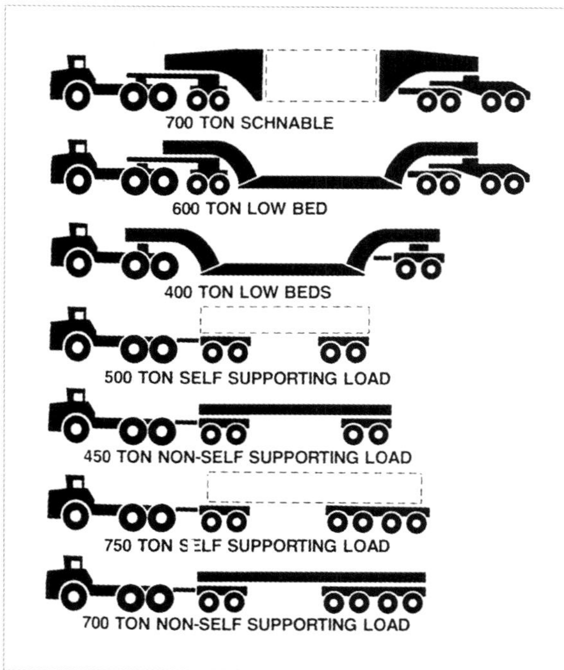

Bild 281: Variationen von Hoffmann Rigging & Crane Service für 391 t bis 733 t Nutzlast zum Transport von Schwerlasten aller Art mit Talbert-Trailern: Kombination mit Tragschnäbeln für 700 ton (685 t) mit neun Achsen, mit Tiefbett für 600 ton (587 t) mit neun Achsen, mit Tiefbett für 400 ton (391 t) mit fünf Achsen, für selbsttragende Lasten für 500 ton (490 t) mit sieben Achsen, für nicht selbsttragende Lasten für 450 ton (440 t) mit sieben Achsen, für selbsttragende Lasten für 750 ton (733 t) mit neun Achsen, für nicht selbsttragende Lasten für 700 ton (655 t) mit neun Achsen.

Der Bau von Nuklearkraftwerken eröffnete den Schwerlastunternehmen neue Perspektiven, zugleich stiegen die Anforderungen an die Transportkapazität beträchtlich. Hoffmann Rigging & Crane Service stellte sich 1970 mit entsprechenden Investitionen auf diese Verhältnisse ein. Zusammen mit Talbert entwickelte Hoffman ein Transportsystem für Lasten bis 685 t. Eine Modulbauweise ermöglichte mit Pendelachsen mit zwillingsbereiften Rädern eine Anpassung an Größe und Schwere der Last (Bild 281), als Traktor wurde ein modifiziertes dreiachsiges Kipperfahrgestell 6x4 von Mack verwendet (Bild 282). Der Dieselmotor hatte eine Leistung von 1.060 hp (790 kW). Und wieder ein Superlativ: Die Zugmaschine galt als größte im Schwertransportgeschäft. Die Zahl der Achsen des Zuges konnte fünf, sieben oder neun betragen, und das System eignete sich für kompakte, großvolumige, selbsttragende und nichtselbsttragende Lasten (Bilder 281 und 283). Mit der Bechtel Corporation als Generalunternehmer und Aycock Inc. für Kranarbeiten wurde von Hoffmann ein Reaktor-Druckkessel (Reactor Pressure Vessel/RPV) mit einem Gewicht von 645 t über eine Strecke von nur 500 m transportiert (Bild 284). Der RPV, der wegen seiner Größe und seines Gewichts nicht auf einer Straße transportiert werden konnte, kam zusammen mit dem Schwerlastzug auf dem Binnenwasserweg von Chattanooga, Tennessee, zum Golf von Mexiko und dann entlang der Küste nach Plymouth. Dort wurde er von der Barge mit großen Vorsichtsmaßnahmen an Land gerollt (Bild 282) und dann auf kurzem Weg zum neuen Kraftwerk Pilgrim I der Boston Edison Comp. in Plymouth, Massachusetts, von Hoffmann transportiert. Die Schwierigkeiten waren bei solchen Transporten oft umgekehrt proportional zur Länge der Strecke. Das Einbringen des 645 t schweren RPV in die Station erforderte einige ungewöhnliche Entscheidungen.

Bild 282: Mack-Traktor mit 790 kW, hier mit Reaktor-Druckkessel zwischen den Tragschnäbeln.

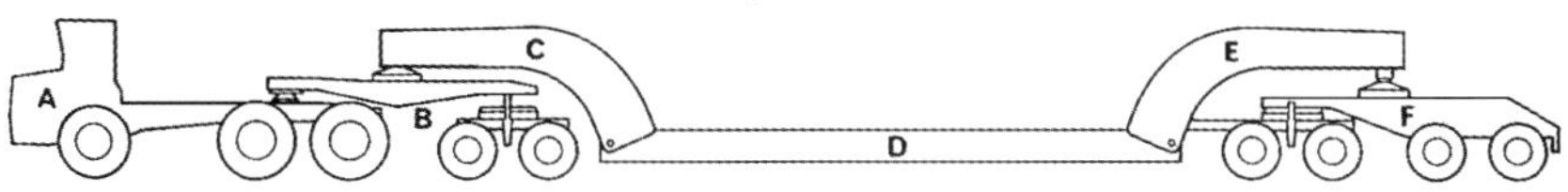

Bild 283: Schema der Variante mit neun Achsen und Tiefbett: A = Traktor, B = vorderes Dolly, C und E = abnehmbare Schwanenhälse, D = Tiefbett, F = hinteres Dolly.

Bild 284: 645 t schwerer Reaktor-Druckkessel auf neunachsiger Kombination mit Tragschnäbeln nach Bild 281.

Bild 286: 293 t schwerer Generator, verladen auf neunachsiger Tiefbettvariante mit Schwanenhälsen nach Bild 281 und 283, beim Verlassen der Barge.

Der Bericht über diesen Transport in der Zeitschrift „Transportation engineer" begann mit den Sätzen: „Als die Einwanderer (Pilgrims) 1620 bei Plymouth Rock an Land gingen, war die Pferdekraft die effizienteste Energiequelle. Heute, 350 Jahre später, entsteht hier eine andere Kraft oder Energie, die mit Nukleartechnik erzeugte Elektrizität, gerade drei Meilen südlich des historischen Landeplatzes." Für diesen Transport wurde von Hoffmann die neunachsige Variante mit den Tragschnäbeln gewählt. Zur Entlastung des RPV wurden die Schnäbel unten mit Zugstreben verbunden, die Druckkräfte am oberen Ende wurden voll auf den RPV übertragen. Alle Funktionen wie Lenken, Heben und Senken erfolgten mit Hilfe der Bordhydraulik. Das beschriebene System wurde damals als Transportsystem der Zukunft bezeichnet (Bild 285).

Bild 285: Die Entwickler der Hoffmann-Variationen vor dem riesigen Mack-Traktor: Jack Miller von Talbert Trailer (links) und Harry L. Hoffmann (1971).

Hoffmann verwendete 1971 die neunachsige Tiefbett-Kombination (Bilder 281 und 283) mit zwei Schwanenhälsen für den Transport eines 293 t schweren Hochspannungsgenerators, den die General Electric in Schenectady, New York, gebaut hatte. Der Generator kam auf dem Schienenweg zum Hoffmann-Terminal in Port Newark, New Jersey, wo er auf das Straßenfahrzeug umgeladen wurde. Der ganze Schwerlastzug mit einem Gesamtgewicht von 500 t mußte nun im RoRo-Verfahren auf eine Barge verladen werden, was als der härteste Job des ganzen Transports bezeichnet wurde (Bild 286). Die Barge konnte nicht auf Grund gesetzt werden, so daß ein abschnittweises Leerpumpen und Fluten nötig war. Da alles nur sehr langsam ablaufen konnte und Wellengang und Gezeiten berücksichtigt werden mußten, werden die Schwierigkeiten verständlich. Die Operation RoRo war jedenfalls militärisch geplant! Und es gelang, die Barge zum extrem langsamen Verladen waagerecht im Wasser zu halten. Die letzte Strecke zum Kraftwerk der Boston Edison Comp. in der Bucht von Plymouth, verlief in gleicher Weise, wie bei dem zuvor geschilderten Transport des gewaltigen Reaktor-Druckkessels.

Hängender Transport kann Vorteile bringen

1971 begann Bigge, mit einem ganz neuartigen Spezialfahrzeug Transporte durchzuführen. Es wurde aus relativ einfachen Komponenten so zusammengebaut, daß eine Schwerlast hängend transportiert werden konnte. Die Last wurde mittels der Bordhydraulik vom Boden aufgenommen und wieder abgesetzt. Die langen hochliegenden Träger stützten sich über die Hydraulikzylinder auf zwei war ein 363 t schwerer Reaktor mit 12,8 m Länge und 5,2 m Durchmesser, der zu einem Kraftwerk in Kalifornien transportiert wurde. Ein 350 t schwerer Dampferzeuger mit 13 m Länge wurde direkt auf zwei aus Dollies gebildeten Drehgestellen gelagert. Reaktor und mehrere Dampferzeuger wurden auf einer Schwerlastbarge angeliefert und in Avila Beach, Kalifornien, von Bigge Drayage Co. und Bigge Crane & Rigging Co. verladen und zu dem Nuklearkraftwerk gefahren.

Bild 287: Modifizierter HST (Hydraulic Suspended Trailer) auf Plattformwagenbasis von Talbert Trailer/Trabosa mit hochliegendem Lastträger für hängenden Transport von Schwerlasten.

aus Dollies gebildeten Fahrwerken als Drehgestelle ab. Jedes Fahrwerk bestand aus zwölf Dollies, die in drei Reihen angeordnet waren, woraus sich insgesamt 2x8=16 Achslinien mit 192 Reifen ergaben. Jedes Dolly war über einen Hydraulikzylinder gegen die Fahrwerkskonstruktion abgestützt. Die technisch zulässige Nutzlast betrug 545 t. Die Last konnte von diesem „Atlas“ genannten Fahrzeug mit geringem Aufwand ohne Kran aufgenommen und wieder abgesetzt werden. Eine der schwersten Lasten Der hängende Transport schwerer Lasten, von Bigge mit dem schweren Gerät schon praktiziert, wurde 1980 auch von Aycock Inc. mit einem Spezialfahrzeug durchgeführt (Bild 287). Für diesen modifizierten „Hydraulic Suspension Trailer“ (HST) wurden vier Plattformwagenmodule von Talbert mit hydraulisch abgestützten Pendelachsen verwendet. Je zwei Module wurden durch eine feste Brücke verbunden, die zugleich das Lager für den hochliegenden Lastträger aufnahmen (Bild 288). Die Last konnte

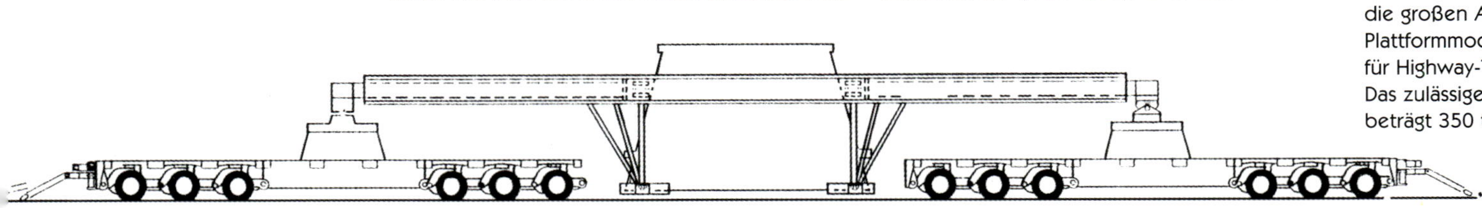

Bild 288: HST nach Bild 287 – durch die großen Abstände zwischen den Plattformmodulen ist der Anhänger für Highway-Transporte zugelassen. Das zulässige Gesamtgewicht beträgt 350 t.

auf verschiedene Weise über den Hub der Pendelachsen vom Boden aufgenommen und mit dem Lastträger verbunden werden. Bild 289 zeigt in der Ansicht von oben die Aufnahme eines Wasserturbinenläufers in der Tragkonstruktion. Das Laufrad wurde von York, Pennsylvania, nach Baltimore, Maryland, über eine Distanz von 90 Meilen (145 km) transportiert. Das technisch zulässige Gesamtgewicht dieses Fahrzeugs betrug etwa 350 t. Das Fahrzeug hatte eine Länge von 45 m, eine Breite der Tragkonstruktion von 6,7 m und eine Höhe von 4 m. Mit den gewählten Achsabständen eignete es sich für den Transport von Schwerlasten auf Highways.

Bild 289: Das Laufrad einer Wasserturbine hängt in der breiten Tragkonstruktion des HST.

Schwertransporte in Labrador und Alaska

Hendrickson Co. in Lyon, Illinois, bekannt als Hersteller von Schwerzugmaschinen, schweren Tandemachsen und Schwerlastanhängern, baute 1970/71 im Auftrag der Acres Canadian Bechtel (ACB) einen Schwerlastzug mit 13 Achsen, bestehend aus einem Anhänger mit Tiefbett und zwei Zugmaschinen (Bild 290). Die Besonderheit dieses Auftrages lag in der Aufgabenstellung, die sich aus der Verwendung des Zuges in Labrador, Kanada, ergab. Für ein Kraftwerk an den abgelegenen Churchill Falls der Churchill Falls hydroelectric plant (Labrador), Corp. Ltd. mußten Material, Maschinen und Ausrüstungen über eine Strecke von 120 Meilen (193 km) von der letzten Bahnstation der Labrador Railway zu den Wasserfällen im Norden des Landes transportiert werden. Die unbefestigte Straße mit Steigungen bis elf Prozent und das extreme Klima mit Temperaturen bis –35 °C stellten höchste Anforderungen, weshalb es gerechtfertigt war, einen Lastzug speziell für diese Verhältnisse zu entwerfen und zu bauen. Schon in der Konstruktionsphase stellte sich heraus, daß viele der bewährten Komponenten und Konstruktionstechniken für die vorliegende Aufgabe nicht geeignet waren. Wegen der extremen Temperaturen wurden erst geeignete Schmierstoffe, Lager, Führungen, Hydraulikflüssigkeiten, Kühlmittel, Elastomere und Kunststoffe gesucht und zusätzlich metallurgische Probleme gelöst. Um Schwierigkeiten mit der Elektrik zu vermeiden, erhielt der Dieselmotor einen Druckluftstarter. Außerdem mußte für Wartungs- und Reparaturarbeiten längs der Strecke vorgesorgt werden. Wesentliche Aufgabe für den Hendrickson-Schwerlasttransporter war der Transport von 44 Transformatoren zu dem Wasserkraftwerk, wozu allein etwa 10.570 Meilen (17.000 km) anfielen. Wie groß der Aufwand insgesamt war, geht

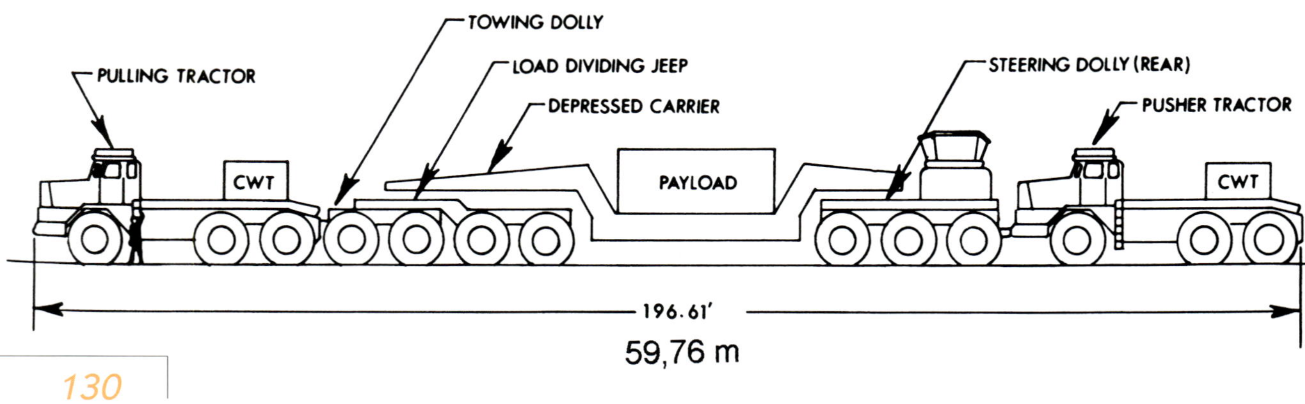

Bild 290: Von Hendrickson gebaute Schwerlastkombination für Transformatorentransporte in Labrador.

aus dem langen Weg der Transformatoren vom Hersteller hervor. Er führte über Montreal, St. John's (Neufundland), über den St. Lorenz-Strom nach Norden und verlief dann ein Stück mit der Labrador-Railway. An der Endstation wurde auf den Lastzug umgeladen.

Das Trägerfahrzeug für die Transformatoren bestand aus einem vorderen Dolly mit einem Jeep als Lastverteiler und dem hinteren lenkbaren Dolly (Bild 290). Alle Komponenten des Zuges waren durch den ziehenden und schiebenden Traktor Zug- und Schubbelastungen ausgesetzt.

Die dreiachsigen Hendrickson-Traktoren, Modell 360 mit permanentem Allradantrieb (Bild 291), wurden von einem Cummins-V12-Dieselmotor mit Turbolader und Intercooler mit 700 hp (522 kW), Typ VTA-1710, angetrieben. Ein Clark-Drehmomentwandler war mit dem Motor verblockt, das Clark-Automatikgetriebe mit acht Vorwärts- und vier Rückwärtsgängen war getrennt im Fahrgestell eingebaut. Die hydraulische Bremse arbeitete mit Druckluftverstärkung. Das Tandemaggregat der Traktoren und die Dollies hatten robust gebaute 24.000-pound-Tandemachsen (Bild 292), was einer Belastbarkeit von 109 t entspricht. Ein Traktor wog fast 50 t, war 4,5 m hoch und 11,6 m lang. Alle Räder hatten einen Durchmesser von 2,2 m, und jedes Rad brachte 780 kg auf die Waage. Die Nutzlast betrug 227 t. Hinter der Kabine des Traktors war eine schwere Seilwinde montiert, mit der Lasten vom Boden über die Abrollkante auf die Plattform verladen werden konnten. Diese Ausrüstung entsprach der von Fahrzeugen, die auf Erdölbohrfeldern arbeiteten. Diese robuste Hendrickson-Kombination war sicher das damals modernste Off-highway-Schwerlastfahrzeug.

Bild 291: Hendrickson-Traktor und Lastenträger; Durchmesser der Räder 2,2 m.

Nachdem die Transportaufgaben in Labrador vollbracht waren, wurden die Hendrickson-Traktoren 1981 nach einer Generalüberholung im Werk an ARCO (Atlantic Richfield Oil) für Einsätze in Alaska verkauft. Die Aufgabe war wiederum hart: Auf einem „Tausendfüßler" von Goldhofer mußten Anlagenkomponenten bis 800 t Gewicht über Straßen aus Kies oder mit Holzbohlen belegt von Oliktoc Dock in der Prudhoe-Bay nach Kuparuk in der Tundra von Alaska gefahren - werden. Kuparuk ist der nördlichste Punkt der Erde, an dem noch Menschen leben können. Dieser Zug hatte ein Gesamtgewicht von ca. 1.000 t. Der „Tausendfüßler" bestand aus seitlich und hintereinander gekuppelten Plattformen

Bild 292: Tandemachse des Traktors nach Bild 291.

Bild 293: 411 t schwerer Reaktorkessel auf Fahrzeug von Hoffmann, entsprechend Variante für 700 ton mit neun Achsen nach Bild 281 verladen.

der Baureihe THP/H mit 24 Achslinien und 96 Pendelachsen mit insgesamt 384 Reifen. Auf den Plattformen war ein hydraulisch verschiebbarer Tragrahmen montiert, mit dem die transportierten Komponenten punktgenau auf vorbereitete Fundamente gesetzt wurden. Das Klima in Alaska erlaubte ein Arbeiten nur während sechs Wochen im Jahr. Die Komponenten oder Module wurden in den USA vorgefertigt, mit Hilfe der Traktoren auf Barges verladen und nach Alaska verschifft. Nach einem Bericht des englischen Nutzfahrzeugmagazins „Super Truck“ wurden die Traktoren „Hulk“ genannt, was in der Übersetzung „Ungetüm“ bedeutet. Der Sound der Motoren beim morgendlichen Start in arktischer Kälte soll dem Trompeten eines alten Elefantenbullen ähnlich gewesen sein!

Zurück in wärmere Regionen

Die Besl Transfer Co. beschaffte 1971 einen zehnachsigen Lastzug von Fontaine Trailer Co. mit Mack-Traktor. Das Jeepdolly hatte einen langen Achsabstand zur Zugmaschine, aber die fünf Achsen des Aufliegers bildeten (noch) ein kompaktes Aggregat mit kurzem Achsabstand. Damit wurden ein 130 t schweres Gasturbinenaggregat und ein 167 t schwerer Transformator zu einem Kraftwerk in Cincinnati gefahren.

Hoffmann Crane & Rigging Service transportierte 1971 einen 411 t schweren Reaktorkessel auf einem kompakt gebauten Anhänger mit sechs Achslinien und 48 Reifen. Der Tragrahmen, dessen vordere Enden hochgebogen waren, erleichterte die senkrechte Aufstellung mit Kran (Bild 293). Traktor und Anhänger entsprachen der untersten Variante der Kombination von Hoffmann (Bild 281).

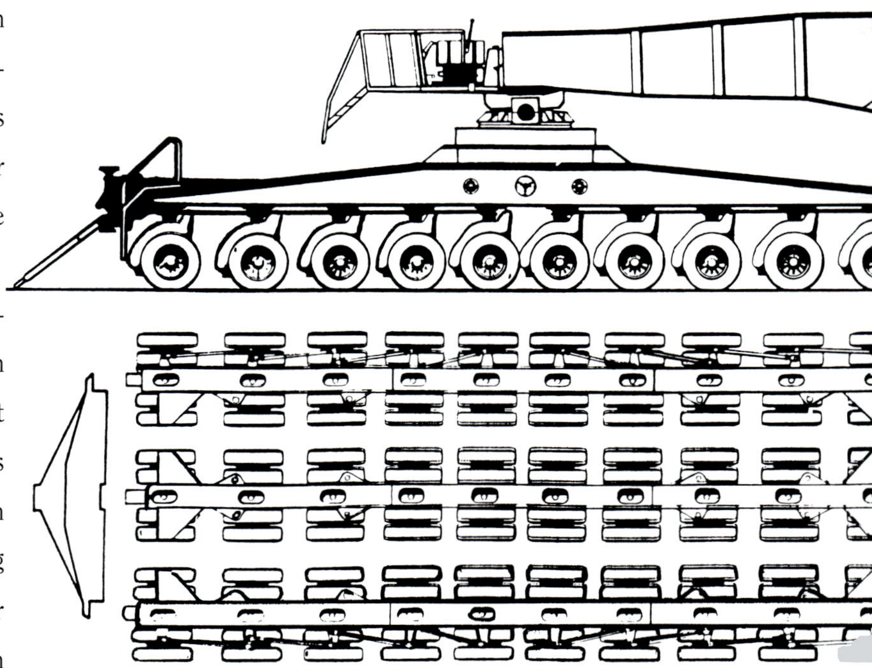

Bild 294: Nicolas baut für Reliance Truck einen Schwerlastanhänger mit Pendelachsen in drei Reihen, hier die Variante mit Tragschnäbeln.

Reliance Truck stellte sich den hohen Anforderungen des „Atom-Zeitalters“ an die Transportunternehmer durch Beschaffen von Schwerlastanhängern mit einer Kapazität bis 900 t. Mit einem von Nicolas Industrie S.A. in Frankreich gebauten Schwerlastfahrzeug, bei dem die Pendelachsen in drei Reihen angeordnet waren, konnten 1971 selbsttragende Lasten direkt verladen oder über Tragschnäbel aufgenommen werden

Bild 295: Kurvenstellung des Anhängers nach Bild 294.

(Bild 294). Die Beschaffung dieses Fahrzeugs mit 2x10 Achslinien, drei Pendelachsen je Achslinie, hydraulischem Achslastausgleich, Allachslenkung und 240 Reifen (Bild 295) war das Ergebnis einer Transportstudie, die mit Babcock & Wilcox Construction Co. für den Transport eines 400 t schweren Dampferzeugers erstellt wurde. Der Transport führte nach vierjähriger Vorbereitung von Mount Vernon in Indiana zunächst auf einer Barge auf dem Savannah River über 2.217 Meilen nach North Augusta, South Carolina, dann auf dem Landweg über 25 Meilen zur Bahnstation Clarks Hill, dort Verladung auf ein Schienenfahrzeug bis Newry. Das letzte Stück des Weges zur Oconee Nuclear Station über 30 Meilen wurde wieder auf der Straße gefahren. Auch hier traten enorme Schwierigkeiten auf, Straßen mußten ausgebaut werden, Rampen und eine Brücke wurden gebaut und schließlich ein Kanal durchfahren. Der ganze Schwerlastzug fuhr mit einem Gesamtgewicht von 782 t. Jede zwillingsbereifte Pendelachse war mit 13 t belastet.

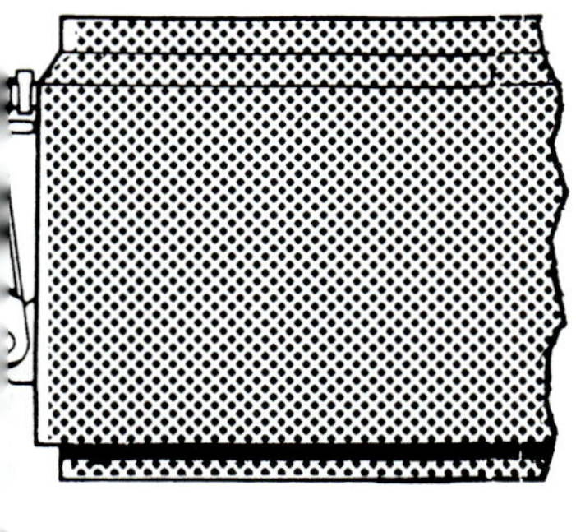

Crawler bewältigen schwerste Lasten über eine längere Distanz

1972 führte der Transportunternehmer Hake mit neuartigen Mitteln einen Schwerlasttransport durch, der als „Herculean Haul" bezeichnet wurde und auf öffentlichen Straßen über eine Strecke von 37 Meilen (ca. 60 km) mit Steigungen und Gefällen führte. Das Besondere an diesem Transport war die Verwendung von Raupenfahrwerken oder Crawlern mit Antrieb durch Dieselmotoren. Das Schlepper-Anhängerprinzip wurde hier verlassen. Ein 680 t schwerer kompakter Reaktor wurde auf zwei

Bild 296: Monströse Last auf breiten Raupen: Hake transportiert eine 680-t-Last über Land, verladen auf zwei Manitowoc-Crawlern mit Antrieb durch Dieselmotoren.

Crawler Typ 560 der Manitowoc Engineering Co. in Manitowoc, Wisconsin, verladen (Bild 296). Der 33,5 m lange und 6,4 m breite Reaktor ruhte auf Trägern, die sich auf die beiden Crawler abstützten. Die Tragfähigkeit beider Crawler betrug zusammen 1.000 t, das gesamte Transportgewicht dagegen „nur" 1.089 t. Die beiden Crawler wurden von je zwei Caterpillar-Dieselmotoren mit zusammen 1.500 hp (1.050 kW) angetrieben. Der Straßenverhältnisse wegen wurde vom Hafen Have de Grace, Maryland, ein weiter Umweg zur Peach Bottom Atomic Power Station in Pennsylvania gewählt (Bild 297). Jede Meile der Strecke hatte dabei nach Angaben der Transporteure ihre eigenen Probleme, weshalb für den Transport 26 Tage bei einer mittleren Geschwindigkeit von 1,5 Meilen/h benötigt wurden. Dabei mußten Ortsdurch-

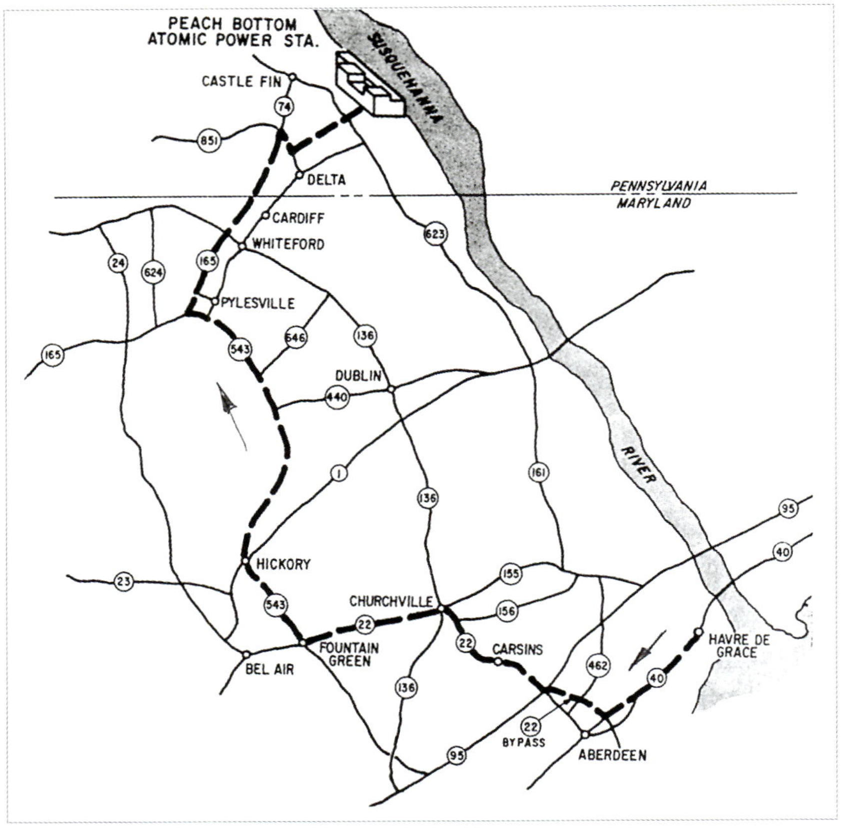

Bild 297: Für den Transport nach Bild 296 muß wegen Größe und Schwere der Last ein erheblicher Umweg gewählt werden.

fahrten mit rechtwinkligen Abzweigen bewältigt werden. Obwohl durch die breiten Raupen die spezifische Bodenbelastung niedrig blieb, mußten auf sandigem oder weichem Boden Fahrwege aus vorbereiteten Holzbohlen gelegt werden. Die hohe Schwerpunktlage der Last setzte einen möglichst ebenen Fahrweg voraus. 20 Brücken mußten mit einer Behelfsbrücke verstärkt werden. Die Streckenführung ist ein typisches Beispiel für zahlreiche Schwertransporte, die wegen Größe und Gewicht das Ziel nur auf oft beschwerlichen Umwegen ansteuern können. Die Manitowoc-Transporter bewährten sich bei diesem schwierigen Transport und wiesen nur geringen Verschleiß an den Raupen auf.

Ein 342 t schwerer Reaktorkessel wurde von Hake auf demselben Weg in „nur" 21 Tagen transportiert, da reiche Erfahrungen aus dem ersten Transport genutzt werden konnten. Die Verladung erfolgte allerdings auf ganz andere Weise. Der von Talbert für Hake gebaute 500-ton-Tiefbettanhänger mit dreiachsigem Jeepdolly (ähnlich Bild 278) nahm die Last auf. Zwei vierachsige Euclid-Zugmaschinen mit je zwei Dieselmotoren mit je 250 hp (187 kW) waren ziehend und schiebend eingesetzt, die gesamte Antriebsleistung betrug 1.000 hp (748 kW). Der Aufwand an Fahrzeugen war größer als bei dem ersten Transport, die gesamte Antriebsleistung dagegen niedriger. Leider sind keine Daten bekannt, die einen Vergleich der beiden Transportarten ermöglichen würden.

Und wieder auf Rädern…

Die Mooney Bros. Corporation besaß einen Schwerlasttransporter mit 13 Achslinien, bestehend aus einer dreiachsigen Autocar-Zugmaschine ATP 19 T 6x6 mit 475 hp (355 kW), einem Dolly mit vier und einem Dolly mit sechs Achslinien und einer Tiefladebrücke. Die Tragfähigkeit betrug je nach zulässiger Straßenbelastung bis 360 t. 1972 wurde ein Reaktorunterteil mit einem Gewicht von 294 t damit transportiert (Bild 298). Zum besseren Überwinden von Steigungen war ein vierachsiger Traktor schiebend eingesetzt. Auffallend an diesem Fahrzeug war der kurze Abstand der Dollyachsen, bei später gebauten Fahrzeugen war dies nicht mehr zulässig.

Bild 298: Dreizehnachsige Kombination von Mooney Bros. Corp. mit Reaktor-Unterteil mit 294 t Gewicht.

Bild 299: Schwerlasttransport „off-highway" von Almas International durch Wüste und über Berge mit neunachsigem Schwerlastfahrzeug von Peerless mit Traktor von Kennworth-Dart.

Mit der schon beschriebenen vierachsigen Oshkosh-Zugmaschine von Bigge und anderen Zugmaschinen wurden 1974 weitere schwierige Transporte durchgeführt. So wurde auch ein 130 t schwerer und 5,5 m breiter Stator mit einem Spezialfahrzeug mit 2x8 Achslinien und 128 Reifen über eine Strecke von 21 km Länge transportiert. Auf dieser Strecke mußten 180-Grad-Kurven mit elf Meter Radius durchfahren werden. Die Achslasten und Achsabstände waren der Tragfähigkeit der dabei zu befahrenden 152 m langen Brücke über den Russian River angepaßt. Der Weg führte vom Hafen in San Francisco zum Kraftwerk Somona County. Für das Yuba River Development Projekt wurde Schwergut von insgesamt 7.000 t über Gebirgsstraßen gefahren. Die zu bewältigenden Probleme erforderten eine Vorbereitungszeit von drei Jahren und einen erheblichen Transportaufwand.

Almas International in Gardena, Kalifornien, transportierte 1974 den Stator eines Generators mit einem Gewicht von 350 t über eine Entfernung von 150 Meilen (240 km) durch die Wüste und über die Berge Arizonas (Bild 299). Die Aufgabenstellung war nicht leicht, denn eine 34 m lange freitragende Brücke mußte errichtet werden, eine andere Brücke mußte erneuert werden. Zusätzlich war der Aufbau und das Demontieren zerlegbarer Brücken zum Überfahren von Kanälen im Untergrund und unpassierbarer Straßenabschnitte in mehr als 200 Fällen notwendig. Neun Bypässe mußten angelegt werden, um Brücken geringer Tragfähigkeit zu umfahren, und 1.000 Ladungen Füllmaterial mußten auf Sandwege aufgebracht werden. Zum Troß gehörten zwei Fahrzeuge mit dem Brückenmaterial, ein Kraftstofftankwagen, ein Caterpillar-Grader und zahlreiches weiteres Hilfsmaterial.

Der 350 t schwere Stator mit einer Länge von 8,8 m und einer Breite von 3,4 m war von einem 16achsigen Schienen-Schwerlastwaggon übernommen worden und wurde auf eine Tiefladebrücke eines für Almas typischen neunachsigen Schwerlastfahrzeugs, gebaut von Peerless, verladen. Der Stator wurde vom Personal „Monster" getauft. Die interessante vierteilige Kombination mit zweiachsigem Dolly und hinterem vierachsigem Fahrwerk hatte eine Tragfähigkeit von 410 t.

Die dreiachsige Zugmaschine von Kenn-worth-Dart hatte einen Dieselmotor mit 700 hp (522 kW). Der zweigeteilte nach vorne spitz zulaufende Kühler war auffallend, aber so wurde auf einfache Weise eine ausreichend große Kühlfläche erreicht. Trotz der hohen Motorleistung der Zugmaschine war wegen des hohen Fahrwiderstandes und auf Steigungen die Schubhilfe eines Wagoner-Traktors und eines Graders geboten. Der mit zahlreichen Schwierigkeiten verbundene Transport dauerte elf Tage. In gleicher Weise wurde mit der zehnachsigen Variante ein Transformator transportiert (Bild 300).

Plattformwagenkombinationen für kompakte und sperrige Schwerlasten

Ebenfalls 1974 führten Aycock Inc., Camp Hill, Pennsylvania, und McHugh Brothers in Penndell, Pennsylvania, Schwerlasttransporte mit ganz anderen Mitteln durch. Eine vierachsige Spezialzugmaschine 8x4 wurde dabei mit Ballast oder als Sattelzugmaschine eingesetzt. Als Trägerfahrzeuge dienten Plattform-Module von Talbert-Trabosa mit hydraulisch abgestützten Pendelachsen. Die Bilder 301 und 302 zeigen deutlich den Unterschied zu den in den USA üblichen Fahrzeugen:

- Stabile Plattform, aus standardisierten Modulen seitlich oder hintereinander starr kuppelbar.
- Hohe Punktbelastbarkeit.
- Wahlweise als Anhänger oder mit Schwanenhals verwendbar.
- Durch Allradlenkung exakter Kurvenlauf und geringer Rollwiderstand in Kurven; als Anhänger in beiden Richtungen fahrbar.
- Niedrige Ladehöhe durch kleine Räder.
- Über die Achshydraulik kann die Plattform bei Längs- oder Querneigung der Fahrbahn waagerecht gehalten werden.

Wegen der kompakten Bauart wurde die Straße pro Quadratmeter allerdings höher belastet, als dies bei den typischen Lösungen nach dem Highway-Code üblich war. Ein 598 t schwerer Druckbehälter mit zwei Auflagern wurde auf der Plattform gelagert (Bild 301). Wegen der Breite der Last und der hohen Schwerpunktlage wurden zwei gleiche Plattformen mit je zwölf Achslinien seitlich gekuppelt, wodurch die Last auf insgesamt 48 Pendelachsen mit 96 Rädern und 192 Reifen verteilt wurde. Vorne rechts am Anhänger war das hydraulische Servoaggregat angebracht, das unabhängig von der Zugmaschine das Heben und Senken und die Lenkbewegungen unterstützte. Die beiden Querträger

Bild 300: Schwerlastzug nach Bild 299 mit zusätzlichem einachsigem Dolly als Lastverteiler.

Kabinen für die Steuerung des nachlaufenden Fahrwerks sind gut sichtbar.

Jake gehörte zu den jüngeren Unternehmen der Branche, da die Firma erst 1945 als Jake's Crane & Rigging gegründet wurde. Transportiert wurden anfangs nur die eigenen Geräte. 1970 war das zum Beispiel ein American-Raupenkran 9310.

Bild 312: JXS mit 13 Achsen und mit einem fest eingekuppelten Bagger.

Der Konvoi mit dem weitgehend zerlegten Kran passierte damals eine der obligatorischen Wiegestationen auf dem Highway, wobei festgestellt wurde, daß es der schwerste bis dahin gewogene Transport war. Das war also der Anlaß zur Erweiterung des Unternehmens um das Transportgeschäft und zur Entwicklung des JXS. Die beschriebenen Fahrzeuge wurden in den neunziger Jahren nicht mehr benutzt, Jake hatte sich aus dem Transportgeschäft weitgehend zurückgezogen.

Der Plattformanhänger wird für maximale Lasten aktuell

Nach McHugh und Aycock (Bilder 301 und 302) nutzten auch andere Transportunternehmer die Plattformwagentechnik. 1977 transportierte Reliance Truck auf einer größeren Fahrzeugkombination eine noch schwerere Last als 1971. Vergleichbar ist die langwierige Vorbereitung für den kurzen Transport in beiden Fällen. Diesmal war es ein 655 t schwerer Dampferzeuger für ein Nuklearkraftwerk,

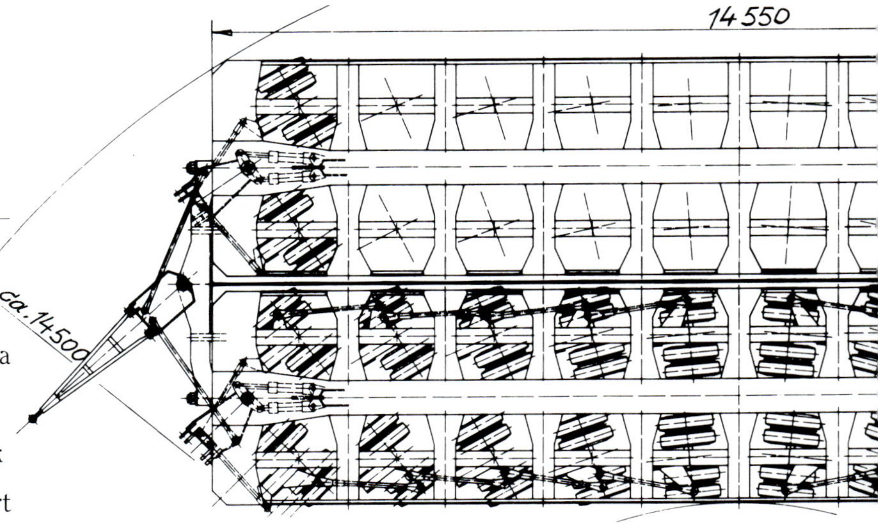

Bild 314: Beispiel einer Kombination aus zwei seitlich gekuppelten Plattformen mit entsprechenden Lenkverbindungen zur zentralen Zugdeichsel.

der von einem speziell errichteten Dock am Mississippi über eine halbe Meile zum Kraftwerk bei Louisiana in nur 30 Minuten gefahren wurde (Bild 313). Der Weg zum Kraftwerk wurde für diesen Transport verbreitert und verstärkt. Dabei mußte ein Anstieg von acht Prozent bewältigt werden. Als Basis dienten sechs Scheuerle-Plattformen, die hintereinander und nebeneinander starr gekuppelt waren. Vier Plattformen mit sechs Achslinien und zwei Plattformen mit vier Achslinien ergaben eine Kombination mit 16 Achslinien mit je vier Pendelachsen. Die Fahrzeugbreite betrug 6,3 m. Die ganze Kombination hatte 64 gelenkte Pendelachsen mit 256 Reifen. Zur Erläuterung zeigt Bild 314 eine kleinere Kombination aus zwei seitlich gekuppelten Plattformen. Durch die Länge des Fahrzeugs und den unebenen Weg war der hydraulische Achslastausgleich hoch beansprucht. Vor dem Transport wurde eine Belastungsprobe des Fahrzeugs mit Betonblöcken vorgenommen. Ein umgerüstetes KW-Dart-Kipperfahrgestell, das mit Betonblöcken ballastiert war, und einige Erdbaumaschinen zogen und schoben die enorme Last von ca. 830 t.

Mit einer auf 2x12 Achslinien mit je vier Pendelachsen erweiterten Anhängerkombination von Scheuerle mit seitlich gekuppelten Plattformen transportierte Reliance Truck 1977 zwei Siedewasserreaktoren von je fast 900 t Gewicht. Der Transport startete wieder in einem Dock zur Übernahme der Reaktoren von einer Barge und führte über einen für diesen Transport von fünf Meter auf acht Meter verbreiterten und befestigten Weg zur

Bild 315: Beispiel einer kardanischen Lagerung einer Lastbrücke mit Dreipunktabstützung eines von Scheuerle für den Bau des Assuan-Staudamms in Ägypten gebauten Brückenfahrzeugs.

La Salle County Station of the Commonwealth Edison Co. bei Seneca, Illinois. Die sieben Meilen (11,3 km) lange Strecke wurde in 2,5 Stunden bewältigt. Die Anhängerkombination hatte 2x48 Pendelachsen mit zusammen 384 Reifen. Um Verwindungen des Reaktors auf den zwei

Bild 313: 655 t schwerer Dampferzeuger, verladen auf Scheuerle-Plattformwagenkombination mit 16 Achslinien und insgesamt 64 Pendelachsen.

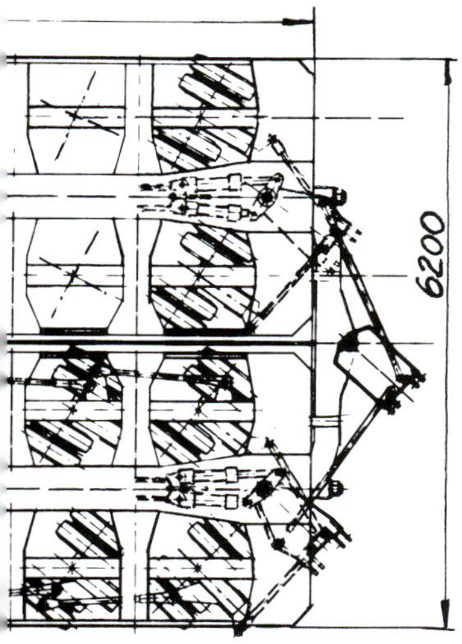

als Drehgestell dienenden Plattformkombinationen zu vermeiden, wurde er auf der einen Plattform fest, aber um eine vertikale Achse drehbar gelagert, auf der anderen Plattform drehbar und um die Längsachse beweglich; dadurch entstand eine Dreipunktabstützung. Bild 315 zeigt zur Erläuterung die gelenkige Lagerung einer Scheuerle-Kesselbrücke, bei der ein Ende ohne das Längsgelenk auf der anderen Plattform aufliegt.

Die bisher schwerste Last auf öffentlichen Straßen

Für den bisher größten Transport auf Straßen mit einem Schwerlastfahrzeug ohne eigenen Antrieb kooperierten 1980 zwei bedeutende Transportunternehmen. Die VSL Corporation Heavy Lifting and Transportation in Los Gates startete mit Almas International in Gardena – beide in Kalifornien – dieses umfangreiche Vorhaben: Objekt war ein 1.200 t schwerer Nuklear-Reaktor-Druckkessel (nuclear reactor pressure vessel/RPV) mit 24,38 m Länge und einem Durchmesser von 7,93 m, der im Auftrag der Tennessee Valley Authority (TVA) von der General Electric Co. (GEC) in Memphis, Tennessee, nach Phipps Bend transportiert wurde (Bild 316). Das speziell dafür von Goldhofer beschaffte Schwerlastfahrzeug war eine Kombination aus seitlich und hintereinander starr gekuppelten Plattformen der Typenreihe THP/H. Die Plattformen wurden in zwei Drehgestelle mit je zwölf Achslinien mit je vier Pendelachsen aufgeteilt, woraus sich 2x48 Pendelachsen mit zusammen 384 Reifen ergaben. Die Trennung in zwei Fahrzeuge war wegen der zu befahrenden

Bild 316: Größter Schwerlasttransport auf der Straße mit Fahrzeugen ohne eigenen Antrieb: VSL und Almas transportieren einen 1.200 t schweren Nuklear-Reaktorkessel auf zwei seitlich gekuppelten Goldhofer-Kombination mit 2x12 Achslinien und insgesamt 96 Pendelachsen.

Rampen, der Kurven mit Querneigung und der Kuppen und Senken notwendig. Durch zwei Zugstangen zwischen vorderem und hinterem Auflager des selbsttragenden RPV wurde dieser von Zug- und Schubkräften entlastet (Bilder 317 und 318). Um die Verwindungen zwischen den beiden Fahrzeugen aufzufangen,

Bild 317: Für den ungewöhnlichen Transport müssen manche Straßen speziell verbreitert und präpariert werden.

wurde der RPV über sogenannte pin and stability bolster mit den beiden Fahrzeugen verbunden. Dies entsprach einer Dreipunktabstützung (Bild 315).

Die Tests mit dem mit Ballast beladenen Fahrzeug wurden vor dem Transport von der TVA ausgeführt. Almas International stellte für den Transport Personal, sieben Off-highway-Traktoren zum Ziehen und Schieben, 24 Dollies mit je 50 t Tragfähigkeit für die mobilen Hebezeuge und das Hilfsmaterial einschließlich der Ausrüstung zum Verstärken von Brücken.

Goldhofer-Plattformwagen eines deutschen Transportunternehmers demonstrierte Auslenkung der Pendelachsen durch die Achshydraulik (Bild 320) macht deutlich, wie weit das Anheben oder Absenken der Plattform möglich war. Für den Ausgleich der Querneigung waren vier motorhydraulische Servoaggregate auf den beiden Fahrzeugen

Bild 318: Um Zug- und Schubkräfte vom Reaktorkessel fern zu halten, werden die beiden Drehlager mit Zugstangen verbunden. Die Straße muß hier über Versorgungsleitungen mit einer Stahlbrücke verstärkt werden.

Der RPV kam auf dem Wasserweg über den Mississippi und andere Flüsse nach Knoxville, wo er auf die Goldhofer-Kombination umgeladen wurde. Für den weiteren Transport wurden Straßen aufgeschüttet, Wege verbreitert, Behelfsfahrbahnen zum Umfahren zu schwacher Brücken oder zu niedriger Unterführungen angelegt und Querneigungen möglichst beseitigt. Dennoch blieben Steigungen bis acht Prozent und Gefälle bis zehn Prozent übrig. Die verbliebenen Querneigungen wurden über die Achshydraulik mit der Levelling-Einrichtung ausgeglichen (Bild 319). Die an einem

Bild 319: Mit dem auf die hydraulischen Achsabstützungen wirkenden Levelling-System wird die Plattform bei Querneigung der Straße waagerecht gehalten.

Bild 320: So viel Spielraum hat das Levelling-System (± 300 mm). An der linken Pendelachse ist der voll ausgefahrene Hydraulikzylinder erkennbar.

Bild 321: Eine solche Straßenoberfläche erfordert „volle Kraft voraus".

Typisch war auch für diesen extremen Schwerlasttransport, für lange Strecken den Wasserweg zu benutzen und an Land mit unzulänglichen Wegeverhältnissen auszukommen, weil ein Befahren der Highways nicht zulässig war.

montiert, die von einem Steuerstand aus bedient wurden. Zu weite Verlagerungen des Schwerpunkts wurden so vermieden. Welche Probleme mit den aufgeschütteten Straßen überwunden werden mußten, zeigt Bild 321. Hier konnte sich der Zug nur im Schrittempo bewegen, und die Traktoren mußten mit voller Motorleistung ziehen und schieben. Der Transport führte dann über etwa 160 Meilen (257 km) an Land und auf Wasserstraßen (Bild 322) nach Phipps Bend, wo der Transport zum Entladen von Bord rollte. Das ganze Abenteuer nahm zwei Monate in Anspruch.

Bild 322: Der ganze Schwerlastzug wird vorübergehend auf eine Barge verladen.

Beispiele für den kombinierten Verkehr Straße-Schiene

Eine spezielle und ebenfalls weit über das reine Transportgeschäft hinausgehende Aufgabe hatte 1981 Arrow Freightways für den Transport eines 272 t schweren Transformators und anderer Transformatoren und Schwerlasten auf sich genommen. Die Transformatoren wurden in Prewitt, Neu Mexiko, von der Bahn übernommen (Bild 268) und 140 Meilen (225 km) durch die Navajo Reservation zu einem neuen Kraftwerk im südlichen Utah gefahren. Zunächst wurde ein Transportfahrzeug entworfen, das für die Last und den schwierigen Transport geeignet sein mußte; es wurde in Texas hergestellt. Der Traktor wurde der Bestellung einer französischen Firma von mehreren Einheiten für den Betrieb in einer Mine in einem arabischen Land entnommen. Doch reichten diese Fahrzeuge als Voraussetzung für den Transport noch nicht aus, denn Arrow mußte Wege verbreitern und befestigen und eine mit einem Schwertransportfahrzeug befahrbare Furt durch einen Fluß anlegen. Wie bei früheren Transporten, die Arrow übernommen hatte, wurden wegen der Wegeverhältnisse Fahrzeuge mit ausschließlich großen Rädern verwendet; man kann diese Ausführung als Off-road-Kombination bezeichnen. Mit zwölf Rädern des Jeeps und 16 Rädern des Dollys war es damals das größte in Texas gebaute Fahrzeug. Für den Transport einer Dampftrommel (Bild 323) wurde ein ähnliches Fahrzeug in schwerer Bauweise für 363 t Nutzlast verwendet.

Bild 323: Schweres Transportfahrzeug mit Euclid-Traktor, Jeep mit zwölf Rädern, Dolly mit 16 Rädern von Transport Systems in Denton, Texas, für maximale Tragfähigkeit als Off-the-road-Kombination 363 t.

Das größte Schienenschwerlastfahrzeug der Welt...

Für Schwerlasttransporte auf der Schiene bestellte Combustion Engineering Inc. in Windsor, Connecticut, ein 92 m langes Schienenschwerlastfahrzeug mit 36 Achsen für eine Nutzlast von 807 t (Bild 324). Es wurde 1981 vom Krupp Industrie- und Stahlbau in Essen gebaut und ist bis heute das leistungsstärkste Schienenschwerlastfahrzeug weltweit. Die Last wird über Lastverteiler auf 2x5 Drehgestelle übertragen. Wie bei den schon vorher für die Deutsche Bundesbahn entwickelten Schwerlastfahrzeu-

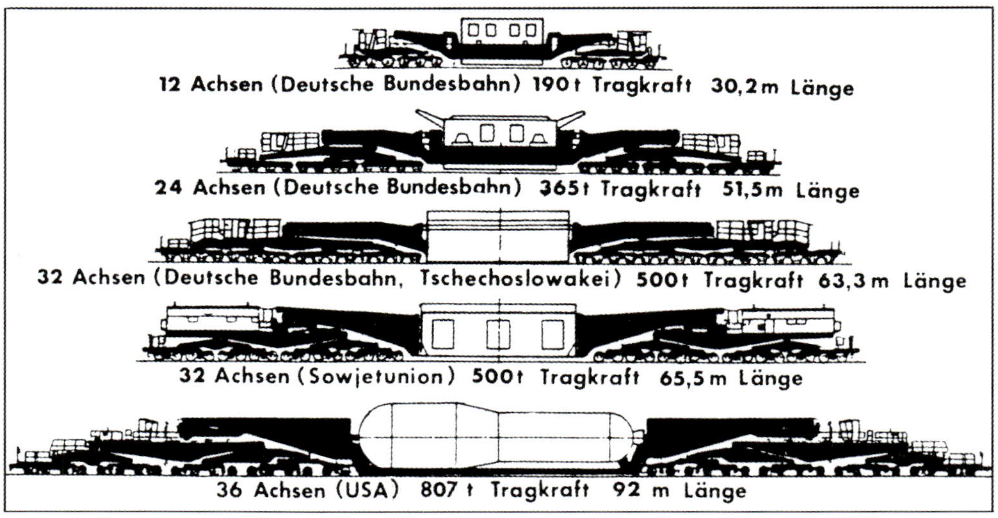

Bild 324: Vergleich des nach den USA gelieferten Schienen-Schwerlastwagens mit 807 t Tragkraft mit den größten für europäische Abnehmer gebauten Fahrzeugen.

gen, die auch in die Tschechoslowakei und nach Rußland geliefert wurden, ist ein hydraulischer Achslastausgleich vorgesehen. Mit 336 t Eigengewicht und 807 t Nutzlast ergibt sich ein Gesamtgewicht von 1.143 t. Das beladene Fahrzeug ist für eine Höchstgeschwindigkeit von 25 km/h zugelassen, leer sind 40 km/h erreichbar. Zur Aufnahme der Last dienen zwei Tragschnäbel; anders als beim Transport der selbsttragenden Wandertransformatoren in Deutschland und Europa werden nur die am oberen Ende der Schnäbel entstehenden Druckkräfte voll auf die Last übertragen, die unten entstehenden Zugkräfte werden von einem Tiefbett aufgenommen. Dieses Verfahren wurde analog auch 1970 bei dem geschilderten Straßentransport eines Reaktor-Druckkessels durch Hoffmann angewendet. Der Waggon überschreitet mit Last das normale Umgrenzungsprofil in Höhe und Breite. Durch die Hydraulik im Fahrzeug wird es ermöglicht, in begrenztem Umfang den ganzen Lastteil horizontal oder vertikal zum Umfahren von Hindernissen zu verschieben. Die zulässigen Grenzwerte bei außermittiger Belastung werden durch optische und akustische Warneinrichtungen erfaßt. Außerdem können mit Hilfe der hydraulischen Einrichtungen Lasten direkt vom Boden aufgenommen werden.

Mit diesem Schienenfahrzeug wurden 1982 zwei 803 t schwere Dampferzeuger und ein 498 t wiegender Reaktorkessel vom Werk der Combustion Engieering in Chattanooga, Tennessee, zum Nuklearkraftwerk Cherokee der Duke Power Comp. in Gaffney gefahren (Bild 325). Mit

Bild 325: Schienen-Schwerlastwagen mit 36 Achsen mit 803 t schwerem Dampferzeuger der Combustion Engineering.

diesen ungewöhnlichen Lasten und wegen der Topographie konnte der direkte Landweg nicht gewählt werden, weshalb eine 2.600 Meilen (4.200 km) lange Schiffsreise über die Flüsse Tennessee, Ohio und Mississippi und den Golf von

Bild 326: 18achsige Kombination in Leichtbauweise mit kompakter Schwerlast.

Mexiko zum Atlantikhafen Charleston, South Carolina, gewählt wurde. Daran schloß sich der Schienenweg von 500 km Länge an. Die Lasten legten damit das Dreizehnfache der Entfernung in Luftlinie zurück! Ein Schwertransport auf der Schiene hatte in diesem Fall eine ähnliche Problematik wie auf der Straße.

...und weitere Transporte auf Straßen

1982 erfolgte ein Transport auf einer interessanten 18achsigen Kombination in Leichtbauweise; Daten sind leider nicht bekannt (Bild 326). 1987 entstand ein Foto vom Transport eines schweren Container-Verladegerätes auf einer

13achsigen Kombination von Talbert; Peterbilt baute die vierachsige Zugmaschine. Beachtlich war die trotz der Schwanenhälse niedrige Bauart und die Anlenkung des letzten Dollys über einen Schwanenhals (Bild 327).

Rigging International, USA, benutzte 1988 zusammen mit Mogul, Neuseeland, für den nächtlichen Transport eines Moduls für das Gas-To-Gasoline Projekt in Neuseeland eine Plattformwagenkombination mit 20 Achslinien (Bild 328), bestehend aus seitlich und hintereinander gekuppelten Einheiten, gebaut von Goldhofer in Deutschland. Derart aufwendige Kombinationen waren nicht vorrangig wegen des Gewichts einer Last, sondern eher bei nur teilweiser Nutzung der Tragfähigkeit notwendig, um Straßen und Brücken niedriger und gleichmäßig zu belasten.

Den Transport einer schweren Caterpillar-Raupe um 1989 auf einer zehnachsigen Kombination von Talbert Trailers zeigt das Bild 329 von vorne und hinten. Der vordere Schwanenhals war hydraulisch absenkbar und abnehmbar. In einer schematischen Darstellung sind

Bild 327: 13achsige Kombination von Talbert Trailers mit Peterbilt-Traktor.

Bild 328: Ein „Tausendfüßler“ beim nächtlichen Transport eines Moduls in Neuseeland.

Bild 329: Vorder- und Rückansicht einer zehnachsigen Talbert-Kombination mit Cat-Bulldozer.

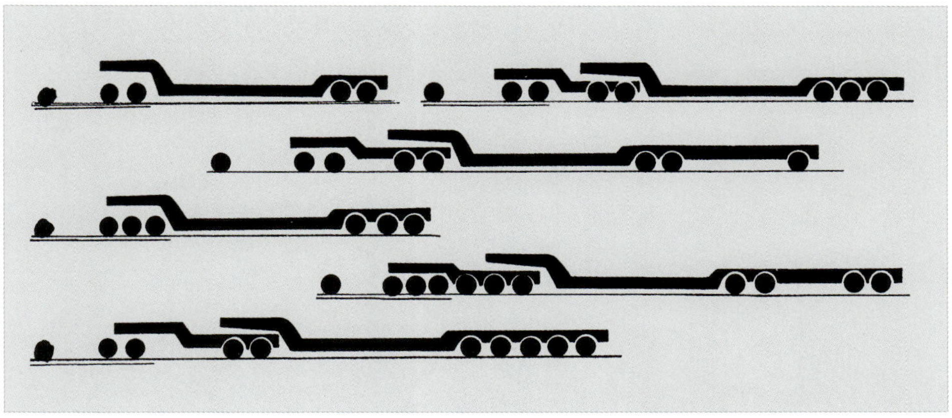

Bild 330: Talbert-Varianten von Tiefbettkombinationen für drei- und vierachsige Zugmaschinen.

einige der von Talbert lieferbaren Kombinationen für verschiedenartige Lasten gezeigt. Mit dreiachsigen Zugmaschinen hatten die Kombinationen fünf bis zehn Achsen, mit vierachsigen Zugmaschinen sieben bis elf Achsen (Bild 330).

Von dem holländischen Unternehmer Mammoet B.V. wurde in den USA eine fünfteilige Tiefbettkombination mit zwei Schwanenhälsen verwendet. Die Kombination hatte mit dreiachsiger Zugmaschine 13 Achsen und eine Tragfähigkeit von 102 t (Bild 331), der Tiefbettanhänger stammte von Cozad.

In Kanada stellte die Hayes Trucks Ltd. in Vancouver schwere Nutzfahrzeuge und Traktoren her. Nach wechselvollem Schicksal wurde die Produktion 1975 eingestellt. Der großzügig konzipierte und robust gebaute Traktor WHDX mit Cummins- oder Caterpillar-Dieselmotor wurde auch in Spanien von Transportes Modernos für Schwerlasttransporte verwendet (Bild 332), ebenso von Spanien aus in Venezuela.

Die zahlreich für zivile Transporte verwendeten Pacific-Traktoren, die im Zweiten Weltkrieg als Panzertransporter gedient hatten, wurden von der Pacific Car & Foundry Co. Renton, Washington, in den USA hergestellt. 1945 stellte die Firma die Produktion ein. In Kanada entstand 1947 die neue Pacific Truck and Trailer Ltd. in North Vancouver, British Columbia. Ihr Programm schwerer Zugmaschinen ähnelte dem von Hayes. Dieselmotoren von Cummins und Detroit Diesel wurden eingebaut. Die schweren Ultra Pacifics mit Cummins-

Bild 331: 13achsiger Schwerlastzug mit Tiefbett der amerikanischen Niederlassung Mammoet Western in Kalifornien.

V12-Dieselmotor mit 746 PS (549 kW) und Clark-Lastschaltgetriebe mit Wandlerschaltkupplung (WSK) wurden ebenso in Südafrika von der SAR für Schwerlasttransporte verwendet. Auch dieser Hersteller beendete 1991 die Produktion, sicher eine Folge des weltweiten Wandels von speziellen Komponenten-Zugmaschinen zu den aus Serienkomponenten großer Hersteller gebauten Zugmaschinen und des feststellbaren Rückgangs der Zahl echter Schwertransporte.

Damit ist eines der interessantesten Kapitel der Schwerlasttransporte mit Schwerlastfahrzeugen ohne Antrieb in den USA beendet. Die Betrachtung zeigt erneut die Abhängigkeit des Großmaschinen- und Apparatebaus vom leistungsfähigen Schwerlastfahrzeug. Schwere Lasten werden nicht nur auf Straße und Schiene und häufig im kombinierten Verkehr mit Hilfe von Barges bewegt, die Transporte führen oft durch extrem verschiedene Klimazonen mit stark wechselnder Topographie. Selbst die Erschließung der Wasserkraft in Labrador und die Erdölexploration in Alaska unter schwierigsten Bedingungen waren mit Schwerlastfahrzeugen möglich. Eine Alternative gab es nicht.

Bild 332: Ein Bolide aus kanadischer Produktion: Schwerlastzugmaschine WHDX von Hayes.

X.

1961 bis 1990

Was geschieht außerhalb Europas, Kanadas und der USA?

In den Ländern außerhalb Europas, Kanadas und der USA bedienten sich die Transportunternehmer sowohl der europäischen Transporttechnik als auch der amerikanischen. Die Notwendigkeit zum Transport schwerer und groß dimensionierter Lasten ergab sich neben dem Bedürfnis, Maschinen und Fahrzeuge für den Ausbau der Infrastruktur zu transportieren, durch den fast überall gestiegenen Energiebedarf. Im Gegensatz zum dichtbesiedelten Mitteleuropa entfielen jedoch die schwierigen Ortsdurchfahrten; dafür waren, ähnlich wie in den USA, oft große Distanzen, unbefestigte Wege und Wüstengebiete zu befahren.

Bild 333: Ein auf Bohlen aufgefahrener Kran ohne Ausleger wird auf einen Plattformanhänger durch Unterfahren aufgeladen. Unteres Bild: in Transportstellung.

In den arabischen Ländern waren wegen der hohen Außentemperaturen für die Zugmaschinen vergrößerte Kühler oder Zusatzkühler zur Abfuhr der Wärme aus den Motoren und Getrieben notwendig. In Saudi-Arabien wurde ein Kran auf einen Scheuerle-Plattformanhänger des Transportunternehmers Satol verladen (Bild 333). Der Anhänger wurde abgesenkt, unter den auf Bohlen aufgebauten Kran geschoben und übernahm ihn dann durch Anheben mit der Achshydraulik. Der Traktor war vermutlich ein modifiziertes Kenworth-Modell.

Mit seitlich gekuppelten Plattformwagenkombinationen, ebenfalls von Scheuerle, wurde ein Kessel über eine Rampe aus einem Schiff gezogen (Bild 334). Die schwere Zugmaschine hatte zwei im Winkel zueinander angeordnete Kühler. Satol war außerdem mit Oshkosh-Traktoren und Scheuerle-Plattfortmwagen 1980 an den RoRo-Transporten von Großmodulen für Meerwasserentsalzungsanlagen beteiligt. Sie wurden von Japan nach Saudi-Arabien verschifft. Bild 335 zeigt

Bild 334: Schwergut wird auf zwei Plattformanhängern aus einem Schwergutschiff über eine Rampe an Land gefahren.

Bild 335: Ein Großmodul wird in Saudi-Arabien von Satol vom Ponton an Land und zum Aufstellungsort gefahren.

die Entladung eines ca. 1.500 t schweren Moduls auf vier Plattformanhängern mit je 18 Achslinien und sechs Traktoren ziehend und schiebend. Die vier Plattformen wurden durch Distanzträger miteinander verbunden und die Lenksysteme mechanisch. Die Kombination hatte 144 Pendelachsen mit 576 Reifen. Für den Bau mehrerer Großanlagen mit solchen Modulen wurden Plattformwagen mit Antrieb entwickelt.

In Syrien wurden zwei Scraper ohne Triebkopf auf eine lange Plattform verladen; über Drehschemel ruhte diese auf zwei dreiachsigen Fahrzeugen mit zwillingsbereiften Pendelachsen. Der Nachläufer wurde mit seiner Deichsel an der Plattform angelenkt, wodurch eine automatische Lenkung in Kurven gegeben war. Die Faun-Zugmaschine mit Allradantrieb wurde schon bei früheren Transporten vorgestellt (Bild 336).

Bild 336: Zwei Scraper werden in Syrien auf einer Plattform und Nachläufern transportiert.

Die Schwerlastspedition Baco in Teheran, Iran, verwendete für zahlreiche Transporte in den sechziger und siebziger Jahren Scheuerle-Plattformanhänger mit sieben Achslinien. Zwei Plattformen wurden für den Transport eines ca. 200 t schweren und selbsttragenden Druckbehälters mit einer Zwischenbrücke starr verbunden (Bild 337). Dadurch war eine Zwangslenkung aller Pendelachsen mit der Zugdeichsel möglich. Der Transport stellte hohe Anforderungen an Menschen und Maschinen, da unbefestigte Wege und trockene Flußbetten zu befahren waren. Die dreiachsige Kaelble-Zugmaschine mit Allradantrieb bewältigte alle Schwierigkeiten ohne Schubhilfe.

Für einen Schwertransport in Argentinien benötigte die Firma Roman 2x15 Achslinien mit insgesamt 240 Rei-

fen wegen der begrenzten zulässigen Straßen- und Brückenbelastung. Bei einer Flußüberquerung zwischen Buenos Aires und der Provinz Tucuman war dennoch eine Hilfsbrücke in Gitterkonstruktion notwendig (Bild 338). Die Entfernung zum Zielort betrug 1.500 km.

In Australien verkehrten nicht nur die weltbekannten „Güterzüge der Landstraße" oder Road Trains mit maximal 16 Achsen und maximal 110 t Gesamtgewicht quer durch den Kontinent, sondern ebenso Schwerlasttransporte verschiedener Art. Neben englischen Traktoren, zum Beispiel von Atkinson, Leyland oder Scammell, wurden amerikanische Fabrikate bevorzugt. Die Transporttechnik war ähnlich wie in den USA; teils wurden mehrgliedrige Kombinationen mit langem Achsabstand zwischen den Tandemachsen, teils europäische Plattformanhänger verwendet.

Von Drake Trailer Australia in Brisbane wurden neben Tiefladern (Bild 339) auch Plattformanhänger mit hydraulisch abgestützten Pendelachsen hergestellt

Bild 337: Baco in Teheran transportiert Schwerlasten mit Kaelble-Traktor und Scheuerle-Kombination durch ein Wüstengebiet.

Bild 338: Eine „gestreckte" Schwerlast wird in Argentinien über eine Brücke mit Hilfskonstruktion gefahren.

Bild 339: Cat-Raupe 1206 auf Tieflader von Drake Trailer.

(Bild 340). Der Plattformanhänger hatte zehn Achslinien und einen abfahrbaren Schwanenhals mit hydraulischem Belastungsausgleich zwischen dem Tragsattel und der Achshydraulik. Der dreiachsige Mack-Traktor wurde bei den Road Trains oft verwendet. Europäische Plattformanhänger erfreuten sich für die ganz schweren Lasten offenbar großer Beliebtheit. Eine 123 t schwere Diesellokomotive wurde auf einer Scheuerle-Kombination der sechziger Jahre verladen (Bild 341). Vier sechsachsige Plattformen wurden seitlich und hintereinander gekuppelt, die Räder waren einfachbereift. Ein Mack-Traktor zog, ein anderer schob.

Die Schwerlastgruppe Brambles Manford, die Western Australian Division der Brambles Industrial Group, der Muttergesellschaft von Econofreight (EHT) in England, transportierte 1975 zwei 340 t schwere P&H-Seilbagger, Modell 1900 (Bild 342). Der eine wurde von Port Hedland nach Shay Gap über eine Strecke von 120 Meilen (200 km) transportiert, der andere in die entgegengesetzte Richtung. Zwei Mack-Traktoren schwerer Bauart, Modell R 767 RXS, mit 261-kW-(350-hp-)Cummins-Dieselmotoren zogen und schoben eine Scheuerle-Kombination. Sie bestand aus vier seitlich und hintereinander gekuppelten sechsachsigen Plattformen mit insgesamt 48 Pendelachsen mit 192 Reifen. Die gesamte Plattform hatte die Größe von 10x6 m, und das Gesamtgewicht des Anhängers mit Last betrug 434 t. Brambles bezeichnete diese Transporte

Bild 340: Plattformanhänger von Drake Trailer mit Rampen am Heck.

Bild 341: Diesellokomotive auf Scheuerle-Plattformanhänger.

Bild 342: Langstreckentransport eines P&H-Großbaggers durch Brambles Manfold auf Scheuerle-Plattformkombination.

als die schwersten in Australien über eine solche Distanz und auf untergeordneten Wegen. Die „Straße“ war nur für eine Belastung von 20 t gebaut! Auf jeder Fahrt wurden fünf Flußbetten mit aufgeweichten Ufern durchfahren, eine ungeheure Belastung für das Scheuerle-Fahrzeug.

Bild 343: Schwerlasttransport mit Seitenträgerbrücke auf Plattformanhängern durch Lance Smith.

Lance Smith Heavy Haulage Pty. in Vermont in Australien war ein erfahrener Transporteur schwerer Lasten, der selbst Schwerlastanhänger baute. Bei dem Transport eines Stators oder Turbinengehäuses (Bild 343) wurde dies deutlich. Die Last wurde von einer Seitenträgerbrücke getragen, die vorne auf einem Fahrwerk eigener Konstruktion und hinten auf einer Plattformwagenkombination von Nicolas lag. Gezogen wurde von einer Scammell-Contractor, schiebend war ein Mack-Traktor eingesetzt.

Bild 344: Scraper auf Satteltieflader und Nachläufer.

Um 1970 wurde ebenfalls von Lance Smith ein 56 t schwerer Cat-Scraper über 900 Meilen (1.450 km) weit transportiert. Die Art des Verladens war ungewöhnlich (Bild 344). Die Hinterachse des Scrapers wurde auf ein Dolly gesetzt, wobei das Knickgelenk des Scrapers die freie Einstellung bei Kurvenfahrt ermöglichte.

Ein auf den ersten Blick leichter Schwertransport war bei näherer Betrachtung doch recht schwierig. Ein aus England gelieferter Spiegel für ein Teleskop zur Himmelsbeobachtung wurde in Sydney auf einen fünfachsigen Sattelzug des Unternehmers A. D. Sticpewich Pty. Ltd., Newcastle, New South Wales, umgeladen (Bild 345) und auf dem Landweg über 400 Meilen (644 km) zum Observatorium Siding Spring bei Coonabarabran transportiert. Die letzten 25 Meilen bis auf den Berg hinauf waren steil und kurvenreich. Der Transport dauerte vier Tage. Der mit höchster Präzision hergestellte Spiegel mit einem Wert von drei Millionen US-Dollar hatte eine Spezialverpackung und mußte wegen Hindernissen am Straßenrand in einer Höhe von zwei Meter über Straßenniveau verladen werden. Die Sattelzugmaschine war das Modell 9000 von White mit GM-8V-71N-Dieselmotor.

Zwei Krane verluden einen Drucktank auf zwei spezielle Tiefladefahrwerke mit Dollies (Bild 346). Zur Unterstützung der hydraulisch-mechanischen Lenkung und des Hubs der Achszylinder waren motor-

Bild 345: Teure und empfindliche Fracht auf Sattelzug.

hydraulische Servoaggregate an jedem Fahrwerk angebracht. Transporteur war die Firma Walter Wright Pty. Ltd. in Mount Waverley, Victoria, in Australien. Wright transportierte auch den Transformator hängend in einer Seitenträger-

brücke, die über Drehschemel und Lastverteiler auf zwei Cometto-Plattformkombinationen auflag (Bild 347). Angepaßt an Größe und Schwere der Last, waren je zwei Plattformen seitlich gekuppelt. In 2x12 Achslinien waren 96 Pendelachsen mit 384 Reifen zusammengefaßt. Je zwei Traktoren von Kenworth und Mack zogen und schoben die schwere Last.

Bild 346: Druckkessel wird auf zwei Spezial-Kesseltransporter von Walter Wright verladen.

Bild 347: Schwertransport von zwei Seiten: Walter Wright transportiert Transformator auf Cometto-Plattformen mit vier Traktoren.

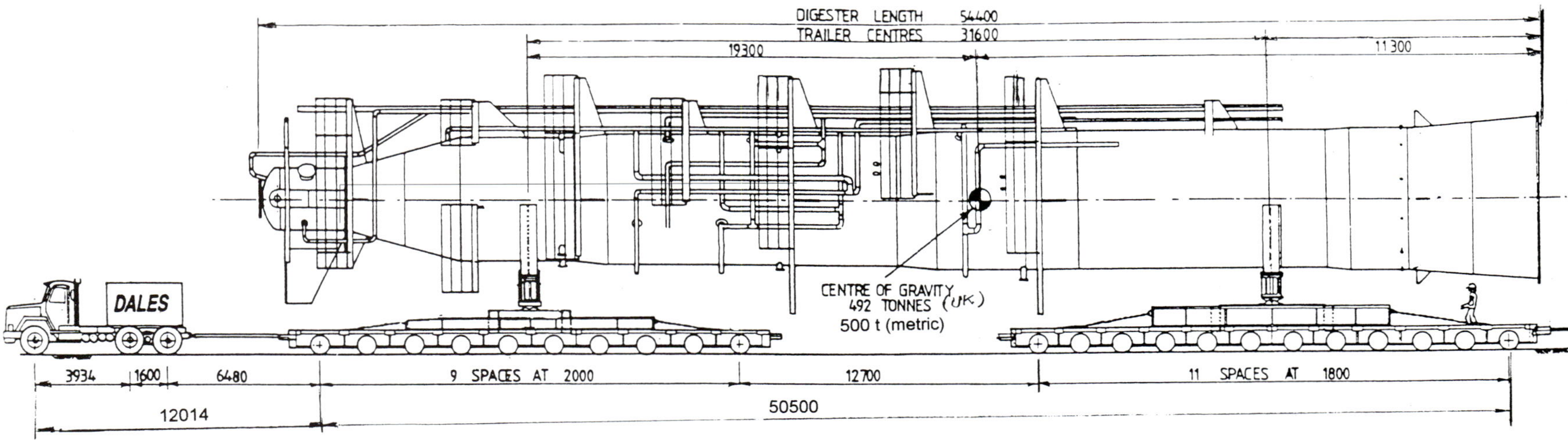

Bild 348: Dales Heavy Haulage führt auf Neuseeland den größten Schwertransport auf diesem Kontinent durch: Cometto-Plattformen tragen eine 500 t schwere Kolonne.

Yellow Express Carriers Ltd. in West Melbourne war ein vielseitiges Transportunternehmen mit einer Schwerlastgruppe. Der Transport eines 64 t schweren Transformators war 1934 eine Sensation gewesen. Verwendet wurde ein Spezialfahrzeug mit Vollgummibereifung. Danach wurde systematisch die Einführung von Luftreifen für Schwertransporte betrieben. Die Tragfähigkeit der Anhänger konnte bald auf 80 t gesteigert werden. 1963 transportierte Yellow Express einen 145 t schweren Transformator zwischen langen Trägern, die sich über Querträger und Drehschemel auf zwei Dolly-Fahrwerke mit je sechs Achslinien stützten. Die mehrgliedrige Konstruktion der Fahrwerke mit je zwölf Pendelachsen in Tandemanordnung entsprach im Prinzip amerikanischen Fahrzeugen. Der Transformator wurde im Hafen von Sydney von einem Schiff auf ein Schienenschwerlastfahrzeug umgeladen und dann für die letzten sechs Meilen zum Kraftwerk von dem Schwerlastfahrzeug übernommen. Die 205 t schwere Anhängelast wurde von zwei dreiachsigen White-Traktoren, Modell 2864 mit 220-hp-(164-kW-)Cummins-Motor und Modell 2264 mit 160-hp-(112-kW-)Cum-

Bild 349: Straßenszene in Indien mit Schwerlasttransport.

Bild 350: Schwertransport in Japan mit symmetrischem Aufbau des Zuges.

mins-Motor, gezogen – sogar über eine Steigung von 8,5 Prozent. Die Fahrt nach dem Motto „Slow but shure“ dauerte zwei Stunden.

1990 wurde ein 500 t schweres Modul für eine Anlage zur Zellulosegewinnung in Neuseeland von dem Unternehmen Dales Heavy Haulage in Wiri mit zwei seitlich gekuppelten Plattformkombinationen von Cometto transportiert (Bild 348). Es war sicher die schwerste und größte je auf diesem Kontinent transportierte Last. Das 55 m lange Modul hatte einen größten Durchmesser von 10,5 m. Die 55 km lange Reise des fast 100 m langen Schwerlastzuges zum Zellstoffwerk in Kawerau verlief spektakulär. Ein Michigan-Radlader mit 475 PS übernahm die Lenkung der ersten Plattform, die zweite Plattform wurde individuell gelenkt und von zwei Scammell-S-24-Traktoren mit je 350 PS geschoben und – vor allem im Gefälle – gebremst. Die gesamte Antriebsleistung betrug 1.175 PS (864 kW). Die vordere Plattformkombination mit Lastverteiler hatte zehn Achslinien mit je vier Pendelachsen, die hintere Kombination hatte zwölf Achslinien ebenfalls mit je vier Pendelachsen. Die Last rollte also auf 88 Pendelachsen mit 352 Reifen.

Für Schwerlasttransporte nach Indien mußte sich der ganze Zeitplan nach dem Monsun richten. Wenn der Transport (im RoRo-Verfahren) zu spät kam, waren die Straßen mit Lastfahrzeugen nicht mehr befahrbar, und Flüsse konnten wegen des um viele Meter gestiegenen Wasserspiegels nicht mehr überquert werden. Die Probleme wurden größer, weil Ausmaße und Gewicht der exportierten Maschinen wuchsen. Eine von ABB (Asea Brown Boveri) in Mannheim gelieferte Gasturbine für ein Kraftwerk in Indien wog 370 t. Für einen anderen Transport wurde speziell ein 270 m langer Ponton gebaut, da keine der wenigen Flußbrücken eine ausreichende Tragfähigkeit besaß. Eine Straßenszene in einer kleinen Stadt in Indien mit einem Schwertransport ist auf Bild 349 dargestellt.

Schwerlastfahrzeuge in Japan wiesen gegenüber den bisher gezeigten Fahrzeugen einige Unterschiede auf. Die Schwerlastzüge fuhren mit Sattelzugmaschinen

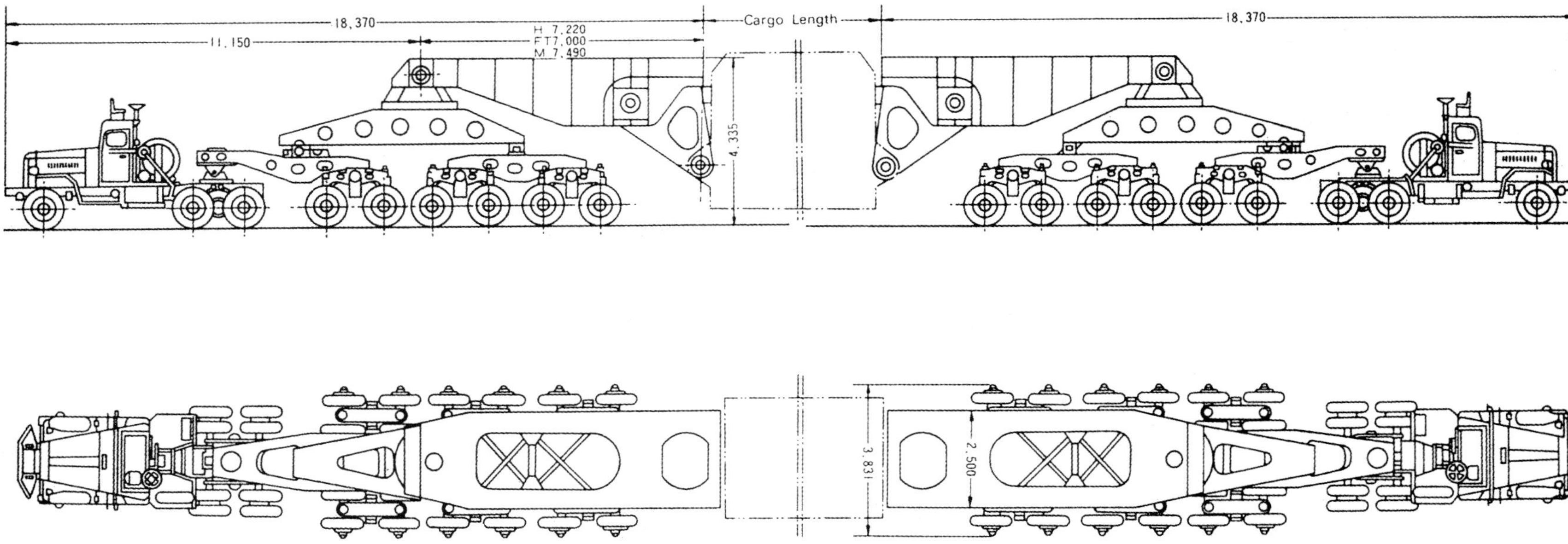

Bild 351: Darstellung des ca. 45 m langen Schwerlastzuges nach Bild 350.

und Dollies. Der Aufbau eines solchen Zuges (Bilder 350 und 351) war symmetrisch, da das schiebende Fahrzeug rückwärts fuhr. Um dem Fahrer des rückwärts fahrenden Traktors den notwendigen Überblick zu geben, hatten beide Traktoren einen Fahrersitz mit Lenkrad auf dem Dach. Ein Wechsel der Fahrtrichtung war bei Schwerlasttransporten nicht ungewöhnlich, hier konnte er ohne Umhängen vorgenommen werden. Auffallend war ebenso die große Breite der Tandemfahrwerke. Die Achsabstände waren außerordentlich kurz. Für den

Bild 352: Ebenfalls symmetrisch aufgebauter Schwerlastzug mit anderen konstruktiven Merkmalen.

Bild 353: Schwerlastzug von Japan Express Co. mit vierachsigem Hitachi-Traktor und überbreiter Lastbrücke für 500 t Nutzlast.

Bild 354: Vier dreiachsige Traktoren von Mack mit Plattformkombination von Nicolas in Südafrika.

Bild 355: Frasers in Südafrika transportiert einen Transformator auf Plattformanhänger von Nicolas mit Schwanenhals und vierachsiger MAN-Zugmaschine.

Transport einer ebenfalls selbsttragenden Last mit Schnäbeln (Bild 352) wurden die Traktoren auch symmetrisch angeordnet; die Zahl der Achsen war im Verhältnis zur Last niedrig und die Belastung der Hinterachsen der Traktoren offenbar hoch. Ungewöhnlich in der mehrgliedrigen Fahrwerksanordnung war auch der Schwerlastzug mit einer vierachsigen Hitachi-Sattelzugmaschine (Bild 353). Unwahrscheinlich, daß zum Schieben ein rückwärts fahrender Traktor eingesetzt werden konnte. Die Tragkonstruktion war überbreit.

Schwertransporte in Südafrika wurden beispielsweise von Frasers Transport Pty. Ltd. in Johannesburg und der Schwertransportabteilung der South Afrikan Railways (SAR) durchgeführt. Eine in einer Seitenträgerbrücke aufgenommene Schwerlast wurde auf zwei Nicolas-Plattformanhängern mit je zwölf Achslinien transportiert, gezogen und geschoben von vier dreiachsigen Zugmaschinen (Bild 354). Ob nur die Lastbrücke oder alle Fahrzeuge von SAR stammen, ist nicht bekannt. Auch Frasers verwendete eine zwölfachsige Nicolas-Kombination

Bild 356: Ein Transformator wird mit Lastbrücke auf zwei Goldhofer-Plattformkombinationen mit je 16 Achslinien in Thailand transportiert.

und eine einzelne sechsachsige Plattform (Bild 355), beide mit abnehmbarem Schwanenhals. Die vierachsige MAN-Zugmaschine 48.700 VFAR 8x8 entsprach bereits der sich in Europa durchsetzenden Bauweise mit Serienkomponenten aus dem Lastwagenbau mit Motoren aus einem Baukastensystem. Der V12-Turbodieselmotor hatte eine Leistung von 515 kW (700 PS) und ein ZF-Getriebe mit 16 Gängen und Drehmomentwandler. Hinter der Kabine war eine Zusatzkühlanlage aufgebaut, um die bei hoher Belastung vermehrt anfallende Wärme aus dem Motor und dem Wandler abzuführen. Die Zugmaschine mit Allradantrieb hatte ein zulässiges Höchstgewicht von 48 t. Dieses Modell wurde von den deutschen Schwerlastspeditionen Schindler und Voss leihweise benutzt.

Die SAR benutzten die erwähnten kanadischen Ultra-Pacific-Traktoren mit 549-kW-(746-PS-)V12-Turbodieselmotoren von Cummins sowie Clark-Wandler-Lastschaltgetriebe. Die beiden Spezial-Schwerlastanhänger von Cometto mit je 14 Achslinien mit drei Pendelachsen je Achslinie waren mit der Seitenträgerbrücke 60 m lang. Die Kombination mit 84 Pendelachsen und 336 Reifen wurde 1992 für den Transport eines 370 t schweren Stators von Richardsbai zum Kendall-Kraftwerk in 1.590 m Höhe gebracht. Mit vier ziehenden Pacifics und einer schiebenden – zusammen 2.745 kW (3.733 PS) – war der Zug 140 m lang. Die Fahrt dauerte zehn Tage. Zeitweise wurde eine Höchstgeschwindigkeit von 18,5 km/h erreicht. Die Cometto-Anhänger hatten die übliche mechanisch-hydraulische Lenkung aller Pendelachsen mit der Besonderheit, daß das nachlaufende Fahrwerk mit einem elektronischen Lenksystem automatisch gelenkt werden konnte. Nach Angaben der SAR betrug die Nutzlast dieser Cometto-Kombination 450 t, technisch zulässig waren jedoch maximal 1.000 t bei minimaler Geschwindigkeit.

Bei mehreren Transporten der Electric Generating Authority of Thailand (EGAT) ab 1987 spielten die klimatischen Bedingungen eine Rolle. Ein 200 t schwerer Transformator und anschließend weitere Schwerlasten wurden von Bangkok zu einem Kraftwerk an der Grenze zu Burma und Laos transportiert (Bild 356). Zur Lastaufnahme wurden zwei Goldhofer-Plattformkombinationen der Reihe THP mit je 16 Achslinien und eine Seitenträgerbrücke verwendet. Die Anhängerkombination hatte ein Gewicht von 360 t. Der ganze Zug war 110 m lang bei einem Gesamtgewicht von 460 t. Eine vierachsige Zugmaschine des deutschen Herstellers Titan, Typ Z 60.525 H 8x8, mit Lastschaltgetriebe und eine dreiachsige, Typ Z 40.525 H 6x6, mit Wandlerschaltkupplung bewältigten die 350 km lange Strecke mit Steigungen bis 12,5 Prozent bei Außentemperaturen bis 36 °C, Regengüssen und hoher Luftfeuchtigkeit in 16 Tagen. Die Rückfahrt ohne Last dauerte fünf Tage. Beide Traktoren hatten Cummins-Turbodieselmotoren mit einer Leistung von je 386 kW, zusammen 772 kW (1.050 PS).

XI.

1961 bis 1990

Antriebssysteme vollenden die Technik der Plattformwagen

Die bisher wirtschaftlich und technisch logische Trennung von Zug- und Tragkraft oder das Schlepper-Anhänger-Prinzip wurde im Lauf des angesprochenen Zeitraums für hohe und höchste Lasten zugunsten eines in den Lastträger integrierten Antriebs verlassen. Der Aufwand an Fahrzeugen wurde kleiner, die Beweglichkeit in der Fläche größer. Für innerbetriebliche Transporte in der Schwerindustrie bestand Interesse am Eigenantrieb, weil für die gleislose Förderung bessere Manövrierfähigkeit als mit Traktor und Anhänger wichtig wurde; für Straßentransporte, den RoRo- und den kombinierten Verkehr lag der Vorteil in kleinerer Zuglänge und vermindertem Gesamtgewicht. An Nutzlasten von mehreren tausend Tonnen für kurze Strecken im RoRo-Verkehr war zunächst nicht konkret gedacht worden.

Die Deutsche Reichsbahn (DR) entwickelte in den dreißiger Jahren in Zusammenarbeit mit den Firmen Kaelble und Krupp zwei Varianten der Culemeyer-Roller mit Eigenantrieb. Der Antrieb entsprach üblichen Ausführungen mit Dieselmotor, Schaltgetriebe und mechanischem Antrieb von vier kleinen Rädern. Es blieb bei zwei Prototypen. Erst der Antrieb mit hydrostatischer und stufenlos regelbarer Kraftübertragung begünstigte die Entwicklung von Schwerlast-Radfahrzeugen mit Eigenantrieb. Die Entwicklung hochtragfähiger kleiner Luftreifen zusammen mit der genialen Plattformwagentechnik mit der an einer Schwinge gelagerten Pendelachse waren wesentliche Voraussetzungen für den Übergang auf Eigenantrieb, ohne das Fahrzeugprinzip ändern zu müssen. Als Neuigkeit kam eine elektronisch angesteuerte hydraulische Lenkung jeder einzelnen Pendelachse hinzu. High-Tech eroberte nun zügig die Schwerlasttransportmittel.

Andere Voraussetzungen als für Radfahrzeuge waren für Raupentransporter oder Crawler gegeben. Sie waren konstruktiv dem Baukasten der Raupenkrane entnommen und wurden in der Regel konventionell mit Dieselmotor und Lastschaltgetriebe mit hydrodynamischem Drehmomentwandler angetrieben.

Der ganze Komplex muß nach Fahrzeuggattungen getrennt, aber jeweils chronologisch dargestellt werden, um die Unterschiede und Besonderheiten deutlicher herausstellen zu können. Obwohl primär die Fahrzeuge mit Eigenantrieb oder Selbstfahrer behandelt werden, müssen auch die als Pionierleistung geltenden Transporte nach dem Schlepper-Anhänger-Prinzip geschildert werden. Ob mit oder ohne Antrieb, jetzt trat eine radikale Änderung des äußeren Erscheinungsbildes ein: Bisher dominierte das Fahrzeug gegenüber der im Straßentransport relativ kleinen Last, jetzt überwog absolut das Modul und ließ im Extremfall das Fahrzeug darunter fast verschwinden. Ursachen dieses Wandels waren die Möglichkeiten, auf dem Werftgelände, auf dem Ponton und am Aufstellungsort mit den höchstmöglichen Achslasten zu fahren, und die räumliche Freizügigkeit gegenüber einer Straße. Beachtliche Leistungen wurden auch weltweit von den Raupentransportern oder Crawlern erbracht.

Raupentransporter oder Crawler mit Antrieb

Der Ursprung dieser Transportmittel ist, zunächst noch ohne Antrieb, offenbar in den USA auf texanischen Erdölbohrfeldern zu finden. Raupenfahrwerke sind nicht an befestigte Wege gebunden und üben auch bei hoher Belastung einen geringen spezifischen Bodendruck aus; trotzdem werden unbefestigte Wege oft mit Holzbohlen belegt, um die Sicherheit der Transporte zu gewährleisten und Zerstörungen der Straßenoberfläche bei Lenkmanövern zu vermeiden. Mehr als zwei Crawler unter einer Schwerlast erfordern besondere Maßnahmen, um die Fahrwerke in der Lenkung zu koordinieren. Um Abweichungen der Fahrspur auszugleichen, muß eine Gleitverbindung zwischen Last und Drehlager auf dem Crawler vorgesehen werden. Hier beginnt das Radfahrzeug mit fast unbegrenzter Kombinierbarkeit dank elektronischer Lenkbeeinflussung überlegen zu sein. In den angeführten Beispielen werden im allgemeinen nur zwei Crawler unter einer Last angeordnet.

Die Crawler mit Antrieb trugen in der Regel die Last direkt auf einer Tragplatte. Erst die später entstandenen modularen Transportsysteme auf Plattformwagenbasis mit Antrieb wurden zur direkten Aufnahme noch höherer Lasten vorgesehen.

Lampson arbeitete 1967 zum ersten Mal mit Riggers Manufacturing zusammen

Bild 357: Transport eines Druckkessels auf Raupendollies durch die Wüste.

und setzte neue Crawler für ein Großprojekt in Kenai in Alaska ein. Ein 593 t schwerer Reaktor wurde auf zwei Raupenfahrwerke verladen, von denen das hintere antriebslos war. Der Transport ging über drei Meilen.

Die in Texas ansässigen Firmen Trans Western Transport und J. H. Marks Trucking erzielten 1968 große Erfolge mit neuen Manitowoc-Crawlern beim Transport von zehn Kolonnen, deren größte 425t wog und 27m lang war. Diese Crawler mit je 390 t Tragfähigkeit wurden von liegenden Dieselmotoren (pancake engines) über Lastschaltgetriebe (powermatic-transmission) mit hydrodynamischem Drehmomentwandler angetrieben. Trans Western und Marks kooperierten 1969 wieder und verwendeten die Crawler zum Transport von vier Kolonnen mit 39 m Länge und 9,7 m Durchmesser über eine Strecke von sechs Meilen (9,5 km).

1969 transportierte Trans Western eine fast 50 m lange Kolonne mit 380 t Gewicht mit je vier Raupendollies ohne Antrieb an jedem Ende, genannt „athey wagons". Gefahren wurde über Grasland, zum Überqueren von Straßen wurden Bohlen ausgelegt. Bild 357 zeigt den Transport eines Druckkessels auf einfachen Raupendollies.

Rigging International in den USA und Neil F. Lampson Inc. gewannen 1971 bei einem Raffinerieprojekt in den USA den „Rigging Job of the Year 1971" mit zwei Lampson-Crawlern für je 493 t Tragkraft zum Transport und Aufrichten von zwei Kolonnen mit 576 t und 627 t Gewicht. Beim Aufrichten in die vertikale Einbaulage übernahm ein Crawler die Führung am unteren Ende (Bild 358).

Auch zum Transport ganzer Gebäude wurden Crawler verwendet. So wurde 1971 von Belding Engineering zusammen mit Housemover Tuxill Inc. in den USA ein fast 800 t schweres Gebäude mit einer Grundfläche von 105 m x 34 m auf

Bild 358: Der hintere Crawler bildet nach dem Transport die Basis für das Aufrichten des Reaktorkessels.

einen Raupentransporter und zwei Dolly-Kombinationen geladen und über eine Wiese gefahren.

Die amerikanischen Joint-venture-Partner Lampson und Rigging International verwendeten 1972 Crawler für ein Großprojekt der Atlantic Richfield Oil (ARCO) in Alaska. Zum Bau einer Raffinerie in Cherry Point, Washington, wurden Reaktoren mit Gewichten bis 600 t auf dem Seeweg aus Japan angeliefert, mit vier Crawlern (2+2) aus dem Schiff und im RoRo-Verfahren auf eine Barge gefahren. Nach dem roll-off wurde eine zehnprozentige Steigung auf dem Weg zur Baustelle befahren.

Auf dem Gelände des Graythorp Fabrication Yard wurde 1975 von Rigging International in England ein 890 t schweres Modul einer Bohrinsel auf drei Manitowoc-Crawlern transportiert (Bild 359). Manitowoc-Crawler hatten ein stufenlos arbeitendes dieselhydrostatisches Antriebssystem.

Die Zunahme der Erdölfunde in der Nordsee und der Ausbau der Förderung bescherte der Schwerlastbranche starke Zuwächse. In England wurde daher 1972 die Rigging International Europe gegründet; sie verfügte bald über sieben Raupentransporter oder Crawler mit einer Kapazität bis 600 t. Zum Bau der Tragkonstruktion der Produktionsplattformen (Jacket) wurden insgesamt fast 18.000 t Material im Roll-on-Verfahren transportiert. Das größte Einzelgewicht einer Stahlkonstruktion von 15,3 x 15,3 x 25 m mit einem Gewicht von 960 t wurde mit vier Manitowoc-Crawlern über eine achtprozentige Steigung zum erwähnten Graythorp Fabrication Yard transportiert (Bild 360).

Rigging International Europe beendete 1975 aufgrund des anhaltend guten Offshore-Geschäfts in der Nordsee bereits den fünften Kontrakt über Transporte mit mehr als 8.000 t Gesamtmasse. Die Crawler-Flotte wuchs um fünf Stück mit 500 t und je zwei Stück für 600 t und 700 t. Die größte im Roll-on-Verfahren transportierte Einzellast betrug 1.877 t.

1975 übernahm die deutsche Hansa-Linie den Transport eines 530 t schweren Schwerwasserreaktors von Frankreich nach Indien auf dem Land- und Seeweg.

Bild 359: Bohrfeldmodul auf drei Manitowoc-Crawlern.

Bild 360: Schwieriges Lenkmanöver eines Bohrfeldmoduls auf vier Manitowoc-Crawlern.

Bild 361: Ein senkrecht zwischen Trägern gelagerter Druckkessel wird von zwei Manitowoc-Crawlern auf einer leichten Steigung transportiert.

Auf zwei Raupentransportern verladen fuhr der Reaktor zusammen mit einem Ponton im Schwergutfrachter Uhenfels nach Indien, legte auf dem Ponton eine 40 km lange Flußstrecke zurück und wurde dann im Roll-off-Verfahren über eine Rampe mit 13 Prozent Steigung an Land gebracht. In 14 Tagen bezwangen die Raupentransporter den 45 km langen Landweg auf unbefestigten Straßen nach Baroda. Die Raupen waren für diese Verhältnisse sicher besonders geeignet.

Die amerikanische Reederei West India Line beschaffte um 1970 Crawler für je 500 t Tragfähigkeit. Im November 1976 wurde damit ein 820 t schwerer Reaktor von Japan nach Kuwait im RoRo-Verfahren transportiert. Die Reederei verfügte über Schwergutfrachter mit geringem Tiefgang und legte sich für Schwerlasttransporte eine Flotte von Crawlern zur Durchführung von Transporten im RoRo-Verfahren zu.

Die Firma Neil F. Lampson war bekannt als Transporteur und Hersteller von Schwerlast-Crawlern und stellte 1977 mit zwei Crawlern, die zusammen knapp 1.500 t transportieren konnten, für diese Gattung einen Rekord auf.

Lampson hatte 1976/77 die Aufgabe, 16 Rotoren und 16 Statoren zum Rock Island Damm, Washington, im RoRo-Verfahren auf dem Columbia River zu transportieren. Zwei Teile mit einem Gewicht von 159 t und 178 t wurden zusammen auf einen Raupentransporter verladen. Da der Fluß wegen zwei Staudämmen nicht durchgehend befahren werden konnte, wurden „Notstraßen" von fünf Meilen Länge (acht Kilometer) angelegt, die dann von den Transportern mit Last befahren wurden. Auch die Barge und der Schlepper wurden über diese Notstraße befördert, um wieder „Wasser unter den Kiel" zu bekommen. Auf dem letzten Stück des Weges traten noch Steigungen von zwölf bis 14 Prozent auf.

Das bis 1977 schwerste Modul mit 1.900 t für das Off-shore-Geschäft wurde von Rigging International mit vier 600-t-Crawlern im Hafen Teeside in England zum roll-out gebracht. Die größte Schwierigkeit bestand im Erfassen des günstigsten Zeitpunkts, da dort der Gezeitenunterschied fünf Meter beträgt. Eine seltene, aber wichtige Rolle spielte

1978 der ungewöhnliche Transport eines 60 m langen Behälters mit 6,1 m bis 12,2 m Durchmesser und 600 t Gewicht auf Crawlern. Im Hafen Teeside wurde er vom Schiff übernommen und zum eine Meile entfernten Werk der ICI gefahren.

In einem Joint-venture führten 1977 die American Rigging & Construction und Marks Crane & Rigging den außergewöhnlichen Transport eines 666 t schweren Reaktors in Pottstown, Pennsylvania, durch (Bild 361). Der 19 m hohe Reaktor mit einem Durchmesser von sieben Meter wurde zwischen zwei Längsträgern auf dem Gelände des Nuklearkraftwerks Limrick 1.100 m weit senkrecht transportiert, wobei eine Steigung von 6,7 Prozent befahren wurde. Die Träger waren über Drehschemel auf zwei Manitowoc-Crawlern Typ 4600 gelagert.

Eine interessante Anwendung von Crawlern ergab sich 1978 beim Bau von 15 riesigen Aluminiumtanks für drei LNG-Tankschiffe zum Transport von verflüssigtem Erdgas. Die Tanks mit den Grundmaßen 36,45 m x 36,45 m und 22,6 m Höhe wurden bei Kaiser Aluminium & Chemicals in Mobile, Alabama, gebaut. In einem speziellen Kontrakt wurde Rigging International der Transport zum Kai zum Einbau in die Schiffe übertragen. Vier Raupentransporter wurden unter die vier Ecken eines Behälters plaziert, am Kai wurden die Behälter von einem 1.400-t-Derrick-Kran ins Schiff umgeladen.

Zwei Lampson-Crawler, verbunden durch einen einfachen Rahmen, trugen 1980 in Scriba, New York, einen fast 1.000 t schweren Reaktorkessel für die Niagara Mohawk Power Corp. und brachten ihn in Position zum Aufrichten (Bild 362).

Die französische Firma Mediaco ließ 1983 bei Liebherr im Werk Ehingen einen 400-t-Raupenkran bauen, dessen Fahrwerk auch als Transporter für 600 t Nutzlast verwendbar war.

Bild 362: Zwei Lampson-Crawler mit dem typischen Kettenantrieb des Raupenfahrwerks transportieren einen fast 1.000 t schweren Reaktorkessel.

Bild 363: LCT 4000, der schwerste und stärkste Crawler von Lampson für 4.000 t Tragfähigkeit.

Auch Raupenfahrwerke haben einen Superlativ zu bieten: Der Space Shuttle der NASA wird von einem gewaltigen Raupentransporter von der Montagehalle zur Startrampe stehend transportiert. Zwei Dieselmotoren mit je 2.023 kW (2.750 PS) treiben die Generatoren an, die den Strom zum Speisen der 16 Elektromotoren der vier Doppelfahrwerke liefern. Das Gewicht der Raupenfahrwerke mit der Plattform und dem betankten Shuttle beträgt 4.950 t. Ein einzelnes Kettenglied wiegt fast eine Tonne! Ob der dieselelektrische Antrieb in Schwertransportfahrzeugen neben dem dieselhydrostatischen Antrieb Chancen hat, kann heute noch nicht gesagt werden. Bis jetzt werden nur einige der größten Muldenkipper dieselelektrisch angetrieben.

Lampson errang 1988 mit Crawlern in Alaska den von der HSCC verliehenen „Hauling Job of the Year“. Im RoRo-Verfahren wurden Module im Gesamtgewicht von mehr als 76.000 t zur Prudhoe-Bay in Alaska und dann zur Baustelle verbracht. Dazu wurden vier Crawler LC 800 und zwei Crawler LCT 2000 verwendet, die je mit vier Dieselmotoren ausgerüstet waren. Neil F. Lampson war einer der wenigen Hersteller von Raupentransportern oder Crawlern. Der Typ LCT 4000 mit einem Eigengewicht von 370 t maß 12 m x 12 m und hatte 1,5 m breite Raupenbänder für geringste Bodenbelastung (Bild 363). Mit zwei oder vier Motoren – je nach Größe – wurden gute Manövriereigenschaften erreicht. Im Gegensatz zu den Modultransportern mit Rädern hatten die meisten Crawler konventionellen Antrieb mit Lastschaltgetriebe. Offenbar eroberte der dieselhydrostatische Antrieb – analog zu Baggern und anderen Baumaschinen – auch die Crawler.

Interessant ist der Blick in einen Crawler am Beispiel des TR 850 von Krupp, der in Deutschland im Tagebau zum Versetzen von Maschinen und für Modultransporte verwendet wird (Bild 364). Der Dieselmotor ist im Heck untergebracht, und das Vorderteil ist mit einem Längsgelenk etwas gegen das Hinterteil verdrehbar, um Bodenunebenheiten besser ausgleichen zu können.

Ein beachtlicher Schwerlasttransport des Transportunternehmers Hake auf öffentlichen Straßen mit Manitowoc-Crawlern

MAX. LAST 500 TON

Bild 372: Auch die Raumfahrt nutzt die Vorzüge der Plattformwagentechnik: Kamag-Spezialtransporter bei der Vorbereitung eines Shuttle-Starts auf Cape Canaveral.

unter Last konstant waagerechte Plattform transportieren Satelliten, Raketenmotoren, Nutzlastbehälter und Treibstofftanks von der Montagehalle zum Startplatz der Weltraumraketen (Bild 372).

1971 übertrug Scheuerle die neue Antriebstechnik, basierend auf den Erfahrungen mit 35 bis dahin verkauften Sektionstransportern für Werften, auf Fahrzeuge für den Transport auf öffentlichen Straßen.

Vorteile der Transporter auf Plattformwagenbasis

Scheuerle nutzte 1972 die neue Antriebstechnik für einen Waggontransporter mit einem Deutz-Dieselmotor mit 224 kW (304 PS). Er stellte die Verbindung von

Bild 373: Symmetrisch gebauter Schwerlastzug von Nicolas mit dieselhydrostatisch angetriebenen Fahrzeugen transportiert einen Transformator in einer Brückenkonstruktion.

einem Bahnhof zu einem 25 km entfernten Industriebetrieb auf öffentlicher Straße her. Bei Leerfahrt – mit leerem Waggon beladen – erreichte er eine Geschwindigkeit von 40 km/h. Das Fahrzeug war noch in den achtziger Jahren bei einem Berliner Transportunternehmer in Betrieb.

1973 stellte Nicolas Industrie S.A. in Frankreich, wo ebenfalls Erfahrungen mit zahlreichen kleineren Fahrzeugen der Baureihe Automas mit dieselhydrostatischem Antrieb gesammelt worden waren, ein schweres Fahrzeug für das schwedische Energieversorgungsunternehmen Vattenfall mit zwei gleichen hydrostatisch angetriebenen Plattformwagenkombinationen mit je 2x6 = 12 Achslinien und einer Lastbrücke für den Transport von Hochspannungstransformatoren vor (Bild 373). Die Nutzlast, bestehend aus Last und Brückenkonstruktion, betrug 500 t. Jedes Fahrzeug hatte zwei hintereinander gekuppelte Plattformen. Das ganze Fahrzeug hatte also 24 Achslinien, von denen zwölf von den beiden Antriebsaggregaten angetrieben wurden. Zum Antrieb waren zwei Dieselmotoren mit je 470 kW (640 PS) vorgesehen, die je direkt hinter der Kabine aufgebaut waren. Leer betrug die Höchstgeschwindigkeit 25 km/h; das beladen 672 t schwere Fahrzeug erreichte noch 15 km/h. Durch den symmetrischen Aufbau war das Fahren in beide Richtungen möglich.

Die Schwerlastgruppe der Deutschen Bundesbahn entwickelte gemeinsam mit Scheuerle ein Schwerlastfahrzeug speziell für den kombinierten und den RoRo-Verkehr (Bild 374). Es wurde 1972 ausgeliefert und übernahm weitgehend die Aufgaben der schweren Zugmaschinen mit Schwerstlastrollern. Es konnte in gleicher Weise – aber schneller und einfacher – die mit den Tragschnäbeln der

Bild 374: Ein von Scheuerle und der Deutschen Bundesbahn gemeinsam entwickeltes Schwerlasttransportsystem nach der Übernahme eines Hochspannungstransformators von einem Schienenschwerlastfahrzeug der Intercontinentale, Wien.

Schienen-Schwerlastwagen mit 18, 20, 24 und 32 Achsen verbundenen Transformatoren übernehmen, außerdem war das System RoRo-fähig. Da damals hydrostatische Motoren für die üblichen 15"-Räder bei Linde und Hydromatik noch nicht zur Verfügung standen, wurde eine besondere Lösung gewählt. Zwischen die normalen Anhängerplattformen wurde eine Antriebseinheit mit zwei Achslinien gekuppelt, deren acht 20"-Räder in gleicher Weise wie bei den Sektionstransportern einzeln angetrieben wurden (Bild 369). Damit entstand ein Universaltransportsystem, da die vorhandenen Plattformwagen mit zwei, drei und fünf Achslinien auch als Anhänger verwendbar waren. Das komplette Antriebsaggregat mit Fahrerkabine war leicht abnehmbar und konnte sowohl auf die drei- als auch auf die fünfachsige Plattform gesetzt werden (Bild 375). Es war über Hochdruckschläuche mit Schnellkupplungen mit der Antriebseinheit verbunden. Die beiden MTU-V8-Dieselmotoren hatten eine Gesamtleistung von 1.078 kW (1.460 PS). Die kleinste Kombination hatte einschließlich der Antriebseinheit acht, die größte zwölf Achslinien; damit hatte das ganze Fahrzeug mindestens 16 und höchstens 24 Achslinien. Bei einem technisch zulässigen Gesamtgewicht von 672 t war eine Nutzlast von 450 t (einschließlich Schnäbeln oder anderer Lastträger) bei 4 km/h möglich. Das Fahrzeug wurde in Breite und Höhe

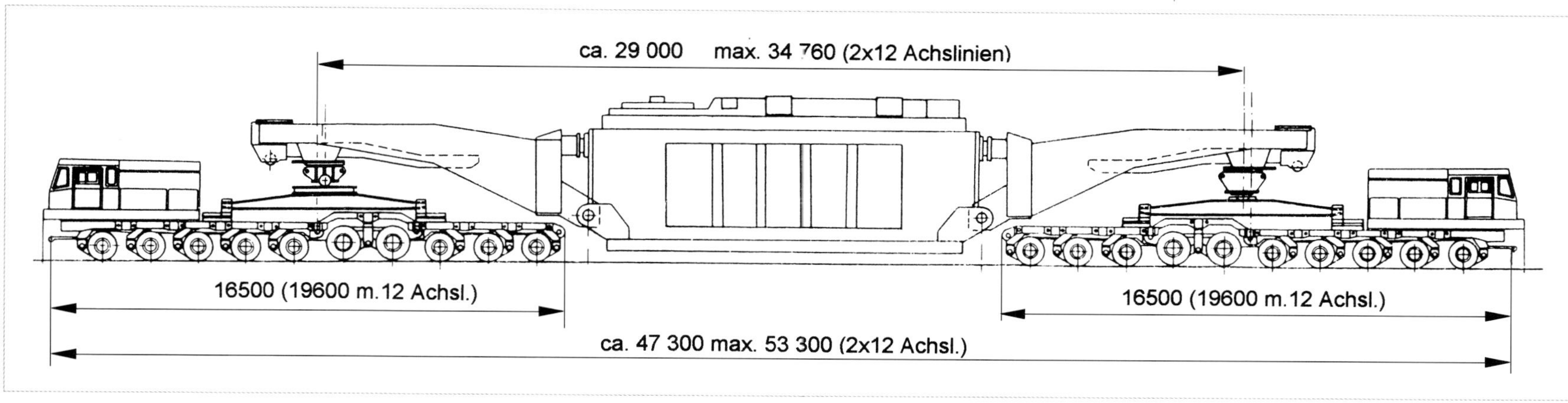

dem Bahnprofil angepaßt, für Leerfahrten konnte es auf einem Flachwagen transportiert werden.

Die DB beschaffte vier gleiche Antriebsaggregate mit Fahrerkabine, wodurch die Plattformen seitlich gekuppelt werden konnten. Damit stand mit einer speziellen Trageinrichtung ein Fahrzeug mit doppelter Nutzlast und doppelter Antriebsleistung zur Verfügung. Dieses Fahrzeugsystem war ein Superlativ im Straßentransport mit einer Antriebsleistung von 2.156 kW (2.920 PS) und einer Nutzlast von ca. 900 t bei einem technisch zulässigen Gesamtgewicht von 1.346 t bei 4 km/h. In jedem Fall konnte auch die große Kombination von einer beliebigen Kabine aus gesteuert werden und war in beide Richtungen fahrbar. Die gigantische Parallelkombination rollte auf 96 Pendelachsen mit 704 Reifen. Das Lenksystem entsprach dem der Plattformanhänger, doch mit dem Unterschied, daß der Fahrer ein hydrostatisches Lenksystem betätigte, das auf die Deichselköpfe wirkte.

Das Scheuerle-DB-Transportsystem war seit 1972 in Betrieb und beförderte zum Beispiel im März 1998 in der einfachen Kombination einen 233 t schweren Transformator. Der Transport erfolgte im kombinierten Verkehr mit einem 24-achsigen Schienenschwerlastwagen der DB im Großraum Hamburg von einem Umspannwerk zu einem anderen.

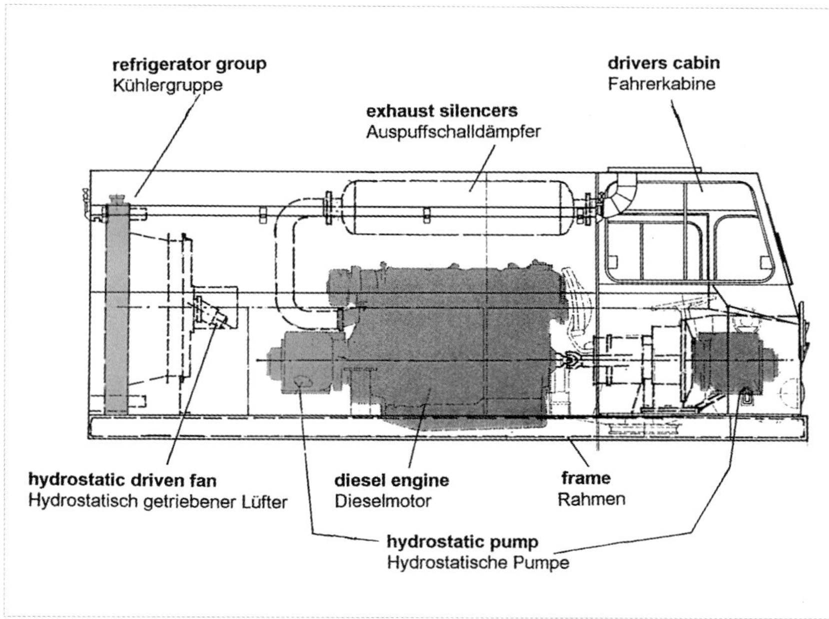

Bild 375: Komplettes und abnehmbares Antriebsaggregat mit Kabine und Gesamtdarstellung des Fahrzeugs nach Bild 374.

Unter den zahlreichen mit dem DB-Scheuerle-Transportsystem durchgeführten Transporten gab es einen, der eine seltene Problematik zu bewältigen hatte. Ein Hochspannungs-Wandertransformator mit einem Gewicht von 340 t einschließlich der Tragschnäbel wurde 1984 von Nijmegen in Holland mit einem 20achsigen Schnabelwagen der DB nach Deutschland überführt und in Altenhunden vom Schienen- auf das Straßenfahrzeug mit bordeigenen Mitteln umgesetzt. Auf der 25 km langen Straßenfahrt zum Umspannwerk Arpe der Vereinigten Elektrizitätswerke Westfalen (VEW) mußten zehn Brücken überfahren werden, eine davon mit besonderen Vorsichtsmaßnahmen. Diese Brücke überquerte einen Fluß nicht im rechten Winkel, sondern schräg, wobei die Auflager und die mittleren Brückenlager auf den Pfeilern im Winkel zur Brückenachse lagen. Es bestand die Gefahr, daß durch die elastische Verformung die Brückenlager vor und hinter dem Lastzug einseitig entlastet werden konnten und sogar abhoben. Um dies zu vermeiden, wurde ein weiteres DB-Scheuerle-Fahrzeug über ein 13,5 m langes Stahlseil vorgespannt; der eigentliche Schwertransport folgte mit 526 t Gesamtgewicht und zog an einem ebenfalls 13,5 m langen Stahlseil zwei Schwerstlast-Straßenroller der DB ohne Antrieb hinterher (Bild 376). Die Roller mit je acht Achslinien waren leicht angebremst und wogen zusammen mit Ballast 160 t wie das vorausfahrende Fahrzeug. Nach Überfahren der Brücke wurden die Ballastfahrzeuge wieder abgehängt.

Eine weitere innovative Lösung baute Scheuerle 1973 für Imatran Voima, ein Elektrizitätsversorgungsunternehmen in Finnland. Das Gesamtfahrzeug bestand aus zwei gleichen Fahrzeugen mit Eigenantrieb und einer Lastbrücke speziell zur Aufnahme großer Transformatoren (Bild 377). Jedes Fahrzeug hatte zwei hintereinander gekuppelte Plattformen mit drei und sechs Achslinien, starr gekuppelt mit der Antriebseinheit mit drei Achslinien. Die Nutzlast betrug 450 t einschließlich der Lastbrücke bei einem technisch zulässigen Gesamtgewicht von 768 t bei 5 km/h. Jede Antriebseinheit hatte drei quer eingebaute Deutz-Dieselmotoren mit Luftkühlung mit einer Einzelleistung von 187 kW (254 PS), die mit Hydraulikpumpen für Antrieb, Lenkung und Heben und Senken zusammengebaut waren. Die gesamte Dieselleistung lag bei 1.122 kW (1.524 PS). Die Antriebspendelachsen hatten einfachbereifte 20"-Räder, die von je einem Hydraulikmotor angetrieben wurden. Eine Überdrehsicherung im Hydraulikkreislauf verhinderte das Durchdrehen einzelner Räder, wodurch problemlos auf vereisten und verschneiten Straßen – häufig von Südfinnland nach St. Petersburg, damals noch Leningrad, und zurück – gefahren werden konnte. Der ganze Schwerlastzug rollte auf 168 Reifen. Die starr angekuppelte Antriebseinheit war mit dem hydraulischen Achslastausgleich der Plattformen verbunden, so daß die Antriebsräder um so höher belastet waren, je größer die transportierte Last war. Die Lenkung von Antriebseinheit und Plattform war koordiniert.

Nach der Entwicklung von Pendelachsen mit hydrostatischem Antrieb wurde von BTO-Trabosa in Spanien 1980 ein Selbstfahrer (Autopropulsador) auf Plattformwagenbasis für 520 t Nutzlast vorgestellt. Das symmetrisch gestaltete Fahrzeug für Straßentransporte mit zwei Kabinen

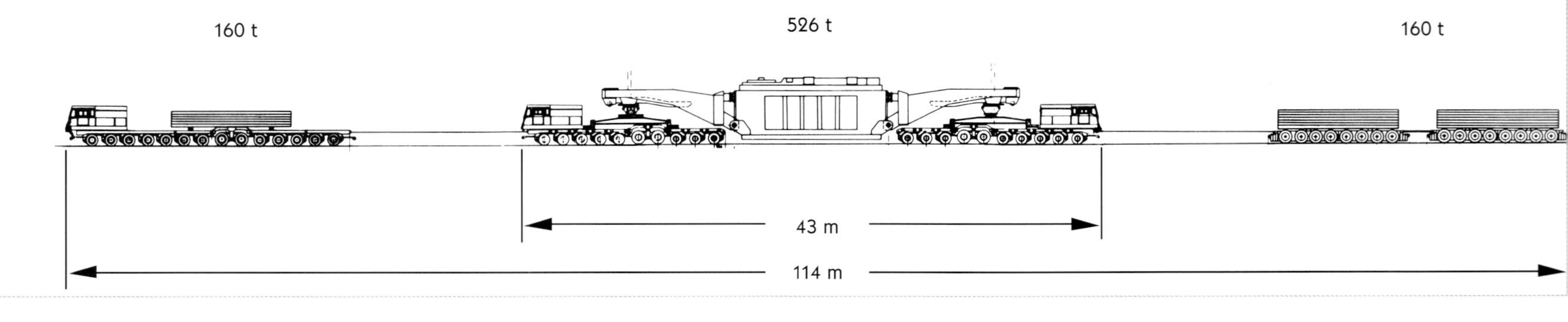

Bild 376: Schwerlastsystem nach Bild 374 in spezieller Konfiguration zum Überfahren einer gefährdeten Brücke, Gesamtgewicht beim Überfahren: 846 t.

wurde von zwei Dieselmotoren mit je 585 kW, zusammen 1.170 kW (1.590 PS), angetrieben. Offenbar wurde das Fahrzeug nie oder nur ganz selten in Betrieb genommen.

In einem speziellen Fall zeigte sich ein hydrostatisch angetriebenes Fahrzeug dem Betrieb mit Schlepper und Anhänger deutlich überlegen. Ein für den Bergbau tätiges Unternehmen in Westfalen tauschte als Dienstleistung die Tragseile der Vertikalfördereinrichtungen für Bergwerke routinemäßig gegen neue aus. Dazu wurden schwere Seilwinden eingesetzt, die auf einem Anhänger montiert waren und von einem Elektromotor mit 6.000 Volt Spannung angetrieben wurden. Da in dem oft unwegsamen Gelände die Zugmaschine nicht ohne fremde Hilfe die Anhängelast bewegen konnte und immer eine Hochspannungskabelverbindung zum E-Motor geschaffen werden mußte, wurde angeregt, eine Lösung für autarkes Arbeiten mit einem dieselhydrostatisch angetriebenen Fahr-

Bild 377: Symmetrisches Scheuerle-Transportsystem in Finnland. Vorderes und hinteres Fahrzeug sind unabhängig lenkbar. Die starr gekuppelten Triebköpfe können einzeln als Traktoren verwendet werden.

Bild 378: Straßenfahrbares Schwerlastfahrzeug von Scheuerle mit aufgebauter Winde.

zeug zu suchen. Scheuerle bot 1984 die Lösung mit einem Fahrzeug mit üblicher Technik (Bild 378). Obwohl dieses Fahrzeug nicht zum Transport von Lasten diente, sondern ein selbstfahrendes Arbeitsgerät mit der Fähigkeit zum Überwinden langer Strecken darstellte, lohnt sich eine Betrachtung der technischen Einzelheiten: Die schwere Winde war auf einer Plattform montiert, die sich auf 18 Pendelachsen in neun Achslinien stützte. Die einfachbereiften Räder jeder Pendelachse wurden von einem hydrostatischen Motor über ein Differentialgetriebe angetrieben. Durch Allradantrieb und Allachslenkung war das Fahrzeug leistungsfähig und wendig. Im Heck war das Antriebsaggregat mit zwei luftgekühlten Deutz-Dieselmotoren mit je 282 kW = 564 kW (768 PS) eingebaut. Es befähigte das 108 t schwere Fahrzeug zu einer Autobahngeschwindigkeit von 62 km/h. Mehr wurde von der Behörde nicht zugestanden, obwohl bei Probefahrten fast 80 km/h erreicht wurden. Zum Aufspulen der Seile auf die Trommel wurde deren hydrostatischer Antrieb von den beiden Dieselmotoren gespeist. Das

Bild 379: Fast spielend leicht wird der 110 t schwere Space Shuttle mit einem Spezialtransporter von Cometto auf der Straße vom Landeplatz zum Startplatz gefahren.

Fahrzeug war unabhängig von festen Straßen und benötigte für den Arbeitsvorgang keine Stromquelle. Es bewährte sich so gut, daß 1987 ein zweites bestellt wurde. Eine Eignung des Antriebssystems für Lastkraftwagen, Omnibusse oder Zugmaschinen ist daraus nicht ableitbar.

Bei einer Ausschreibung der amerikanischen Raumfahrtbehörde NASA für ein Fahrzeug, das den Space Shuttle nach seiner Landung 30 km weit zum Startplatz Cap Canaveral auf normaler Straße zurückbringen sollte, erhielt Cometto Industriale SpA in Cuneo den Zuschlag. 1984 wurde dieser Spezialtransporter fertiggestellt, er ist wahrscheinlich das einzige Straßen-Schwerlastfahrzeug, das nur für einen genau definierten Zweck und für eine ganz bestimmte Last maßgerecht gefertigt wurde (Bild 379). Es wurde nach dem Prinzip hydraulisch abgestützter Plattformwagen mit dieselhydrostatischem Antrieb gebaut, paßte sich aber in seinem Grundriß mit einer Verbreiterung nach hinten der Form des Shuttles etwas an. Damit wurde eine sichere Straßenlage erreicht. Die nach dem Cometto-Prinzip an einem Parallelogramm geführten Pendelachsen hatten mit Rücksicht auf niedrige Straßenbelastung eine größere Spurweite als üblich, die Belastung jeder Pendelachse wurde auf 9,6 t begrenzt. Sechs der 19 Pendelachsen wurden von je einem Hydraulikmotor mit Differentialgetriebe angetrieben. Die wie üblich gruppenweise aufgeteilte Stützhydraulik wurde bei Lastfahrt auf Vierpunktabstützung geschaltet, bei Leerfahrt auf Dreipunktabstützung. Um Verwindungen und Torsionsbeanspruchungen vom Shuttle fernzuhalten, wurde dieser auf drei Punkten gelagert. Der Transporter wurde besonders stabil gebaut, woraus das relativ hohe Eigengewicht von 62 t für eine „Nutzlast“ von 120 t erklärbar ist. Längs- und Querneigung der Fahrbahn wurden in bekannter Weise über die Achshydraulik ausgeglichen. Ein luftgekühlter Deutz-Dieselmotor mit 260 kW (354 PS) war im Heck eingebaut und trieb über ein Verteilergetriebe die Pumpen für Antrieb, Lenkung und Hubbewegung an. Leer erreichte der Transporter 14 km/h, beladen 8,5 km/h. Zum Manövrieren, speziell zum abgesenkten Unterfahren des Shuttles, konnte die Geschwindigkeit auf 20 cm pro Minute begrenzt werden.

In den folgenden Jahren trat eine Beruhigung ein. Die selbstfahrenden Schwerlastfahrzeuge für Transporte auf der Straße konnten die üblichen Schlepper-Anhänger-Lastzüge nicht verdrängen. Nachteilig waren der hohe Anschaffungspreis und die niedrige Höchstgeschwindigkeit. Eine Revolution des Schwertransports auf der Straße trat also nicht ein. Vielleicht hing das auch damit zusammen, daß durch die Entwicklung abfahrbarer Schwanenhälse mit hydraulischem Belastungsausgleich zwischen Sattel und Plattform die Sattelzugmaschine immer mehr bevorzugt wurde. Dadurch wurde an Zuglänge und Ballast gespart. Weiterhin wurden die Zugmaschinen als direkte Ableitung von den immer leistungsfähiger gewordenen Lastkraftwagen preiswerter.

Load-outs mit Plattformanhängern streben nach Rekordgewichten

Ein Transport vorfabrizierter Großmodule als load-out oder im RoRo-Verfahren läuft immer nach demselben Schema ab:

- Herstellung der Moduls in Küstennähe.
- Unterfahren des Moduls mit abgesenktem Fahrzeug und Abheben von den Stützen.
- Größte Schwierigkeit macht der Übergang mit den bis 30 m hohen Modulen vom Kai auf den Ponton oder die Barge.
- Hochseetransport mit Schleppern, zum Beispiel zur Aufstellung im Bohrfeld.

Im holländischen Schiedam führte das Unternehmen Mammoet-Stoof den Load-out eines Wohntrakts für eine Bohrinsel der Philips Petroleum Company durch (Bild 380). Das Modul hatte ein Gewicht von 659 t und war 30,8 m x 9,6 m groß mit einer Höhe von 13,4 m. Die Last wurde über Drehschemel auf zwei Plattformkombinationen des Fabrikats Draize für je 300 t Tragfähigkeit verladen. Diese

Bild 380: Erstmals nicht auf Roll- oder Gleitsystemen, sondern auf Plattformanhängern erfolgt dieser load-out des Wohntrakts für eine Bohrinsel durch Stoof, Breda.

in Solothurn in der Schweiz gebauten Plattformanhänger waren nur 2,80 m breit und hatten einen kleinen Achsabstand von 1,10 m bei einer maximal zulässigen Achslast von 27 t. Draize stellte in den achtziger Jahren den Bau von Anhängern ein. Als Zugmaschinen wurden zwei FTF mit je 368 kW (500 PS) und eine Diamond mit 169 kW (230 PS) Antriebsleistung verwendet. Dies war einer der ersten load-outs auf Luftreifen statt der vorher verwendeten Roll- oder Gleitsysteme. Das neue Verfahren mit Plattformanhängern bot größere Flexibilität, und es wurde durch den leichteren Übergang vom Festland auf den Ponton viel Zeit gespart.

In Dordrecht (Holland) wurde Mitte der siebziger Jahre von dem belgischen Unternehmer Sarens de Coster ein Bohrinselmodul mit einem Gewicht von 3.850 t auf einen Ponton gefahren (Bild 381). Das riesige Modul enthielt alle Versorgungseinrichtungen. Verwendet wurden Goldhofer-Plattformen der Baureihen THP und THPSL, seitlich kombiniert, mit 30 Achslinien, 120 Pendelachsen und 480 Reifen. Es war vermutlich das höchste auf Plattformanhängern ohne Antrieb transportierte Gewicht.

1975 wurde in den USA der Wohntrakt für eine Bohrinsel an Land gebaut und mit Fahrzeugkombinationen der Firma Shaugnessy & Co., Inc. in Auburn, Washington, auf einen Ponton gefahren. Das Gewicht des Moduls betrug 587 t, und es gelang, den roll-out in wenigen Minuten bei günstiger Tide durchzuführen. Shaugnessy war auch bei außergewöhnlichen Modultransporten in Alaska beteiligt.

Bild 381: Sarens fährt dieses 3.850 t schwere Bohrfeldmodul mit Goldhofer-Plattformanhängern in Dordrecht (Holland) auf einen Ponton.

Bild 382: Plattformanhängerkombinationen mit 1.383 t schwerem Modul für Nordsee-Bohrinsel.

1977 wurden für das Claymore Ölfeld in der Nordsee mehrere Module für Bohrinseln zunächst vom Hersteller im Nordosten Englands zum Tyne mit Pontons transportiert. Verwendet wurden zwei Plattformwagenkombinationen, seitlich gekuppelt, mit je 20 Achslinien, 160 Pendelachsen und 640 Reifen (Bild 382). Die Kombinationen, eine von Goldhofer und eine von Scheuerle, waren im Abstand von 0,5 m unter der Last positioniert. Unter den Modulen mit zusammen 6.500 t hatten die größten Einzelgewichte 1.383 t, ein Kompressormodul 1.730 t und ein Stromaggregat 1.600 t. Die Zugkraft wurde von vier Traktoren von FTF, Mack, Scammell und Volvo aufgebracht. Den Transport besorgte die

Bild 383: Load-out einer riesigen Boje oder Derrick in England durch EHT zur Ölverladung in der Nordsee, 138 m lang und 2.570 t schwer.

damals noch junge Firma Magnaload, eine Tochter von Mammoet Transport B. V. in Breda (Holland) und der Peckston Group in Middlesborough (England).

1977 wurde auf der Normanby-Werft in England neben anderen Sektionen eine gewaltige Boje, auch Derrick genannt,

„ultra heavy haulage“ bezeichnete Transport von der Werft zum Kai durchgeführt; mit Seilwinden wurde die Last auf den Ponton gezogen, wobei die Traktoren nur die Funktion des Bremsens hatten.

Eine weitere Boje dieser Art wurde 1980 im Auftrag von Shell (UK) bei der Rotter-
se Droogdock Maatschappij (RDM)
einem Gewicht von 2.744 t, einem
ßten Durchmesser von 16 m und
er Länge von 82 m gebaut (Bild 384).
e Boje mußte auf der Werft einen Weg
n 100 m auf einen Schwerlastponton
rücklegen. Dieser Transport galt da-
als als Weltrekord, da noch nie eine
olche Last auf Luftreifen transportiert

Bild 384: Noch schwerere Boje für Shell (UK) mit 2.744 t beim roll-out auf den Ponton in Rotterdam.
Die Plattformanhänger werden mit Winden auf den Ponton gezogen, die Traktoren haben die Aufgabe des Bremsens.

Bild 385: Load-out eines 350 t schweren Bohrinselmoduls auf Plattformwagenkombination in Holland.

worden war. Die Last ruhte auf Plattformanhängern von Cometto und Goldhofer mit zusammen 1.024 Reifen. Das Gesamtgewicht einschließlich der Plattformanhänger und Lastverteiler betrug 3.320 t. Die vier Schubfahrzeuge von MOL und Thornycroft waren über Deichseln mit den Plattformen verbunden. Den Transport auf den Ponton teilten sich Magnaload (England), Snellen-Vermeer & Partner in Breda (Holland) und Sarens de Coster (Belgien).

1980 wurden für eine Bohrplattform der Union Oil in der Nordsee zwei Module in Dintelmond (Holland) gebaut. Die Maße: 12 m x 18 m bei einer Höhe von 28 m und einem Gewicht von je 350 t (Bild 385). Der holländische Unternehmer Van Seumeren erhielt den Auftrag, die Module von der Werft als Roll-on-Transport oder Load-out auf einen Ponton zu fahren. Auf 1.500 m Weg mußten drei 90-Grad-Kurven gefahren werden. Ziehend und schiebend wurden eine dreiachsige Frontlenkerzugmaschine von Daf mit 206 kW (280 PS) und eine Faun-Haubenzugmaschine mit 331 kW (450 PS) verwendet. Zwei seitlich gekuppelte Goldhofer-Plattformen der Baureihe THP mit je 14 Achslinien nahmen die Last auf. Die Goldhofer-Kombination bestand aus 3 x 4 + 1 x 2 Achslinien auf der einen Seite und 2 x 6 + 1 x 2 Achslinien auf der ande-

Bild 386: Pontons mit Modulen zur Erdölexploration auf dem Weg nach Alaska.

ren Seite und veranschaulichte damit die vielfältigen Kombinationsmöglichkeiten.

Bild 387: Goldhofer-Plattformkombination unter einem Großmodul bei der Montage einer Anlage nach dem roll-on vom Ponton (Bild 382).

In Alaska wurde von der ARCO Oil and Gas Company, Aurora, Kalifornien, die Exploration von Erdöl- und Erdgasfeldern betrieben. Dazu wurden vorfabrizierte Gebäudemodule mit Gewichten von 210 t bis 1.200 t vom Herstellort in Anacortes, Washington, ab 1982 im RoRo-Verfahren auf Pontons zur Prudhoe-Bay in Alaskas North Slope verschifft (Bild 386). Mit antriebslosen Goldhofer-Plattformanhängern der Baureihe THP/H, die mit einem Verschieberahmen zum exakten Aufnehmen und Absetzen der Last ausgerüstet waren (Bild 387), wurden die Module transportiert. Wegen der wenigen eisfreien Tage im arktischen Sommer wurden die Module zunächst auf einem „Parkplatz“ abgestellt und später zum Aufstellungsort 32 Meilen (51 km) weit gefahren. Mit dem hydraulisch verschiebbaren Rahmen war ein präzises Absetzen möglich. Die Kombination bestand aus vier Einheiten mit sechs Achslinien und sechs Einheiten mit vier Achslinien. Als Zugmittel dienten zwei umgebaute Melrouse-Lader mit vier Achsen, teilweise wurden auch die früher erwähnten Hendrickson-Traktoren verwendet. Der aufgeschüttete Fahrdamm war stellenweise so schlecht, daß auch mit Crawlern (0,5–1 mph oder 0,8–1,6 km/h) nachgeholfen werden mußte.

Im Verlauf der Arbeiten wurde mit dieser von Goldhofer entwickelten Transporttechnik das Zehnfache des Anschaffungswerts eingespart; ein Drittel beim Bau der Module, zwei Drittel bei der Aufstellung und Positionierung. Diese Erfahrung wurde in ähnlicher Form beim modularen Aufbau von Produktionsanlagen unter Verwendung modular aufgebauter Transportmittel, vor allem mit Eigenantrieb, gemacht.

Ein 1.850 t schwerer Derrick für das Beryl Field vor der norwegischen Küste bei Stavanger wurde 1982 von ACMP in Marseille (Frankreich) gebaut und auf Stützen so positioniert, daß er auf geradem Weg über 300 m direkt auf einen Ponton gefahren werden konnte. Die 148 m lange Last stützte sich auf Cometto-Plattformanhänger, die mit ihrer Achshydraulik die Last von den Stützen abhoben und als Roll-on-Transport auf den Ponton fuhren. Verwendet wurden acht zwölfachsige Plattformen mit zusammen 768 Reifen, die von dem italienischen Schwerlastunternehmen ITEF in Mailand gemietet wurden. Mit Seilwinden wurde die riesige Last bewegt, die am hinteren Ende fahrenden vier Zugmaschinen hatten eine Bremsfunktion. Problematisch war außer dem Wechsel vom festen Damm auf den Ponton das Gefälle von 3,2 Prozent. Für den ganzen Transport bis in die Nordsee war die französische Firma Mediaco, Levage et Manutention in Marseille zuständig.

Bild 388: Landtransport eines Bohrinselmoduls in England.

Bild 389: Fünfachsige Volvo-Zugmaschine zusammen mit einer anderen zieht in Norwegen ein 1.100 t schweres Modul auf zwei Plattformkombinationen zur Verladung auf einen Ponton.

1982 wurde in England ein Landtransport von zehn Sektionen für eine Bohrinsel des BP-Magnusprojekts vor Schottland durchgeführt. Bild 388 zeigt eine 400 t schwere Sektion, die auf zwei parallel untergebaute Goldhofer-Plattformanhänger mit einem Hilfsgerüst verladen wurde. Die Last wurde von einer F12-Frontlenkerzugmaschine 6x4 und einer N12-Haubenzugmaschine 6x4, beide von Volvo, gezogen.

Für das Bohrfeld Gulfaks in der Nordsee vor der norwegischen Küste wurde 1986 ein 1.100 t schweres Modul auf zwei Plattformanhänger mit je 14 Achslinien und zwei mit je 16 Achslinien verladen (Bild 389). Die 120 Pendelachsen hatten zusammen 480 Reifen. Mehrere Zugmaschinen waren notwendig, die interessanteste war eine modifizierte F 12 von Volvo mit fünf Achsen. Zwei Achsen waren gelenkt, zwei angetrieben, also Achsformel 10x4/4. Die dritte Achse wurde geliftet, um die Belastung der beiden Antriebsachsen zu erhöhen. Den Transport teilten sich die Specialtransport AS, Norwegens größtes Unternehmen für Landtransporte, und die englische Econofreight Heavy Transport (EHT) mit ihren Plattformanhängern.

Für den Transport von zwei Bohrinselmodulen innerhalb eines Werftgeländes in Stockton, Kalifornien, wurden 1989 drei Goldhofer-Plattformanhängerkombinationen THP/H mit je 28 Achslinien seitlich starr gekuppelt (Bild 390). Zur Aufnahme der je 2.100 t schweren Last wurde auf jede Plattform ein kastenförmiger Längsträger aufgelegt. Auf diesen Trägern lagen die mit den Modulen verbundenen Querträger. Das Unterfahren der abgestützten und sperrigen Last erforderte millimetergenaues Arbeiten. Die starr gekuppelten Plattformen hatten eine Länge von 44,8 m bei einer Breite von 11,4 m. Die Ladehöhe betrug

Bild 390: Drei seitlich gekuppelte Plattformkombinationen von Goldhofer in Kalifornien beim Unterfahren eines 2.100 t schweren Moduls vor dem load-out auf einen Ponton.

1.250 ± 300 mm. Das Bohrinselmodul war 44 m lang und 28 m breit bei einer Höhe von 25 m. Das Eigengewicht der Kombination betrug 420 t, das Gesamtgewicht des Zuges 2.520 t ohne Traktoren. Die Kombination hatte 168 Pendelachsen mit 672 Reifen. Auf dem 700 m langen Weg zum Ponton wurden zwei 90-Grad-Kurven durchfahren. Als Traktoren wurden zwei umgebaute Michigan-Lader zum Ziehen und einer zum Schieben verwendet. Die Zeit vom Aufnehmen des Moduls bis zum Absetzen auf dem Ponton betrug drei Stunden. Die Module fuhren auf dem Ponton an die Pazifikküste und dann entlang der Küste in südlicher Richtung nach Santa Barbara.

Die bisherigen Schilderungen ließen schon einige Veränderungen auf dem Schwertransportmarkt erkennen. Neue Namen entstanden, bekannte Namen verschwanden. Zum Beispiel wurde die 1837 gegründete Firma Van Twist mit der Schwergutreederei Van der Laan zu Big Lift vereinigt. Van Twist galt mit seinen Schwertransporten auf Scheuerle-Plattformanhängern als „Frontrunner" im Geschäft. Mammoet übernahm 1979 das Landtransportgeschäft von Big Lift zusammen mit Stoof in Breda. Trotz dieser Übernahme behielt Stoof seinen Namen und seine Eigenständigkeit innerhalb der Mammoet-Gruppe.

XII. Modulare Schwerlast-Transportsysteme mit Antrieb

Die Wechselwirkung zwischen der Tragfähigkeit von Schwerlastfahrzeugen und dem damit ermöglichten Bau größerer Maschinen oder Apparate fand ihre Fortsetzung im modularen Aufbau von Produktionsanlagen und Anlagen zur Erdölexploration und -förderung. Schwerpunkte für das Bewegen großvolumiger und schwerer Lasten lagen in Alaska, in Saudi-Arabien und rund um die Nordsee mit ihren zahleichen Bohrfeldern. In einem gewaltigen Schritt förderten vor allem die Fahrzeuge mit Antrieb und Kombinationsfähigkeit die neue Technologie im Bauwesen. In Japan wurden nach diesem Prinzip entwickelte Meerwasserentsalzungsanlagen und petrochemische Anlagen für Saudi-Arabien gebaut. Obwohl spezielle Fahrzeuge benötigt wurden und der lange Seeweg einkalkuliert werden mußte, erwies sich die neue Technologie als großer Erfolg, weil der Aufbau vor Ort wesentlich schneller und mit minimierten Kosten ablief. Das Verfahren wurde bereits in Alaska in kleineren Dimensionen angewendet. Dort waren es die extrem niedrigen Temperaturen, die berücksichtigt werden mußten, anderswo das feuchtheiße Klima.

Nun wurde im RoRo-Verfahren transportiert, weshalb das Schema aus dem vorherigen Kapitel erweitert wird:

– Seetransport zum Empfängerland.
– Roll-off über eine Rampe auf den Kai.
– Transport auf befestigtem Weg zum Aufstellungsort.
– Abstellen der Großmodule auf einem „Parkplatz" oder direkt auf vorbereitete Fundamente.
– Rückfahrt der Fahrzeuge in umgekehrter Reihenfolge.

Statt umfangreicher Montagearbeiten nach der konventionellen Methode blieb nur das Herstellen der mechanischen Verbindung der Module und das Verbinden der Rohrleitungen und der elektrischen Anschlüsse. Anlagen dieser Größe ließen sich nur im RoRo-Verkehr mit geringem Anteil der an Land zurückgelegten Strecke verwirklichen.

Grenzenlos bewegliche Transporter

Die freie Beweglichkeit in der Fläche bei exakter Rad- oder Achseinstellung erlaubte eine elektrohydraulische Vielweglenkung, die von Scheuerle zuerst bei den Sektionstransportern der neueren Generationen angewendet wurde. Jede Pendelachse wurde einzeln und präzise angesteuert und hydraulisch auf den Sollwert eingestellt. Eine solche Lenkung war notwendig, um mit geringstem Zeitaufwand die vorgefertigten Großmodule mit minimaler Toleranz auf die vorgesehenen Fundamente abzustellen. Außer

Normal- und Kurvenfahrt war mindestens auch Querfahrt notwendig, aufwendige Lenkprogramme enthielten zudem Diagonalfahrt, Drehen auf der Stelle (Karussellfahrt) und Schwenken um Fixpunkte außerhalb des Fahrzeugs (Bilder 391 und 392). Die Lenkbewegungen der einzelnen Lenkprogramme sind nur in einer Fahrtrichtung dargestellt. Natürlich funktionierten sie in der entgegengesetzten Richtung ebenso. Auch die spiegelbildliche Kurvenfahrt oder Fahrtrichtung war möglich. Diese Art der Lenkung erlaubte, Fahrzeuge im Abstand bis 100 m exakt von einer Stelle über Verbindungsleitungen zu lenken, selbst wenn sie in einem Winkel zueinander unter der Last plaziert waren. Die Räder

Bilder 391 und 392: Lenkprogramme aus dem Zentralrechner, dargestellt am Beispiel von zwei seitlich gekuppelten Scheuerle-Sektionstransportern. Die Antriebspendelachsen sind gekennzeichnet.

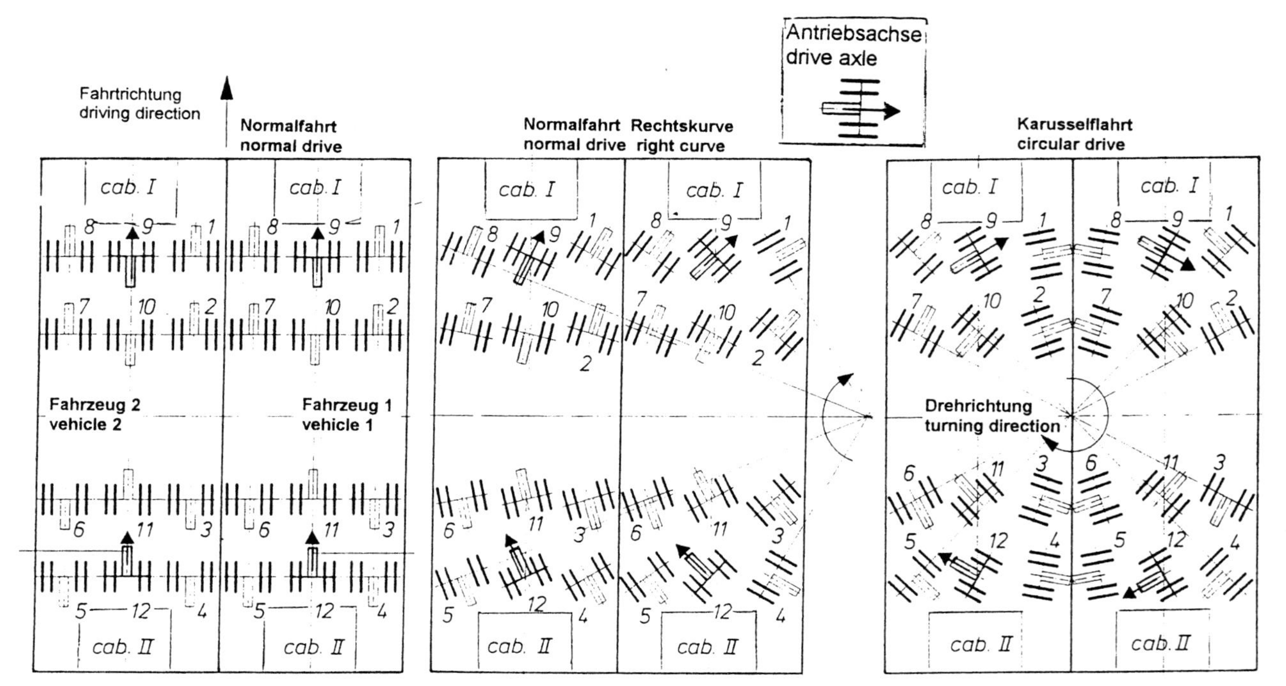

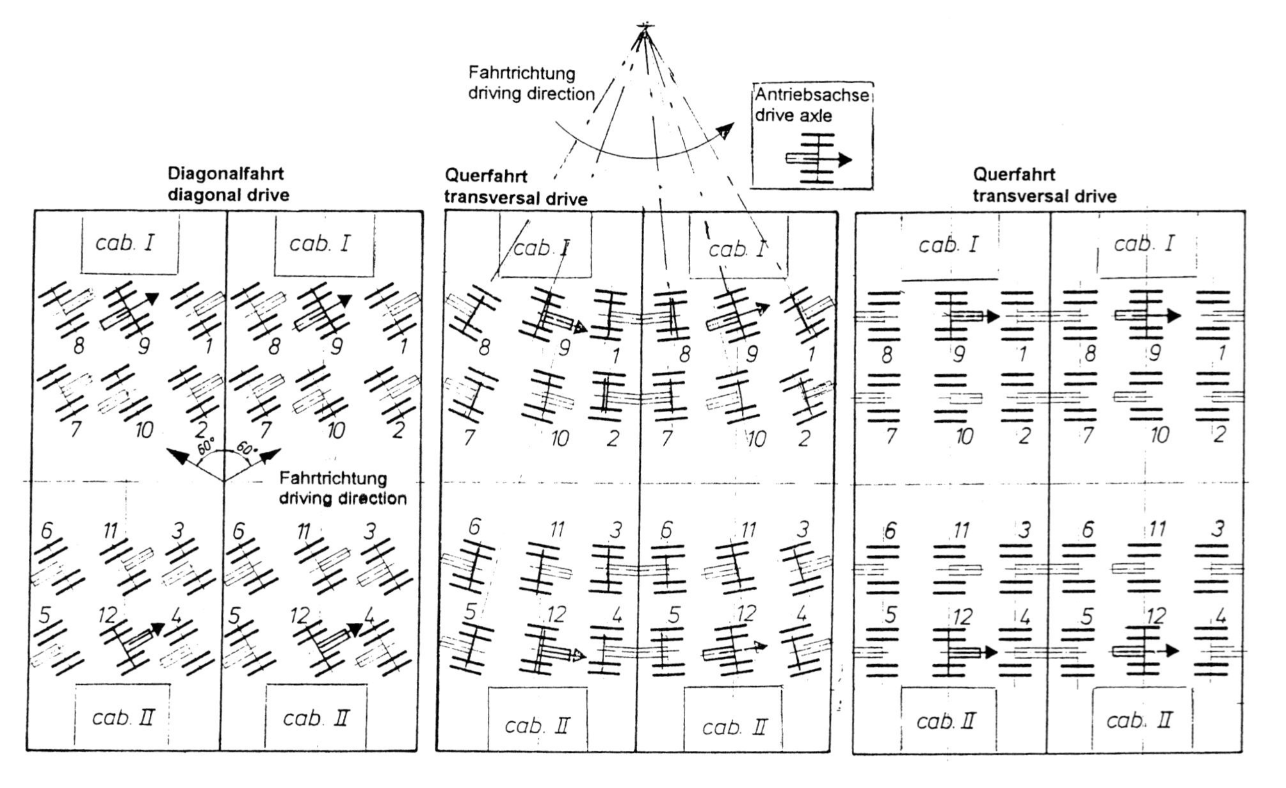

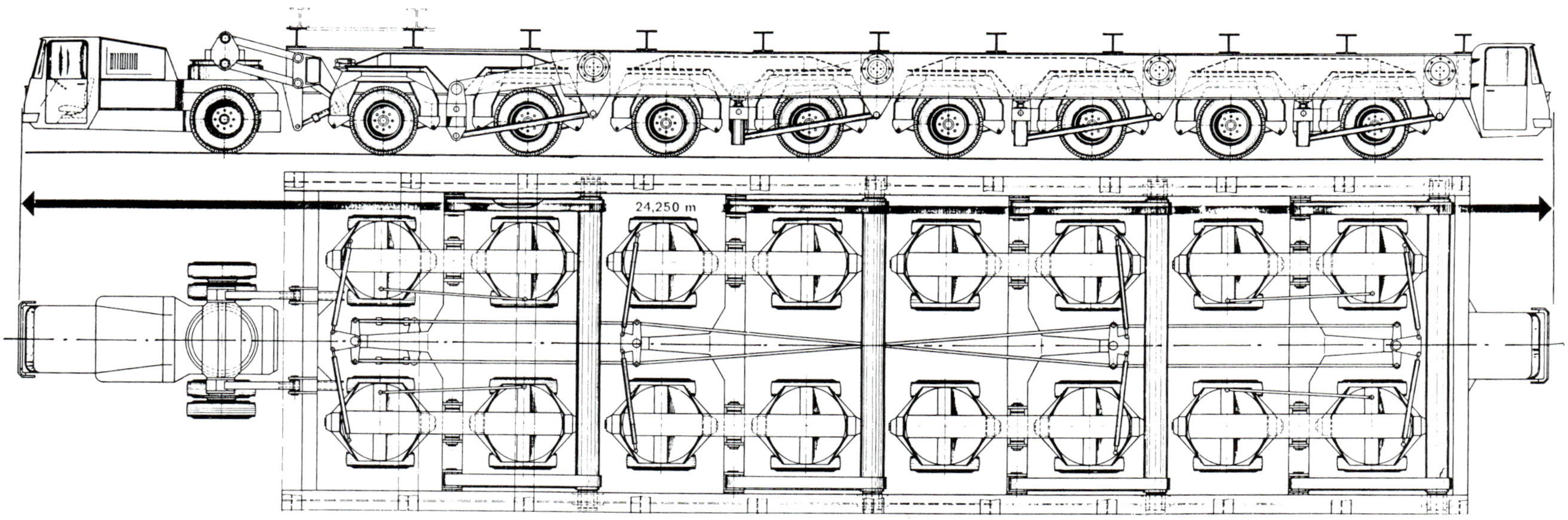

Bild 393: Sektions- und Modultransporter von Mafi mit konventionellen Komponenten und einachsigem Triebkopf.

aller Fahrzeuge waren dabei auf einen gemeinsamen Mittelpunkt oder exakt parallel einstellbar. Für manche Lenkeinstellungen war die Umkehrung der Drehrichtung einiger Hydraulikmotoren erforderlich, was automatisch von dem jeweiligen Lenkprogramm ausgeführt wurde. Einige Lenkbewegungen ließen sich natürlich nur im Stillstand einstellen, der Antrieb blieb solange blockiert. Diese sogenannte Vielweglenkung hatte Vorteile, die auch bei Plattformanhängern nutzbar waren.

Die im Kraftfahrzeug und bei Schwerlastanhängern übliche mechanische Lenkung („ackermann steering") konnte die Räder oder Achsen nur bei einem bestimmten Lenkwinkel auf einen gemeinsamen Mittelpunkt einstellen. Dies machte sich bei vielrädrigen Fahrzeugen bei zunehmender Abweichung von der optimalen Einstellung durch einen wachsenden Kurvenwiderstand und erhöhten Reifenverschleiß bemerkbar.

Die innovative Technik der Plattformwagen wurde für die Transporter oder Selbstfahrer übernommen, die Elemente und Komponenten wurden verstärkt. Die Integration des dieselhydrostatischen Antriebs warf keine Probleme auf, das Prinzip des ursprünglichen Plattformwagenkonzepts blieb gewahrt. Die Vorteile der Vielweglenkung waren bei angetriebenen Fahrzeugen voll nutzbar.

Es war eine Frage der Wirtschaftlichkeit, eine Frage der vorhandenen Fahrzeuge, der Größe und des Gewichts des Moduls und des Auftragsvolumens, ob konventionell oder mit Selbstfahrern gearbeitet wurde. Die modularen Transportsysteme mit Eigenantrieb erforderten hohe Investitionen, die im Einzelfall in den neunziger Jahren 20 Millionen DM erreichten. Dabei wurde vorausgesetzt, daß für diese teilweise spezialisierten Transportsysteme ein Auftragsvolumen vorlag, das eine Amortisation in einem begrenzten Zeitraum von zum Beispiel zwei Jahren erlaubte. In vielen Fällen wurden Einheiten oder Teilsysteme nach Beendigung eines Bauvorhabens für andere Aufgaben verwendet, da das Ende der Funktionsfähigkeit noch lange nicht erreicht war.

Großmodule auf modular gebauten Transportern

Den Anfang machte Mitte der sechziger Jahre die Firma Mafi in Korntal bei Stuttgart mit einem modular gebauten Sektions- und Modultransporter (Bild 393). Das Fahrzeug hatte einen Außenrahmen und zu Tandems zusammengefaßte Pendelachsen. Die Pendelachsen waren blattgefedert, und über Schwingen, die

Bild 394: Modul für eine Meerwasserentsalzungsanlage auf vier Kombinationen von Scheuerle mit Antrieb. Die Pendelachsen sind auf Querfahrt eingestellt.

sich auf jedes Tandem stützten, konnte der Rahmen zum Unterfahren abgestützter Lasten um 300 mm abgesenkt und zum Abstellen gehoben werden. Der 18 m lange und 5 m breite Rahmen stützte sich an einem Ende über ein Drehlager auf den Zugkopf, der die Fahrerkabine enthielt und in dem ein luftgekühlter Deutz-Dieselmotor mit 228 kW (300 PS) eingebaut war. Über ein Lastschaltgetriebe und ein Sperrdifferential trieb er die zwillingsbereifte Achse an. Die Kombinierbarkeit zu einer großen Ladefläche aus maximal sechs solcher Einheiten für eine Tragfähigkeit von 2.100 t war vorgesehen, war aber mit der konventionellen Technik nicht in der Weise realisierbar wie bei den Plattformwagen mit hydraulischen Systemen. Die Entwicklung wurde nicht mehr weiterverfolgt, da offenbar eine angetriebene Achse je Einheit nicht ausreichte und die ganze Konstruktion keine mit den Plattformwagen vergleichbare Stabilität aufwies. Es war immerhin eine Pionierleistung. Der vom Hersteller angekündigte „entfesselte Transport" erschien damals utopisch, trat aber erst später und mit anderen Mitteln tatsächlich ein. Die Idee war zukunftsweisend, die gewählte Technik nicht.

1981 wurde der erste Modultransport mit einem angetriebenen Transportsystem im RoRo-Verfahren von Japan nach Saudi-Arabien für den Bau einer Meerwasserentsalzungsanlage durchgeführt (Bild 394). Der japanische Transportunternehmer Sankyu führte den Land-See-Transport gemeinsam mit Satol durch. Er lief nach dem bekannten Schema ab. Das größte Modul war 40 m hoch bei einer Grundfläche von 15 x 25 m. Das Transportsystem wurde von Scheuerle geliefert und bestand aus vier unabhängigen je dreiteiligen Kombinationen mit dieselhydrostatischem Antrieb (Bild 395). Jede Kombination bildete eine Einheit, da der Antrieb auf mehrere Pendelachsen in allen drei Teilen verteilt war. Mit 700 t Eigengewicht konnte eine Last von 1.500 t aufgenommen werden. Jede Kombination

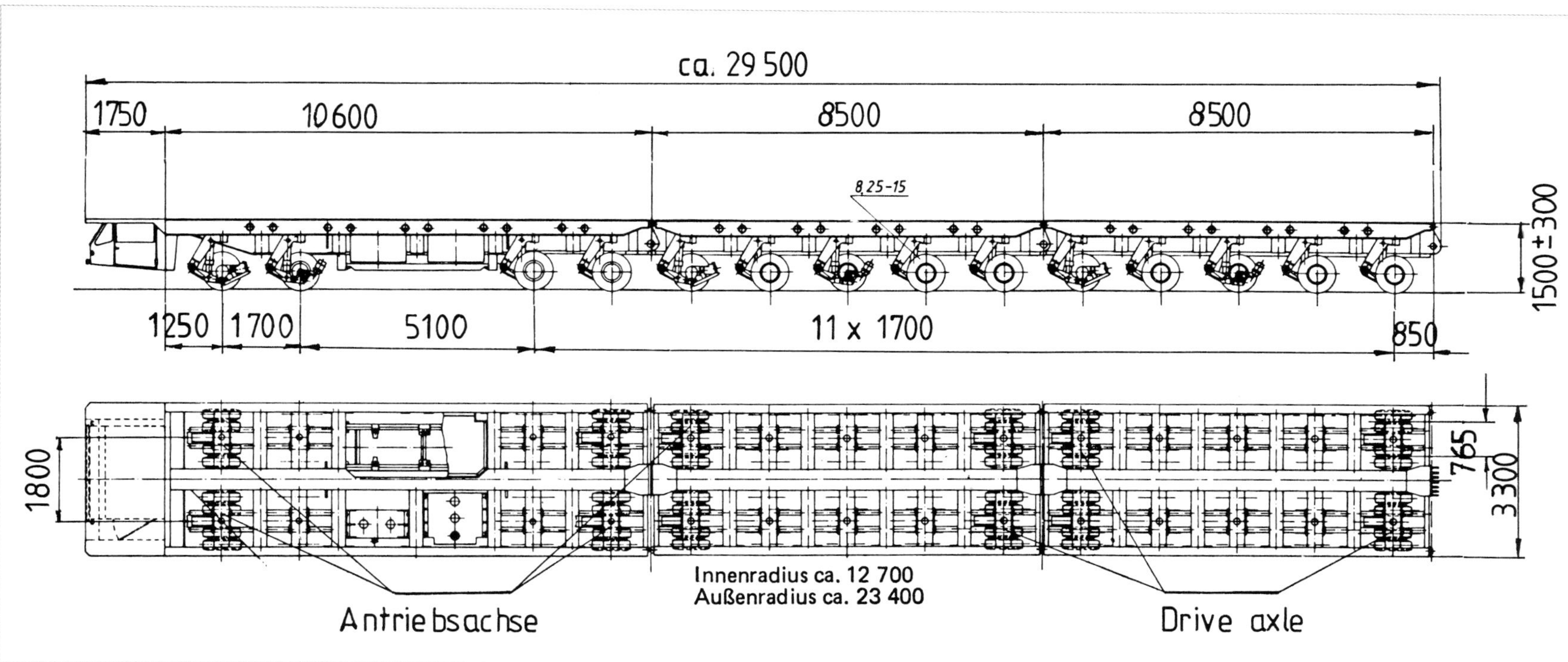

Bild 395: Scheuerle-Kombination von Bild 394 des japanischen Unternehmers Sankyu.

wurde von einem Deutz-Dieselmotor mit 242 kW angetrieben, entsprechend einer Gesamtleistung von 968 kW (1.317 PS). Auch hier war der Antrieb nur mit der hydrostatischen Übertragung realisierbar. Von den 112 Pendelachsen mit 436 Reifen wurden 28 Pendelachsen mit je einem hydrostatischen Axialkolbenmotor mit Differentialgetriebe angetrieben. Dieses Transportsystem hatte als erstes weltweit die elektronisch programmierbare Vielweglenkung, die auf jeden beliebigen Abstand der Kombinationen voneinander einstellbar war. Bisher wurde dieses Lenksystem nur bei fest miteinander verbundenen Einheiten angewendet. Zusätzlich waren die Fahrzeuge für Sankyu mit einem elektronisch-hydraulischen Ausgleichssystem ausgerüstet, das mit der Achshydraulik verbunden war. Damit wurde eine stets waagerechte Lage der Plattform erreicht, um gefährliche Schwerpunktverlagerungen zu verhindern. Nach erster Bewährung bestellte Sankyu weitere Kombinationen, um die Tragfähigkeit auf 3.000 t zu erhöhen.

Mit diesem Transportsystem für Sankyu wurde eine Evolution des Schwertransports im kombinierten Land-Seeverkehr eingeleitet, die schließlich zu Transportgewichten bis 11.000 t führte.

Etwa zeitgleich wurden derartige Modultransporte auch auf herkömmliche Weise vorgenommen, zum Beispiel von dem Unternehmen Satol in Saudi-Arabien mit Oshkosh-Zugmaschinen und Scheuerle-Plattformanhängern (Bild 335). Die Erfahrung zeigte jedoch, daß mit den selbstfahrenden Transportsystemen eine schnellere und einfachere Abwicklung solcher Transporte möglich war.

1983 erhielt Cometto von der japanischen Firma Nippon Express den Auftrag für ein Transportsystem „Mazinga“ für 1.800 t Nutzlast für Modultransporte von Japan nach Saudi-Arabien. Das System bestand aus zwei Plattformen mit Eigenantrieb auf der Basis der bekannten Plattformwagentechnik mit je einem kompletten dieselhydrostatischen Antrieb und antriebslosen Plattformen, wodurch sich

Bild 396: Cometto-Transporterkombination aus angetriebenen und antriebslosen Plattformen mit auf Drehschemeln gelagerter selbsttragender Kolonne.

vielseitige Kombinationsmöglichkeiten ergaben (Bild 396). Je zwei luftgekühlte 370-kW-Deutz-Dieselmotoren bildeten den Antrieb mit einer Gesamtleistung von 1.480 kW (1.820 PS). Von den 144 Pendelachsen mit 1.152 Reifen der Kombination wurden 32 Pendelachsen angetrieben. Das Lenksystem wurde einfacher gestaltet und umfaßte Normal-, Schräg- und Querfahrt. Auch hier gab es eine Nachbestellung, wodurch die Tragfähigkeit auf 2.700 t erhöht wurde. Bild 397 zeigt das Absetzen eines Moduls auf einer Betonplatte neben ein schon montiertes Modul. Der Pfeil zeigt auf eine der Nahtstellen, an denen die Module zusammengeschweißt wurden.

Ebenfalls 1983 erhielt Scheuerle einen Auftrag für ein Modultransportsystem mit anderer Konzeption. Sechs untereinander gleiche Plattformen mit Antrieb

Bild 397: Millimetergenaues Absetzen eines Großmoduls mit Cometto-Fahrzeug nach Bild 396.

Bilder 401: RoRo-Transport von den Philippinen nach Alaska. Nach Entladung vom Mammoet-RoRo-Schiff werden die Module auf der „Straße“ 87 km weit zum Aufstellungsort gefahren. Der load-out eines riesigen Moduls mit einem Gewicht von 8.010 t auf dem Mammoet-Scheuerle-Transportsystem (unteres Bild) ist 1990 ein Rekord.

Nach der Entladung in Alaska rollten die Transporte mit sieben Meter Fahrzeugbreite auf einer neun Meter breiten und an vielen Stellen aufgeschütteten Piste zum Aufstellungsort. Obwohl der Boden nach 56 Regentagen aufgeweicht war, liefen die Transporte planmäßig ab. Ein weiteres Beispiel verdeutlicht die rasante Steigerung der Nutzlast mit Hilfe dieses Mammoet-Scheuerle-Transportsystems. Wenig später wurde mit dem erweiterten Modul-Transportsystem eine Ölproduktionsplattform für das Kittiwake Bohrfeld von Shell/Esso unter der Regie von Mammoet Transport von der Werft auf einen Ponton manövriert (Bild 401 unten). Das Gewicht von 8.010 t war 1990 ein Rekord! Das Modul fuhr auf 850 Pendelachsen mit 1.700 Reifen. Die weltweiten Aktivitäten von Mammoet und anderen holländischen Schwerlast-Transporteuren kamen einer Fortsetzung der holländischen Seefahrertradition mit anderen Mitteln gleich. Ohne Binnen- und Hochseeschifffahrt waren die im RoRo-Verfahren abgewickelten Transporte gar nicht denkbar.

Bild 402: 475 t schwerer Reaktor auf Kamag-Goldhofer-Schwerlast-Transportsystem. Der „Fahrer“ steuert das System über ein mobiles Bedienpult.

Das neue Transportsystem wird beispielhaft für weitere Aktivitäten

1987 stellte Kamag ein Schwerlasttransportsystem vor, das sich für innerbetriebliche Transporte und Transporte auf der Straße eignete (Bild 402). Einem vorübergehenden Joint-venture mit Goldhofer in der Transport Engineering Kamag-Goldhofer in Memmingen entspringend, wurden Plattformanhänger von Goldhofer mit einigen Antriebspendelachsen ausgerüstet, die von einem von Kamag entwickelten power-pack mit dieselhydrostatischem Antriebsaggregat gespeist wurden. Das mechanisch-hydraulische Lenksystem wurde vom Steuerpult aus elektronisch angesteuert. Die erste Kombination bestand aus einer fünfachsigen Plattform mit vier angetriebenen Pendelachsen, die mit weiteren antriebslosen Einheiten starr kuppelbar waren. Das getrennt angebaute power-pack lieferte die hydraulische Energie für den Antrieb, für die Lenkung und die Hubbewegungen. Als Antrieb war ein luftgekühlter Deutz-Dieselmotor mit 174 kW (237 PS) oder alternativ ein wassergekühlter Lastwagen-Dieselmotor mit 184 kW (250 PS) eingebaut. Die hydrostatischen Pumpen von Hydromatik wurden vom Dieselmotor über ein Verteilergetriebe von Lohmann und Stolterfoht angetrieben, die Pendelachsen hatten Einzelradantrieb mit Hydromatik-Axialkolbenmotoren, integriert in das Planeten-Radnabengetriebe von L+S. Auf eine Kabine wurde verzichtet, mit einem Bedienungspult steuerte ein Begleitmann von beliebiger Stelle aus die Kombination. Die Höchstgeschwindigkeit mit Last betrug 5 km/h. Ein 74 m langer und 475 t wiegender Reaktor wurde 1988 auf einen Selbstfahrer (Bild 402) mit acht Achslinien und einer antriebslosen Einheit mit sechs Achslinien direkt ohne Drehschemel aufgesetzt. Zum Fahren einer Kurve wurden die Pendelachsen gegensinnig eingeschlagen. Das System bildete für die Firmen Goldhofer und Kamag die Basis für die Entwicklung modular aufgebauter Transportsysteme für Lasten bis 10.000 t.

XIII.

ab 1991

Rückblick und Weiterentwicklungen

Natürlich bedeutet der Übergang ins letzte Jahrzehnt dieses Jahrtausends keinen Einschnitt in die Transport- und Fahrzeugtechnik, es ist eher ein kontinuierlicher Übergang. Spektakulär kann allerdings die Verwendung von Luftschiffen für Schwertransporte werden. Um den Überblick über die rasante Entwicklung der Schwertransporttechnologie nicht zu verlieren, wird in einem kurzen Rückblick der „rote Faden" durch die Zeit ab 1920 gezogen.

„Echte" Pferdestärken leisten mehr als die im Motor erzeugten PS

Nach 1900 wurden erste Tieflader mit vier eisenbereiften Rädern zum Transport von Standbildern, Denkmälern, Transformatoren und Kassenschränken gebaut. Obwohl dampfbetriebene Straßenlokomobile existierten, wurden selbst zum Transport von Lokomotiven vom Hersteller zum nächsten Bahnanschluß Pferde als Zugmittel eingesetzt. Die von den Dampfwalzen abgeleiteten Lokomobile hatten eine relativ geringe Antriebsleistung, waren sehr schwer und verfügten nur über geringe Zugleistungen. Außerdem waren sie erst nach dem Anheizen des Kessels betriebsbereit. Die Antriebsleistungen der Lastkraftwagen lagen noch weit unter 100 PS. Lastwagen dienten mehr als Mittel zum Transport von Lasten, weniger als Zugmittel. So ist zu erklären, warum 1925 für den Transport eines Transformators in Berlin Pferde verwendet wurden (Bild 403). Ein Stall mit vielen Pferden war sicher der Stolz des Besitzers, aber das Ende war abzusehen. Die ab 1923 erhältlichen Lastwagen mit Dieselmotor waren zwar noch nicht führend, setzten sich aber um 1930 zunehmend gegen die Lastwagen mit dem unwirtschaftlicheren Benzinmotor durch.

Meilensteine ab 1929

Der Scammell-100-ton-Traktor mit zweiachsigem Auflieger markierte 1929 den Beginn einer neuen Schwerlastfahrzeug- und -transporttechnik. Etwa parallel dazu stellte die Deutsche Reichsbahn (DR) mit den Culemeyer-Straßenrollern und Kaelble-Reichsbahnzugmaschinen ein zunächst spezielles, später aber universelles Transportsystem mit recht modernen Merkmalen vor. Mit verbesserten Fahrzeugen wurde es bis in die siebziger Jahre genutzt. Luftbereifte Schwerlastanhänger stellte Schenk (Stuttgart) um 1934 in genieteter Bauweise vor, Meiller schuf 1938 einen sechsachsigen Tiefladeanhänger in geschweißter Bauweise mit Fahrbarkeit in beide Richtungen. Die zwei Systeme dienten vorwiegend dem Transport von Baumaschinen, der an Zahl und Bedeutung durch den

Bild 403: Trotz des längst verlorenen Kampfes Pferd gegen Motor wird noch 1925 eine Schwerlast mit Pferden transportiert.

Bau der Autobahnen in Deutschland zunahm. Endlich wurden die Vorzüge hoher Mobilität durch leicht transportable Baumaschinen und geeignete Schwerlastfahrzeuge erkannt. Um 1930 baute die MAN ein 18achsiges Schienenschwerlastfahrzeug, in dessen Tragschnäbel selbsttragende Großtransformatoren ohne Kranhilfe eingehängt werden konnten. Der Grundstein zu einem kombinierten Schwerlastverkehr Schiene-Straße war damit gelegt, obwohl es noch 27 Jahre dauerte, bis tatsächlich mit modifizierten Culemeyer-Rollern die Übernahme einer Schwerlast gelang.

Schon in den zwanziger Jahren entstanden in den USA robuste und einfach gebaute Tieflader als Sattelauflieger mit dreiachsigen Zugmaschinen aus der Serie, während in Deutschland der Anhänger mit Schlepper dominierte. Der Ingenieur und Fabrikant Willy Scheuerle stellte 1950 einen modernen Tiefladeanhänger mit Belademöglichkeit in Längsrichtung vor, eine Bauform, die als Pendelachstieflader von vielen Herstellern in ähnlicher Ausführung bis heute gebaut wird. Bild 404 zeigt eine amüsante Verknüpfung von Antike und Neuzeit,

Bild 404: Ramses II. wird in Abu Simbel entthront und mit einem Tieflader auf ein höheres Niveau gebracht, um nicht im Stausee des Assuan-Damms zu versinken.

denn hier wurden beim Bau des Assuan-Staudamms in Ägypten die monumentalen Götterstandbilder des Tempels von Abu Simbel mit Pendelachstiefladern von Scheuerle zu einem 40 m höheren Standort versetzt. Abgesehen von der schwierigen Transportdurchführung entstanden damals Kosten von 42 Millionen Mark.

Die Ansprüche an Schwerlastfahrzeuge stiegen weiter, weil die hochwertigen Maschinen, Behälter, Kessel und Apparate nur beim Hersteller mit modernen Methoden qualitativ einwandfrei und in immer größeren Dimensionen unteilbar herzustellen waren. Willy Scheuerle schuf 1957 den kombinierbaren Plattformanhänger mit gelenkten Pendelachsen mit kleinen Rädern und hydraulischem Achslastausgleich, der die Basis für alle weiteren Entwicklungen – mit und ohne Antrieb – bis zu höchsten Lasten bildete. Tiefladebrücken und Baggerbrücken erlaubten auch den Transport schwerer Baumaschinen. In England wurden Tieflader mit Schwanenhälsen und Drehgestellen zunächst mit sechs, später mit acht, zehn und zwölf Achslinien gebaut. Sie waren groß und schwer und hatten hydraulisch abgestützte Pendelachsen, aber große Räder und waren nicht entwicklungsfähig für die steigenden Anforderungen.

Ganz anders verlief die Entwicklung in den USA. In zahlreichen Beispielen wurde die andere Philosophie, beruhend auf den landesspezifischen Zulassungsvorschriften, verdeutlicht. Es blieb nur die Wahl, höhere Nutzlasten durch Vermehrung der Achszahl, etwa durch jeep-dollies zwischen Traktor und Auflieger, zu erreichen oder durch zusätzliche hintere Achsen, die je nach der gewählten Lastübertragung flip-over, stinger oder booster genannt werden. Die Sattelzugmaschine dominierte absolut, geeignete Fahrzeuge wurden häufig durch Umbau schwerer Hinterkipper gebildet. Auf die bemerkenswerten Anwendungen der Crawler in den USA und England wurde hingewiesen. Die europäische Plattformwagentechnik fand weltweit Eingang für Lasten über 500 t Gewicht, da sich hierfür nur kompakte Fahrzeuge mit Rädern unter der Last und Allachslenkung eigneten. Die Projekte zur Erdgas- und Erdölexploration in Alaska und der Ausbau der Churchill Falls in Labrador forderten Mensch und Maschine in extremer Weise; ohne eine funktionierende Schwerlastfahrzeug- und -transporttechnik war ein Arbeiten in diesen Regionen nicht denkbar. Alle Elemente und Komponenten der verwendeten Fahrzeuge, auch die Hydraulik und Elektronik, bestanden hier ihre Feuerprobe, ebenso in den heißen und feuchten Klimazonen und Wüstengebieten in Amerika, in arabischen Ländern und in Südafrika.

Vom Transportrisiko und dem ganz anderen Zeitbegriff

Technische Meisterleistungen waren die weltweit praktizierten RoRo-Verkehre und roll-outs oder load-outs, ebenso die im kombinierten Verkehr Straße-Schiene erbrachten Leistungen. Nicht nur moderne Technik, sondern auch persönlicher Wagemut und Einsatz gehörten neben viel Geduld dazu. Die damit verbundenen Risiken waren durch sorgfältige Planung meist abschätzbar, erforderten aber viel

Können und Erfahrung. Natürlich gab es im Schwertransportgeschäft Unfälle durch unvorhersehbare Ereignisse, manchmal durch Unterschätzung der Masse oder Wucht eines Schwertransports oder Pannen an den Fahrzeugen, aber echte Katastrophen blieben aus. Die Dramatik bei vielen Transporten lag oft in nicht meßbaren Hindernissen beim Durchfahren von Städten in Millimeterarbeit, plötzlich aufgemachten Baustellen auf einer lange und mit hohen Kosten vorgeplanten Strecke, abgesehen von plötzlich auftretenden Unwettern, Schnee und Eis.

Generell gelten für Schwertransporte weltweit andere Maßstäbe als sonst im Transportwesen. „Just in time" ist undenkbar, es kommt darauf an, eine Schwerlast überhaupt und sicher ans Ziel zu bringen. Zeit und Geschwindigkeit haben hier eine andere Dimension, Gelassenheit statt Hektik steht obenan. Bemerkenswert ist, daß heute vom Fahrzeug her kaum noch Begrenzungen der Tragfähigkeit oder des Volumens der Last gegeben sind, es sind vielmehr die äußeren Umstände, der Transportweg und das ganze Umfeld, die den Transportablauf bestimmen. Auch das Transportrisiko und der Zeitaufwand werden dadurch primär beeinflußt, abgesehen von den Risiken, die durch menschliches Versagen hervorgerufen werden.

Neue Technologien im Schwertransportgeschäft

Die Motorisierung von Plattformwagen mit einer im Nutzfahrzeugbau ungewöhnlichen Technik der hydrostatischen Kraftübertragung, die nachfolgende Einführung der Elektronik für eine Vielweglenkung und das Antriebsmanagement waren neue Aspekte. Nie zuvor waren die Wechselwirkungen zwischen der Fahrzeugtechnik und den Herstellern der Transportgüter so deutlich hervorgetreten. Die auf Rädern transportierte Nutzlast stieg von 100 t im Jahr 1929 auf 11.000 t im Jahr 1994! Die Modultransporte mit modular aufgebauten Fahrzeugen kamen einer Revolution im Transportwesen und Anlagenbau gleich. In Tabelle 1 (Seite 216) sind die spektakulärsten Leistungen ab 1971 zusammengefaßt. Die Bedeutung des Plattformwagens und seiner Kombinationen – mit und ohne Antrieb – wird sicher auch ohne Kommentar erkennbar.

Elektronik wird heute in Tiefladern und Plattformanhängern mit starren Achsen in den unteren Nutzlastkategorien genutzt. Die Luftfederung hat eine elektronische Niveauregelung, mit der die Druckluftbremse belastungsabhängig beeinflußt wird. Mit einem Diagnosesystem können alle Funktionen überwacht werden. Nachläufer für Langmaterialtransporte werden, zum Beispiel bei Doll, nicht mehr mechanisch, sondern vom Schemel aus hydraulisch über doppeltwirkende Lenkzylinder gesteuert.

Tabelle 1: Der Plattformwagen und seine Kombinationen haben große Bedeutung im Schwertransport.

Jahr	Gewicht d. Last	Unternehmer/Auftraggeber	Fahrzeug (Fabrikat, Bauart)	Land	Art
1971	400 t	Reliance Truck (USA)	Nicolas-Plattformwagen	USA	RoRo
1972	680 t	Hake	Manitowoc-Crawler	USA	Straße
1975	890 t	Rigging International (UK)	Manitowoc-Crawler	England	Load-out
	530 t	Hansa-Linie (Deutschland)	Manitowoc-Crawler	Frankreich–Indien	RoRo/Hochsee
	620 t	Mammoet-Stoof (Holland)	Draize-Plattformwagen	Schiedam (Holland)	Load-out
1976	820 t	West India Line (USA)	Manitowoc-Crawler	Japan–Kuwait	RoRo/Hochsee
	3.850 t	Sarens de Coster (Belgien)	Goldhofer-Plattformwagen	Dordrecht (Holland)	Load-out
1977	655 t	Reliance Truck (USA)	Scheuerle-Plattformwagen	USA	Straße
	900 t	Reliance Truck (USA)	Scheuerle-Plattformwagen	USA	Straße
	1.900 t	Rigging International (UK)	Manitowoc-Crawler	England	Load-out
	1.730 t	Magnaload (England)	Goldhofer/Scheuerle-Plattformwagen	England	RoRo/Hochsee
	2.500 t	Econofreight [EHT] (England)	Nicolas, Plattformwagen	England	Load-out
1980	1.200 t	VSL/Heavy Lift & Transp. (USA)	Goldhofer-Plattformwagen	USA	Straße/RoRo
	ca. 1.000 t	Für Niagara Mohawk Power C. (USA)	Lampson-Crawler	USA	Straße
	2.570 t	Sarens de Coster (Belgien)	Cometto/Goldhofer-Plattformwagen	Holland	Load-out
	2.744 t	Magnaload/Snellen-Verm./Sarens	Cometto/Goldhofer/Scheuerle-Plfwg.	Holland	Load-out
1981	bis 1.800 t	Sankyu (Japan)	Scheuerle-Transporter	Japan–Saudi-Arabien	RoRo/Hochsee
1982	bis 2.100 t	Arco Oil & Gas (USA)	Goldhofer-Spezial-Plattformwagen	USA–Alaska	RoRo/Hochsee
	1.850 t	Mediaco (Frankreich)	Cometto-Plattformwagen	Marseille–Nordsee	Load-out/Hochsee
1983	1.800 t	Nippon Express (Japan)	Cometto-Transporter	Japan–Saudi-Arabien	RoRo/Hochsee
	2.000 t	Modular Haulage Comp. (Holland)	Scheuerle-Transporter	Japan–Saudi-Arabien	RoRo/Hochsee
1984	bis 1.850 t	Mammoet Transport (Holland)	Scheuerle-Transporter (SPMT)	Philippinen–Alaska	RoRo/Hochsee
1986	700 t	Econofreight [EHT] (England)	Nicolas-Plattformwagen	England	Straße
	1.760 t	Mammoet Transport (Holland)	Scheuerle-Transporter (SPMT)	Holland–Norwegen	Load-out
1988	6.250 t	Sarens de Coster und Mammoet	Kamag/Goldhofer/Scheuerle (SPMT)	Holland	Load-out
	7.700 t	Econofreight [EHT] (England)	Nicolas-Plattformwagen	England	Load-out
1989	6.200 t	Econofreight [EHT] (England)	Nicolas-/Scheuerle-Plattformwagen	England	Load-out
	2.100 t	Werft (Kalifornien)	Goldhofer-Plattformwagen	USA/Kalifornien	RoRo/Hochsee
	6.500 t	Mammoet (UK)	Scheuerle-Transporter (SPMT)	England	Load-out
1990	500 t	Dales Heavy Haulage (Neuseeland)	Nicolas-Plattformwagen	Neuseeland	Straße
	8.100 t	Mammoet Transport (Holland)	Scheuerle-Transporter (SPMT)	England	Load-out
1993	bis 5.000 t	Parsons (USA)	Scheuerle-Transporter	USA–Alaska	RoRo/Hochsee
	2.500 t	Mammoet Transport (Holland)	Scheuerle-Transporter (SPMT)	Holland	Load-out
1994	11.000 t	Mammoet Transport (Holland)	Scheuerle-Transporter (SPMT)	Norwegen	Load-out-Rekord
2000	11.727 t	Mammoet Transport (Holland)	Scheuerle-Transporter (SPMT)	England	Load-out-Rekord

Hohe Antriebsleistung allein reicht nicht aus

Der Lastzug im Güterfernverkehr darf in Europa maximal 40 t wiegen und hat eine Antriebsleistung von 295 kW bis 441 kW (401 PS bis 600 PS). Die Zugmaschinen verwenden in der Regel Motoren in diesem Leistungsbereich. Zu berücksichtigen ist bei Schwertransporten die niedrigere Geschwindigkeit und die größere Übersetzung zwischen Motor und Antriebsrädern. Dadurch wird das Drehmoment des Motors verstärkt an die Achsen weitergeleitet. Außerdem ist in vielen Fällen ein Drehmomentwandler vorgesehen, um das Anfahren unter hoher Last und am Berg zu erleichtern. Doch das allein erklärt nicht den Unterschied! Die Antriebsachse des normalen Lastzuges darf je nach nationalen Vorschriften mit 11 bis 13 t belastet sein, was im schnellen Fernverkehr auch mit hoher Motorleistung ausreicht. Ein Schwerlastzug mit zum Beispiel 200 t Gesamtgewicht kann aber damit kaum in Bewegung gesetzt werden. Eine Verbesserung träte durch zusätzlichen Antrieb der mit sieben bis acht Tonnen belasteten Vorderachse ein; genügen würde das jedoch höchstens auf glatter und griffiger Straße.

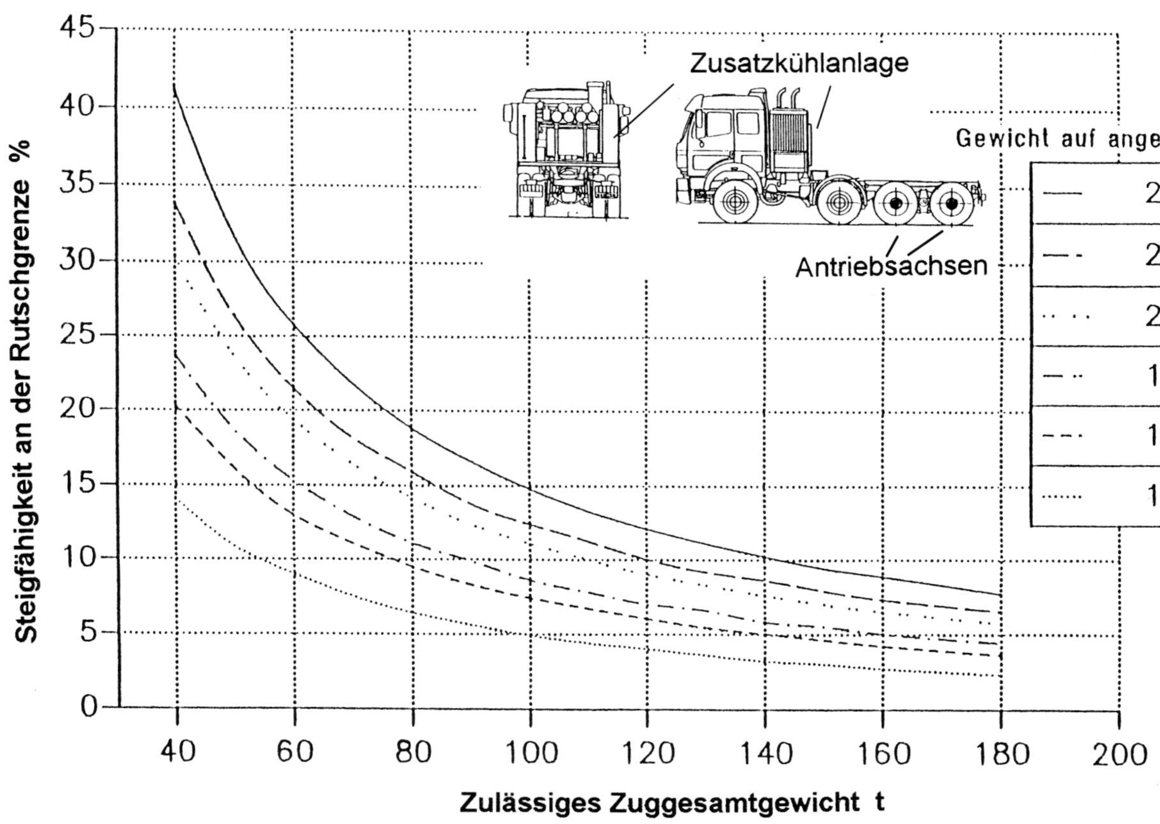

Bild 405: Steigfähigkeit einer Mercedes-Benz-Zugmaschine 3548 S 8x4/4 (1991) in Abhängigkeit vom Gesamtgewicht und der Belastung der Antriebsachsen.

Das auf den angetriebenen Rädern lastende Gewicht hat den entscheidenden Einfluß auf die Zugkraft oder Vortriebskraft. An einem Diagramm (Bild 405) läßt sich der Zusammenhang erklären: Eine vierachsige Zugmaschine (8x4) des Baujahres 1991 mit einem zulässigen Gesamtgewicht von 35 t mit den Achslasten 7,5 + 7,5 + 10 + 10 t hat vier angetriebene Räder. Ein Turbodieselmotor mit 370 kW (503 PS) dient als Antrieb. Aus dem Diagramm kann die Steigfähigkeit eines Schwerlastzuges mit einem Gesamtgewicht von 180 t in Abhängigkeit von der Belastung der Antriebsachse abgelesen werden:

1. Mit 60 t Gesamtgewicht und einer Belastung der beiden Antriebsachsen mit zusammen zehn Tonnen beträgt die Steigfähigkeit rund acht Prozent.
2. Mit 180 t Gesamtgewicht und einer Belastung der beiden Antriebsachsen von zusammen 26 t beträgt die Steigfähigkeit ebenfalls rund acht Prozent, weil in diesem Fall die Motorleistung ohne Durchdrehen der Räder voll genutzt werden kann.

Wenn die Achslast im ersten Fall auf 26 t erhöht würde, wäre nach dem Diagramm eine Steigung von 25 Prozent befahrbar! Andererseits wird klar, daß mit noch höherer Motorleistung nur dann eine höhere Zugkraft oder Steigfähigkeit erzielt werden kann, wenn sechs oder acht Räder angetrieben werden. Die Belastung der beiden Antriebsachsen mit maximal 26 t ist auch bei einer dreiachsigen Zugmaschine 6x4 möglich. Sie würde mit gleichem Antrieb die gleiche Zugkraft oder Steigfähigkeit bringen. Dennoch hat die vierachsige Variante durch die höhere Fahrsicherheit, durch besseres Lenkverhalten und ein günstigeres Verhältnis von Anhängelast zum Gewicht der Zugmaschine deutliche Vorteile. Die vierachsige Zugmaschine nach dem Stand von 1991 kann vielfältig mit für alle Zwecke geeigneten Plattformanhängern eingesetzt werden (Bild 406). Für den Betrieb mit Anhängern muß die Zugmaschine eine Ballastpritsche haben, wodurch die Nutzlast vermindert wird, um das zulässige Gesamtgewicht von 180 t nicht zu überschreiten.

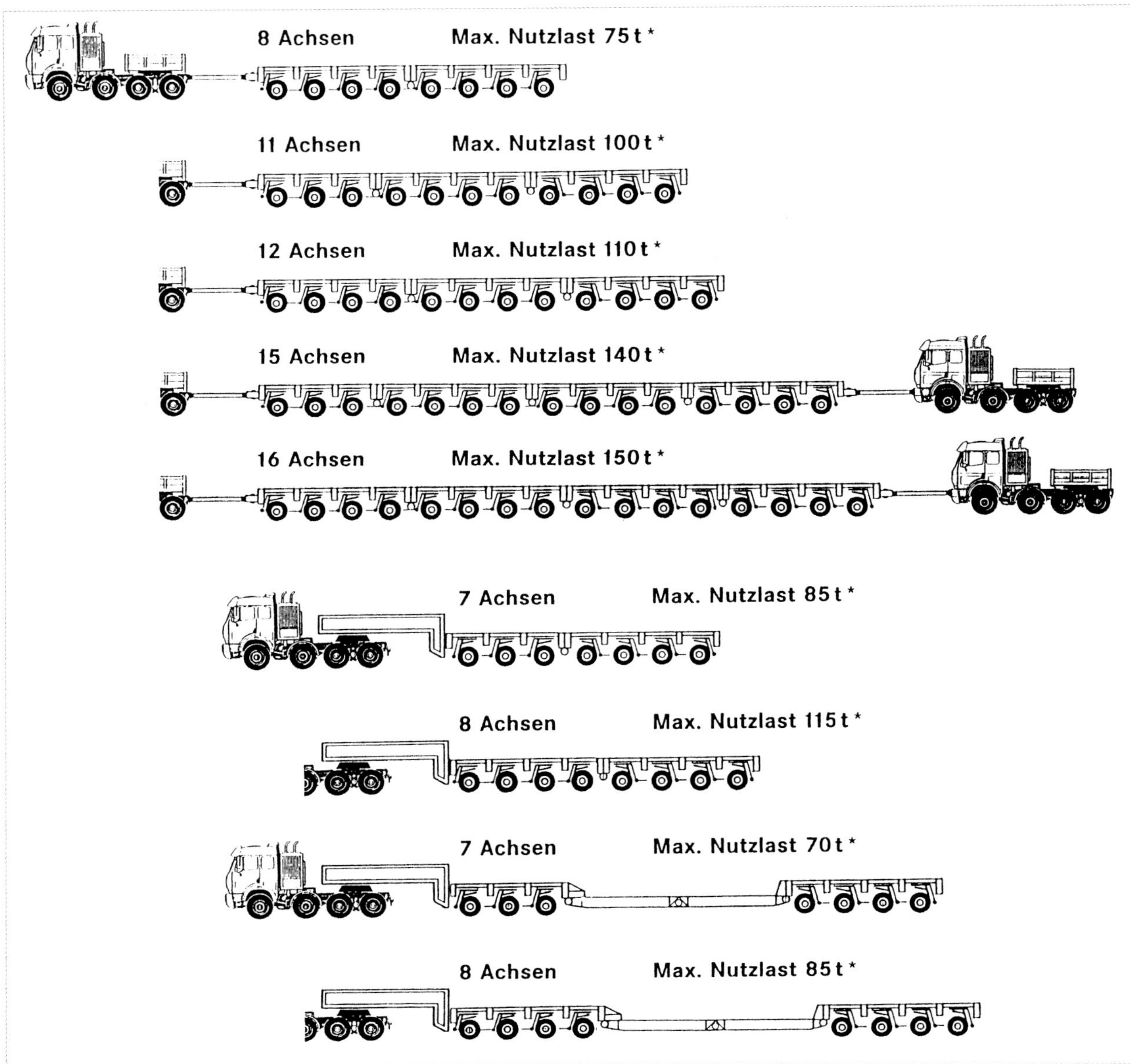

Bild 406: Zugmaschine nach Bild 405 mit Ballastbrücke oder Sattel mit möglichen Anhängerkombinationen.

Bei zahlreichen Schwerlasttransporten waren drei- oder vierachsige Zugmaschinen mit Allradantrieb, also mit der Antriebsformel 6x6 oder 8x8, vorgesehen. Die stärkste europäische Zugmaschine der neunziger Jahre, gebaut von der Österreichischen Automobilfabrik-AG (ÖAF), Wien, einer 100prozentigen Tochter der MAN Nutzfahrzeuge AG in München, hat eine Antriebsleistung von 581 kW (790 PS) bei einem technisch zulässigen Gesamtgewicht von 48 t (oder mehr mit Sondergenehmigung). Die Typenbezeichnung lautet 48.792 (Bild 407). Da alle Räder angetrieben werden (8x8), kann das ganze Gewicht von maximal 48 t voll zur Umsetzung der hohen Leistung in Vortriebskraft genutzt werden. Ein Vergleich dieser Zugmaschine mit den schweren Bauarten von Atlantic, Faun, Hayes, Scammell und einigen amerikanischen Individualisten zeigt deutlich den gewaltigen technischen Fortschritt solcher Fahrzeuge für Straßentransporte. Die hohe Antriebsleistung ist äußerlich nicht erkennbar, da der V12-Turbomotor mit seinem relativ geringen Bauvolumen unter der Frontlenkerkabine eingebaut ist. Das Design zeigt Stärke und Eleganz.

Eigentlich kann nach der vorangegangenen Erläuterung eine Last von 1.850 t von einer vierachsigen Zugmaschine trotz Allradantrieb nicht bewegt werden; in einem speziellen Fall erwies es sich dennoch als möglich! Im Raumfahrtbahnhof Kourou, Französisch-Guayana in Südamerika, wird die Europarakete „Ariane 5“ von der Montagehalle auf ihrer Startanlage einige Kilometer weit zur Startrampe gefahren (Bild 408). Die Startanlage rollt auf acht zweiachsigen Drehgestellen auf zwei nebeneinander

Bild 407: Hochleistungszugmaschine MAN/ÖAF 48.792 beim Schwertransport in Österreich.

Bild 408: MAN/ÖAF-Zugmaschine zieht 1.850 t: Europa-Rakete Ariane auf Transportwagen.

verlegten Gleisen, und die Zugmaschine fährt dazwischen auf einer besonders griffigen Fahrbahn. Durch den geringen Rollwiderstand der Schienenlaufwerke

14 m/s noch sicher transportiert, allerdings nur mit eingeschaltetem Wandler, der im Normalbetrieb nach dem Anfahrvorgang überbrückt wird.

Bild 409: MAN/ÖAF-Zugmaschine mit 54 t Gesamtgewicht für die Spezialaufgabe nach Bild 408.

und die überdurchschnittlich gute Haftung der Reifen ist es möglich, mit der vierachsigen MAN/ÖAF-Zugmaschine mit einem V10-Dieselmotor mit (nur) 350 kW (475 PS) diese Leistung zu vollbringen (Bild 409). Wesentlich ist dafür die Wahl einer geeigneten Kraftübertragung. Sie besteht aus einer ZF-Wandlerschaltkupplung, das ist ein hydrodynamischer Drehmomentwandler mit einer Überbrükkungskupplung, und dem getrennten ZF-Ecosplitgetriebe 16 S 220 A mit integriertem Verteilergetriebe für den Antrieb aller Achsen. Damit sind die Voraussetzungen für einen Transport der Last von 1.850 t mit einer Geschwindigkeit von 5 km/h gegeben. Die Anhängelast wird selbst bei einem Gegenwind bis

Die früher erwähnten Zugmaschinen oder Traktoren mit Leistungen über 370 kW (500 PS) bis nahe an 735 kW (1.000 PS) in drei- und vierachsiger Bauweise haben oft nur zwei angetriebene Hinterachsen mit hoher, in Europa nicht zulässiger Achslast. Die europäischen Zugmaschinen in diesem Leistungsbereich haben sowohl Allradantrieb als auch zwei angetriebene Hinterachsen – je nach Motorleistung. Seltener sind vierachsige Zugmaschinen mit drei angetriebenen Achsen, also mit der Antriebsformel 8x6/4, denn zwei Achsen sind immer gelenkt. Ungewöhnlich sind die dreiachsigen Tatra-Zugmaschinen mit zwei Vorderachsen und Einfachbereifung.

Schwertransporte international

Die Bilder 410 bis 417 zeigen die vielfältigen Möglichkeiten, Lasten aller Art auf der Straße zu transportieren. Ein ausgedientes Klein-Unterseeboot wurde an der deutschen Nordseeküste auf einen Schwerlastponton von Van der Wees in Dordrecht, Holland, verladen, von Pieper in Dortmund mit einer Goldhofer-Plattformanhängerkombination mit 20 Achslinien nach einer Rheinreise in Speyer

Bild 410: Der Unimog U 2400/2450 mit 177-kW-Turbodieselmotor (240 PS) zieht auch schwerere Lasten mit der vorgeschriebenen Mindestgeschwindigkeit von 62 km/h auf Autobahnen. Mit kurzem Radstand, Allradantrieb und guter Lastverteilung ist er wendig und entfaltet seine Stärke beim Ziehen von Lasten, er eignet sich nicht als Sattelzugmaschine.

Bilder 411: Tatra-Zugmaschinen in Tschechien, seit jeher mit zentralem Rohrrahmen, Pendelschwingachsen und Allradantrieb. Oben: T 815 (6x6/4). Mitte: T 815 NT 6x6. Unten: T 815 (8x8/4) mit Schwerlastanhänger für einen Wassertank für den Katastrophenschutz.

Bild 412: Scania-Haubenzugmaschine T144 GB 6x4 mit Tragsattel und zusätzlicher Tragachse.

Bild 413: Baggertransport in Holland auf Nooteboom-Cometto-Auflieger und Dolly mit Scania-Zugmaschine.

Bilder 415: Scania-Zugmaschinen 143 E 6x4 450 und 500 bei Schwertransporten in Süddeutschland und Frankreich. Die Zugmaschine auf dem unteren Bild wird mit einer Zusatzachse auf 8x4 umgerüstet.

Bilder 414: Oben: EuroTech-Sattelzugmaschine 6x4 von Iveco mit 309-kW-Dieselmotor (420 PS) mit Sattelltieflader und Komatsu-Hinterkipper. Unten: EuroStar-Sattelzugmaschine 6x2 von Iveco mit 309-kW-Dieselmotor beim Abtransport eines beschädigten Bulldozers.

CONVOI
EXCEPTIONNEL
PM
Spezial Trans Maier KG
143E
500
DD-M 1004
DANZAS

SCHWERTRANSPORTE
SCANIA
143E
450
OG-PM 527

Bilder 416: Mercedes-Benz-Sattelzugmaschinen. Oben: Typ 3853 8x4/4 mit Scheuerle-Auflieger. Unten: Typ 3033, speziell für den Markt in der Schweiz, mit Auflieger von Peter Winterthur.

Bild 417: Dunkerley in England transportiert einen Cat-Bagger mit MAN-Zugmaschine auf Scheuerle-Kombination mit Baggerbrücke.

Bild 418: Unter Wasser nicht möglich. Straßentransport ins Technik-Museum in Speyer nach einer Rhein-Reise.

Bild 419: Zwei Varianten von Schwerlastpontons.

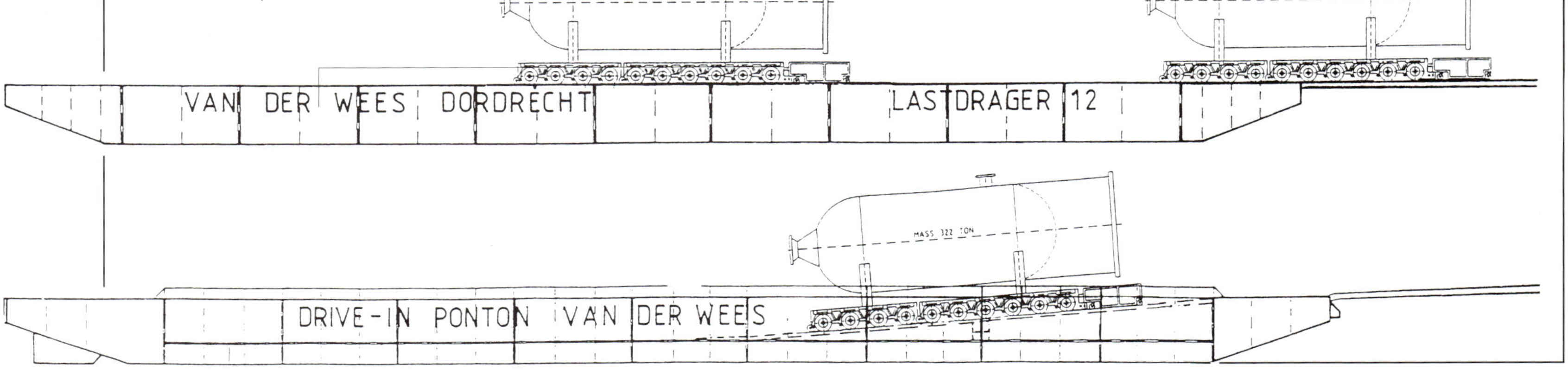

von Bord geholt und mit vier vierachsigen Mercedes-Benz-Zugmaschinen ins Technik-Museum gefahren (Bild 418). Wegen der Länge des Fahrzeugs wurde das Boot auf das flache Deck verladen, um das Befahren der Rampe beim Verladen im Rumpf zu vermeiden. Bild 419 zeigt den Unterschied der Pontonbauweisen. Gebräuchlicher ist das Verladen auf einen Ponton mit Deck; in den darunterliegenden Kammern kann Ballastwasser zum Ausgleich der extremen Belastung beim Be- und Entladen ein- oder ausgepumpt werden. Dadurch kann der Rampenwinkel klein gehalten werden. Wenn im Rumpf der anderen

Bild 420: Wieder ein Haus auf Rädern, diesmal im Hafen von Rotterdam.

Bauart verladen wird, muß zwangsläufig eine relativ steile Rampe befahren werden, und das Befahren mit langen Fahrzeugen wird durch die oberen und unteren Rampenwinkel unmöglich gemacht.

Zwei gewaltige Kokstrommeln mit sieben Meter Durchmesser, hergestellt bei der VÖEST-Alpine in Linz/Donau, wurden 1990 auf der Donau zum Hafen von Passau gebracht. Dort wurden sie auf zwei THP-Kombinationen von Goldhofer mit 8+8 und 8+7 Achslinien umgeladen. Die Transportdurchführung lag in den Händen der Firma Scholpp in Stuttgart. Die Fahrt, oft auf Nebenstraßen mit Steigungen und Gefällen bis zu 18 Prozent und vielen engen Ortsdurchfahrten, besonders erschwert durch starken Regen, dauerte vier Tage. Wegen der großen Schwierigkeiten und starken Verkehrsbehinderung transportierte Scholpp beide Trommeln gleichzeitig. Zwei Titan-Zugmaschinen und zwei Mercedes-Benz 3544/3548 mit drei und vier Achsen, unterstützt durch einen 45-t-Liebherr-Autokran, bewältigten die Transportaufgabe. Da der Transport nicht auf seitlich gekuppelten Plattformen ausführbar war, kam der Lagerung der Last und der Verzurrung größte Bedeutung zu. Die Schwerpunktverlagerung wurde ständig überwacht und über die Achshydraulik ausgeglichen. Ungezählte Bordsteine und Verkehrsinseln mußten überfahren werden, Kurven wurden verbreitert, ein Damm von 80 m Länge wurde aufgeschüttet, der Aufwand ist mit Worten und Zahlen nicht zu beschreiben. Sicher war es der bis dato schwierigste in Deutschland durchgeführte Straßentransport!

Im Hafen von Rotterdam wuchs der Containerumschlag von Jahr zu Jahr. Das von der ECT betriebene größte und modernste Containerterminal der Welt reichte Mitte der neunziger Jahren nicht mehr aus und wurde umgebaut. Dazu wurde das Verwaltungsgebäude mit einer Länge, Breite und Höhe von 21 x 7,2 x 8 m und einem Gewicht von 80 t komplett auf einen Satteltieflader von Nooteboom/Cometto mit 5+3 Achsen und eingekuppeltem Tiefbett verladen und an den neuen Platz gebracht (Bild 420). Erleichtert wurde der Umzug, weil schon beim Bau das Gebäude auf eine Stahlkonstruktion gesetzt worden war. Von Peinemann Kranen in Rotterdam-Hoogvliet wurde das Gebäude mit einem 400-t-Liebherr-Kran an vier Punkten angehoben und auf das Fahrzeug verladen. Der hydraulische Achslastausgleich ermöglichte das Ausbalancieren von Unebenheiten des Weges; das war sehr wichtig, weil das Fahrzeug nur knapp drei Meter breit war. Eine vierachsige MAN-Zugmaschine der Baureihe F 2000 der Firma E. Lafeber BV in Gouda, Holland, zog die Last an den neuen Platz.

Der holländische Unternehmer Hak führte einen Langstreckentransport von Holland nach Barcelona, Spanien, mit einem Scheuerle-Auflieger und vierachsiger MAN-Zugmaschine durch (Bild 421). Der 140 t schwere Liebherr-Autokran LT 1160 wurde auf ein Tiefbett zwischen zwei Fahrwerken verladen, Gesamtlänge des Zuges 39,5 m. Den Transport eines in Komponenten zerlegten mobilen Hafenkranes von Liebherr durch die österreichische Spedition Bautrans in Bregenz zeigt Bild 422. Der luftbereifte Kran

Bild 421: Langstreckentransport eines Liebherr-Autokrans von Holland nach Spanien durch die holländische Spedition A. Hak.

Bild 422: Transport eines demontierten Liebherr-Hafenkrans zum Aufstellungsort.

Bilder 423: Zwei Belademöglichkeiten von Goldhofer-Tiefladern ST 2-VL 3 mit drei- oder vierachsiger Sattelzugmaschine.

gewann seine Mobilität durch die Unabhängigkeit von einem Gleis.

Die Eignung der leichteren Goldhofer-Tieflader ST 2-VL 3 auch für schwerere Baumaschinen zeigt das Bild 423. Der Radlader (Bild 423 oben) konnte über die hinteren Rampen auffahren oder nach Abfahren des Schwanenhalses. Durch die Radmulden blieb die Transporthöhe unter vier Meter. Die Hinterräder des Muldenkippers (Bild 423 unten) lagerten

Bild 424: Caterpillar-Raupe auf dem Tiefbett eines elfachsigen Schwerlastzuges.

Bilder 425: Oben: Van der Vlist aus Groot-Ammers transportiert einen Hochdruckkessel mit offener Kesselbrücke. Unten: Viktor Baumann aus Bonn wählt eine besondere Art der Verladung mit einer halben Kesselbrücke.

auf einer Ladeflächenverbreiterung. Eine 83 t schwere Caterpillar-Raupe wurde von einem Tiefbett zwischen Scheuerle-Euro-Combis mit drei und vier Achsen aufgenommen, gezogen von einer MAN/ÖAF-Schwerlastzugmaschine 8x4/4 mit zusätzlicher Kühlergruppe (Bild 424). Für das tatsächliche Gesamtgewicht des Zuges von 139 t müßten zwei Achslinien mehr vorgesehen werden.

Bilder 426: Zwei Verlademöglichkeiten für große Kessel, ausgeführt von der Spedition Fahrenholz.

Der Transport von großen oder langen Behältern, Kesseln oder Reaktoren ist stets eindrucksvoll, auch wenn es sich dabei nicht immer um Dimensionen wie bei dem Transport der Kokstrommeln durch die Firma Scholpp handelt. Um eine niedrige Höhe einzuhalten, wurden verschiedene Wege beschritten. Der Druckkessel (Bild 425 unten) lag am vorderen dickeren Ende in einer Kesselbrücke, hinten war er direkt auf einem Plattformwagen gelagert. Die Durchfahrtshöhen von fünf Meter unter Brükken wurden gut eingehalten. Die Auf- und Abfahrten der Autobahn mußten wegen der Länge in der Gegenrichtung befahren werden, zahlreiche Leitplanken wurden dazu demontiert. Der Hochdruckkessel (Bild 425 oben) wurde in einer geöffneten Kesselbrücke aufgenommen, wodurch der Zug natürlich länger wurde. Auch hier wurde eine niedrige Gesamthöhe erzielt. Die Spedition Fahrenholz verlud zwei annähernd gleiche Behälter auf verschiedene Weise und verwendete eine Mercedes-Benz-Schwerlastzugmaschine 8x4 und eine leichtere 6x4 (Bilder 426). Die Scheuerle-Plattformanhänger (Bild 426 oben) waren durch eine Tiefladebrücke zu einem allradgelenkten

Bild 427: 530 t und 9,8 m Durchmesser transportiert Felbermayr auf zwei parallel gekuppelten Goldhofer-Plattformen, gezogen von der MAN/ÖAF-Schwerlastzugmaschine 48.792 mit 790 PS.

Anhänger fest verbunden; der Kessel (Bild 426 unten) war mit einem Schemel drehbar auf dem Auflieger gelagert, der Nachläufer war fest mit der Ladung verzurrt und wurde manuell gelenkt.

1994 wurde von der CSAD in Ostrava, Tschechien, mit neueren dreiachsigen Faun-Zugmaschinen und einer vierachsigen von Tatra, alle mit Allradantrieb, ein Reaktor für ein Atomkraftwerk von Batolov, Tschechien, nach dem 340 km entfernten Bratislava, Slowakei, transportiert. Der 364 t schwere Reaktor mit 5,3 m Durchmesser war mit Tragschnäbeln über Lastverteiler auf zwei Goldhofer-Plattformwagen THP mit je 14 Achslinien verladen. Die hohe Antriebsleistung von 4 x 386 kW und 1 x 235 kW = 1.779 kW (2.420 PS) war wegen der kurvenreichen Strecke mit Steigungen

Bilder 428: Oben: Überfahrbarer Sattelauflieger mit Pendelachsen, in der Breite verstellbar. Unten: Flache Auffahrt mit Rampen auf geneigte Ladeplattform.

und Gefällen bis zwölf Prozent notwendig. Die Fahrgeschwindigkeit betrug 5 km/h.

Ein komplettes Chemiewerk wurde 1995 von Enns in Österreich nach Südafrika verlegt. Der größte Brocken war ein 35 m hoher Reaktor mit 9,8 m Durchmesser und einem Gewicht von 530 t. Er wurde auf seitlich gekuppelte Goldhofer-THP-Plattformanhänger mit 18 Achslinien verladen (Bild 427). Die österreichische Schwerlastspedition Felbermayr setzte für den Straßentransport mehrere MAN/ÖAF-Schwerlastzugmaschinen ein und zwar die vierachsigen 48.792 und 40.520 und eine dreiachsige 33.422.

Zwei Transportmöglichkeiten für Baumaschinen zeigen die Bilder 428. Oben wird ein Randon-Muldenkipper aus Brasilien auf einen fünfachsigen Sattelzug verladen. Der Auflieger von Murray Trailers, Stockton, Kalifornien, hatte Pendelachsen, die zur Anpassung an gesetzliche Bestimmungen in der Breite verstellbar waren. Unten ist das Beladen eines „hydraulic sliding axle trailers“ von Trail King, Mitchell, South Dakota, mit einer Straßenbaumaschine zu sehen. Die Achsen wurden hydraulisch nach vorne gezogen, wodurch die Plattform direkt befahrbar war.

Ein ungewöhnliches Fahrzeug war der für den Transportunternehmer Vosberg in Las Vegas, USA, von Trail King in den neunziger Jahren vorgestellte Tiefbett-Sattelauflieger mit Dolly in Leichtbauweise (Bild 429 oben). Die Räder waren in

Bilder 429: Zwei Transportlösungen werden von Trail King geboten.

Bilder 430: Zwei Schwerlastzüge aus dem Fuhrpark von Miller Transfer & Rigging.

ungewöhnlicher Weise zu einfachbereiften Doppeltandems zusammengefaßt. Jede Achslinie hatte acht einzelne Räder. Das hintere Fahrwerk war vom Steuerstand manuell lenkbar. Mit dem vorderen Dolly, das auf der Sattelkupplung der Zugmaschine auflag, hatte dieses Schwerlastfahrzeug vier Achslinien mit insgesamt 32 Rädern. In Anpassung an die Last oder die zulässige Belastbarkeit der Straße war die Breite des Fahrzeugs verstellbar. Daneben baute Trail King eine siebenachsige Kombination mit Tiefbett für 100 t Nutzlast und vierachsiger Kenworth-Zugmaschine (Bild 429 unten). Auffallend war die niedrige Bauweise. Der Schwanenhals war hydraulisch absenkbar.

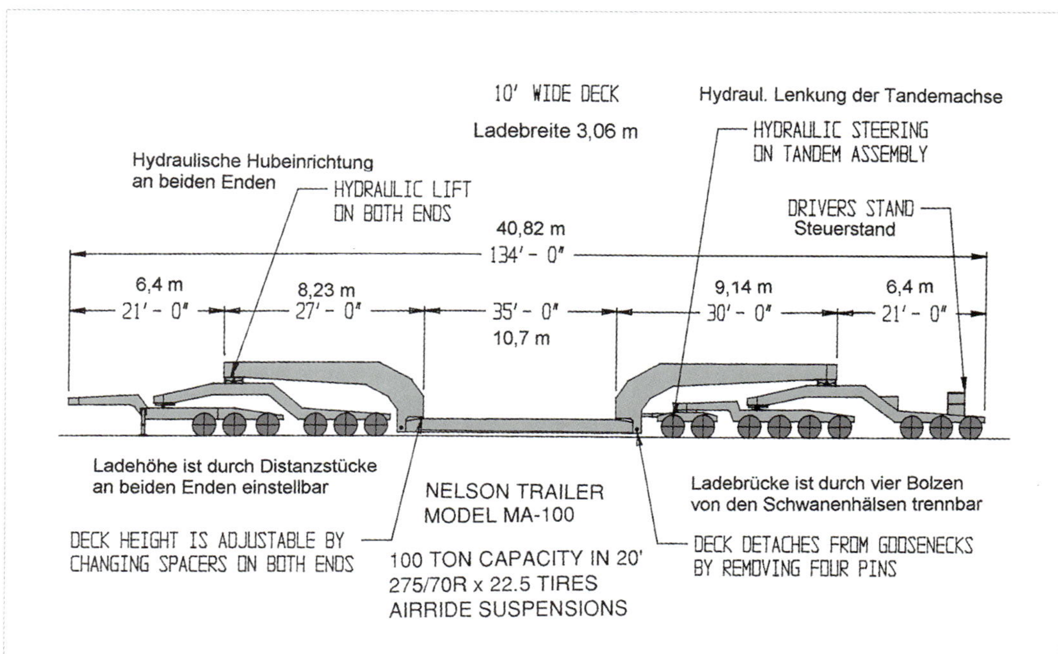

Bild 431: Fünfteiliger Nelson-Trailer MA 100.

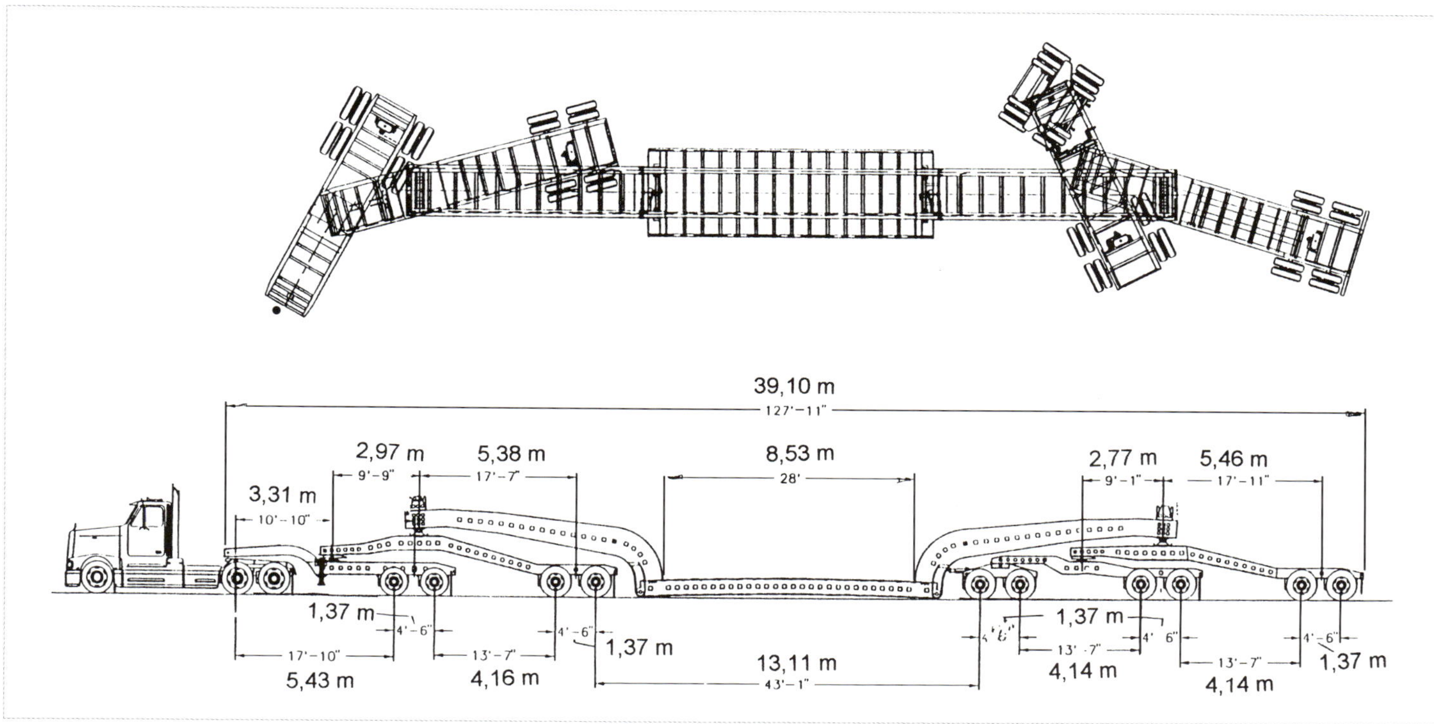

Bild 432: Sechsteiliger Kalyn-Siebert-Trailer für 100 t Nutzlast.

Zwei eindrucksvolle Schwerlastzüge bot das amerikanische Unternehmen Miller Transfer & Rigging (Bilder 430). Die schwere Bauart war der vierachsige Semi-Trailer mit zweiachsigem Dolly und einem vierachsigen Kenworth-Traktor (Bild 430 oben). Ein Maximum an Achszahl und Länge hatte der 100-t-Lastzug von Nelson Trailers mit luftgefederten Achsen (Bild 431). Ebenfalls 100 t trug der 13achsige Lastzug, genannt „Big 13 axle", von Kalyn Siebert (Bild 432). Die langen Träger und die Schwanenhälse waren zur Gewichtsersparnis mit Löchern versehen, und das hintere Fahrwerk war durch eine Lenkverbindung zum Tiefbett automatisch lenkbar. Nach Lösen dieser Verbindung war manuelles Lenken möglich. Ein Autoklav mit 150 t Gewicht wurde von J. E. Oswalt & Sons im RoRo-Verkehr auf Dollies transportiert (Bild 433). Der Peterbilt-Traktor war hier ballastiert, wurde aber auch als Satteltraktor verwendet.

Bild 433: Autoklav auf modularem Dollyfahrwerk mit Peterbilt-Traktor.

Bild 434: Fahrgestell eines schweren Muldenkippers auf zwei nebeneinander fahrenden Lastzügen.

Kirscher Transport in Minnesota, Virginia, führte in den neunziger Jahren einen Transport auf zwei parallel fahrenden Tieflade-Sattelzügen durch (Bild 434). Mit dem als double-trailering bezeichneten Verfahren wurde zum Beispiel ein gewaltiger Muldenkipper mit mehr als sechs Meter Breite transportiert. Der Lastzug mit zwei vierachsigen Peterbilt-Zugmaschinen hatte also acht Achslinien. In gleicher Weise wurde ein Behälter mit rund sieben Meter Durchmesser befördert. Ebenfalls ungewöhnlich war die Verladung eines Baggers von O&K auf einem Hinterkipper (Bild 435 oben) und eines weiteren O&K-Baggers auf einem dreiachsigen Tieflader mit 250 t Tragkraft in den USA (Bild 435 unten).

1997 wurde in Japan ein zwischen Tragschnäbel eingehängter Transformator auf symmetrischen Schwerlastzügen befördert, diesmal mit zwei vierachsigen Mercedes-Benz-Zugmaschinen (Bild 436).

Bilder 435: Ungewöhnliche Transportmethode für O&K-Großbagger.

Bild 436: Symmetrischer Schwerlastzug in Japan mit Mercedes-Benz-Zugmaschinen.

Goldhofer lieferte den Schwerlastteil als spezielle THP/Japan-Ausführung.

Der belgische Unternehmer Sarens de Coster verwendete 1990 zur Verladung einer mehrere tausend Tonnen schweren Last in Wolverten Selbstfahrer von Kamag, deren power-packs eine Leistung von 1.470 kW (2.000 PS) aufwiesen (Bild 437 oben). Die Kombination kompakter Selbstfahrer mit den antriebslosen größeren THP-Plattformanhängern von

Bilder 437: Module für Bohrfelder auf Kamag-Transportern in modularer Bauweise in Verbindung mit Goldhofer-THP/SL-Plattformwagen.

Goldhofer war zweifellos eine preiswerte Lösung, wenn auf manche kostspieligen Vorteile der durchgehend angetriebenen Transporter mit Vielweglenkung verzichtet werden konnte. Auch Van Seumeren transportierte Großmodule für Bohrinseln mit Kamag-Selbstfahrern (Bild 437 unten).

Höhepunkte und Rekorde im letzten Jahrzehnt des Jahrhunderts

1991 lieferte Scheuerle einen Transporter für Schiffssektionen mit der weltweit größten Tragfähigkeit eines angetriebenen Einzelfahrzeugs an General Dynamics, USA, für deren Schiffswerft (Bild 438). Das Fahrzeug hatte eine Nutzlast von 700 t bei einem Eigengewicht von 123 t, verfügte über eine elektronisch-hydraulische Vielweglenkung, eine elektronisch kontrollierte Gleichhubanlage, um die Plattform stets waagerecht halten zu können, und eine Antriebsleistung von 294 kW (400 PS).

1992 wurde die weltweit größte Seitenträgerkombination von Scheuerle an die iranische Firma IRICO, Teheran, ausgeliefert (Bild 439). Die Brücke mit 43 m Spannweite wurde über Lastverteiler auf zwei Plattformkombinationen mit je 18 Achsen abgestützt. Die Nutzlast von 250 t war relativ gering im Vergleich zur Tragfähigkeit der beiden Plattformkombinationen allein, aber das Gewicht der aufwendigen Brückenkonstruktion mußte dabei berücksichtigt werden. Bei einer Verkürzung auf 37 m Spannweite wurde die Nutzlast auf 340 t erhöht. Die Breite war hydraulisch von 3,5 m bis 6 m verstellbar. Mit hydraulisch liftbaren Hubtischen auf den Lastverteilern konnte

Bild 438: Einteiliger Sektionstransporter von Scheuerle für 700 t Tragkraft.

Bild 439: Längste mobile Seitenträgerbrücke von Scheuerle.

die Seitenträgerbrücke zusätzlich zur Höhenverstellbarkeit der Achshydraulik um 600 mm angehoben werden. Das

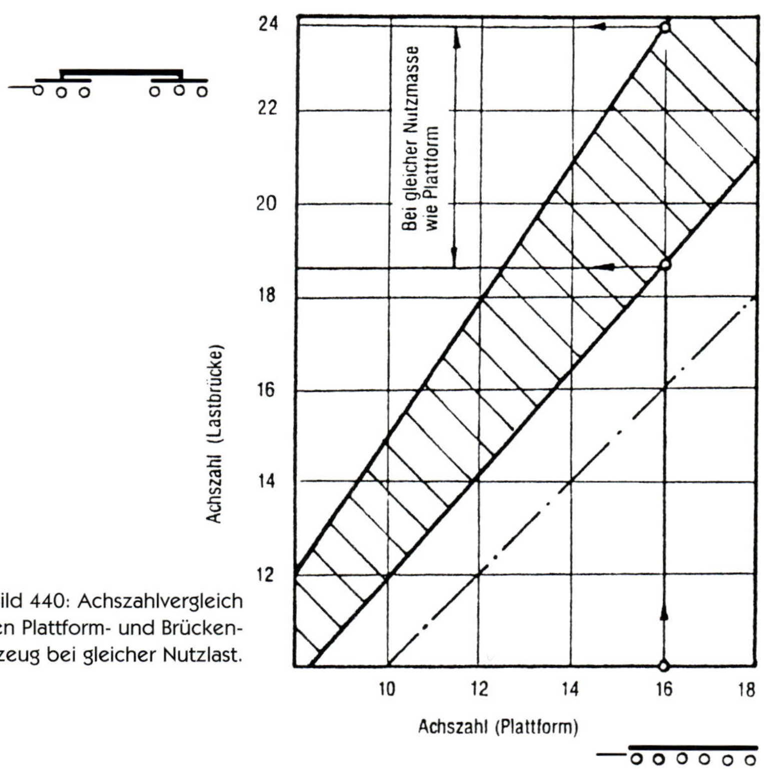

Bild 440: Achszahlvergleich zwischen Plattform- und Brückenfahrzeug bei gleicher Nutzlast.

zulässige Gesamtgewicht mit Zugmaschine betrug 520 t bei einer Zuglänge von 111 m. Das Diagramm (Bild 440) zeigt einen Achszahlvergleich für die gleiche effektive Nutzlast bei direkter Verladung und bei Verladung auf einer Brückenkonstruktion. Statt beispielsweise 16 Achslinien bei direkter Verladung werden 18 bis 24 Achslinien je nach Länge und Gewicht der Brückenkonstruktion notwendig!

Das japanische Unternehmen Sankyu Inc., das 1981 den ersten modular gebauten Transporter für Großmodule bei Scheuerle bauen ließ, erweiterte mehrfach den Fahrzeugbestand. Eine „Höchst"-Leistung stellte der Transport eines 70 m hohen Portalkrans mit einem

Bild 441: Sankyu in Japan transportiert einen 70 m hohen Hafenkran auf zwei Transporterkombinationen von Scheuerle.

Gewicht von 1.635 t und einer Spannweite von 93 m dar (Bild 441). Jeder der beiden „Füße" bestand aus vier angetriebenen Scheuerle-Einheiten. Antrieb und Vielweglenkung beider weit auseinander liegenden Kombinationen wurden von einer Stelle aus exakt ferngesteuert. Die Last bedurfte einer sicheren Abstützung auf den Fahrwerken, da auch der Winddruck berücksichtigt werden mußte. Mit einer dreifach-seitlichen Kombination brachte Sankyu mit diesen Fahrzeugen die 1.070 t schwere stählerne Struktur eines Ankerblocks für die Tragseile der Akashi Channel Overbridge zum Einbauort (Bild 442). Sankyu erhielt 1994 die letzte Erweiterung seines Transportsystems und konnte von da an, ebenso wie Mammoet Stoof, Schwerlasten bis ca. 10.000 t transportieren.

Auch die Plattformkombinationen von Cometto mit Eigenantrieb, die 1983 an Nippon Express für die RoRo-Transporte nach Saudi-Arabien geliefert wurden, leisteten noch Schwerarbeit in Japan (Bild 443).

Die Kamag Transporttechnik in Ulm lieferte 1994 als größte Einzelfahrzeuge in der Firmengeschichte zwei Hubwagen zum Transport von Schiffssektionen an eine Werft in Südkorea (Bild 444). Jedes Fahrzeug hatte eine Ladefläche von 22 x 7,5 m und mit 100 t Eigengewicht eine Tragfähigkeit von 560 t. Durch side-by-side- und end-by-end-Kupplung konnten zusammen mit früher gelieferten Fahrzeugen Lasten über 2.000 t aufgenommen werden. Die Vielweglenkung der Einzelfahrzeuge wurde beim Fahren im Verbund koordiniert von einem Pult bedient.

Bild 442: 36 m hoher Ankerblock für Tragseile einer Hängebrücke in Japan auf Scheuerle-Transportern.

Bild 443: Reaktor-Druckkessel auf Transporterkombination von Cometto mit 24 Achslinien vierfach parallel in Japan.

Bild 444: Größter Sektionstransporter von Kamag für 560 t Tragkraft, kombinierbar bis 2.000 t.

Höchstleistungen weltweit

1993 wurde der weltweit größte Einzelauftrag für eine einheitliche Schwerlastkombination mit Eigenantrieb von Scheuerle ausgeführt (Bilder 445 und 446). Die maximal 80 m lange und maximal zehn Meter breite Kombination für 5.000 t Tragfähigkeit wurde von der Firma Parsons in Pasadena, Kalifornien, für die Firma ARCO zur Erdölexploration in der Prudhoe Bay in Alaska verwendet. Die Module der Produktionsanlagen und Kompressorstationen wurden am Golf von Mexiko hergestellt, im RoRo-Verfahren auf Schwerlast-Pontons verladen und in Alaska nach dem Entladen zwölf Kilometer weit zum Aufstellungsort gefahren. Die Transportdurchführung lag bei der Firma Shaugnessy & Co., Inc., in Auburn, USA. Besondere Merkmale dieser Transporterkombination waren die ungewöhnliche Länge und die Modulbauweise mit einer Reihe von Pendelachsen je Modul, woraus hervorgeht, daß nur eine seitliche Kombination von zwei Modulen fahrfähig war. Der Antrieb mit power-pack-units (PPU) wurde bereits bei dem self-propelled modular transporter (SPMT) für Mammoet verwirklicht, hier wurde zum ersten Mal die Multiplex-

Bild 446: Längskupplung eines Moduls des Transporters nach Bild 445.

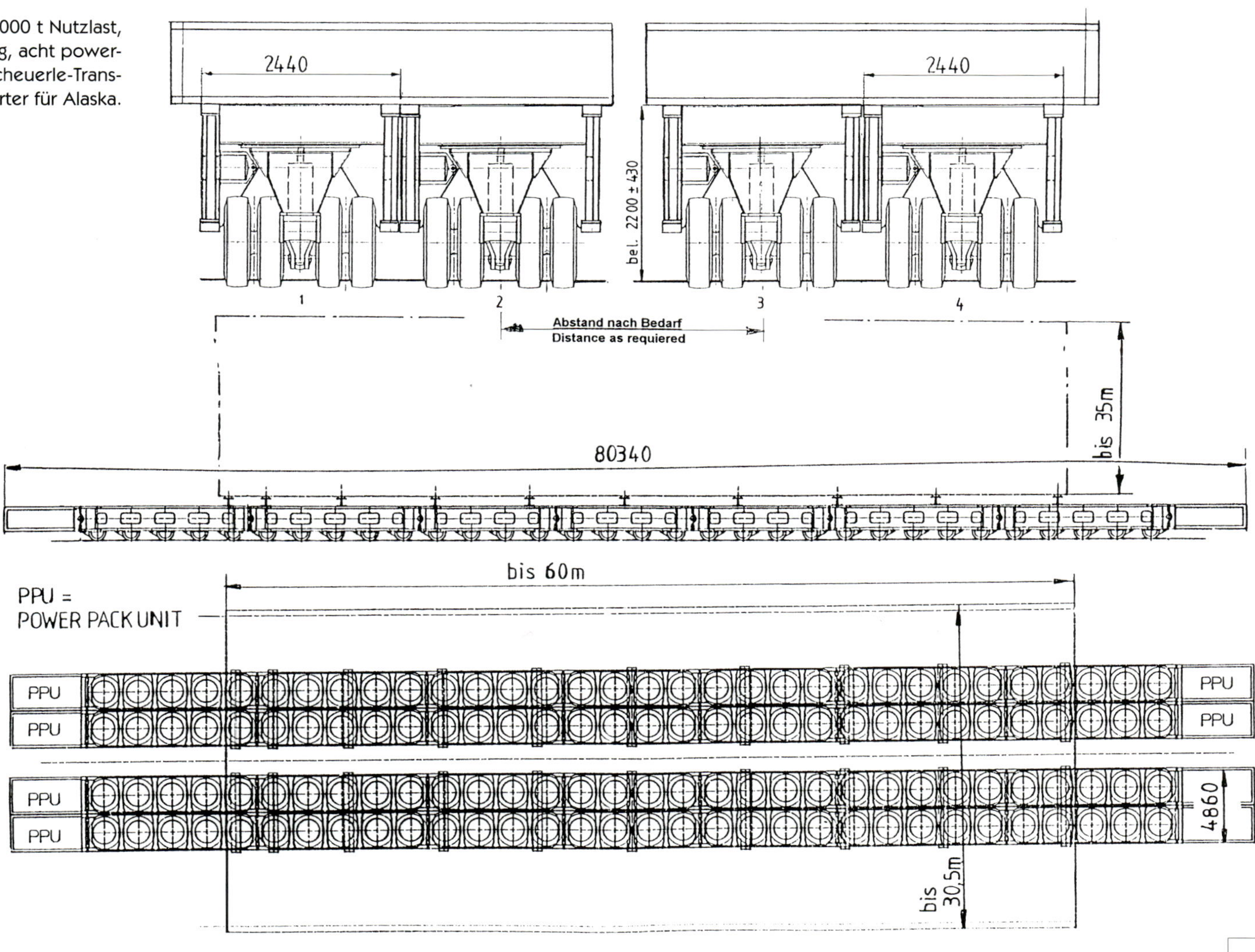

Bild 445: 5.000 t Nutzlast, 80 m lang, acht powerpacks: Scheuerle-Transporter für Alaska.

Steuerung aller Funktionen des Fahrzeugs vom Steuerpult angewendet. Durch diese digitale Technik genügte eine Doppelleitung statt eines Kabelbaums. Die spezielle Bauweise mit hochstegigen Längsträgern ging auf eine frühere modulare Bauweise einer besonders schweren Plattformwagenkombination von Scheuerle zurück (Bild 447). Auch dort war das besondere Merkmal die Auflösung der Konstruktion in hochstegige Längsträger neben den Pendelachsen anstelle des üblichen zentralen Trägers mit Kastenprofil. Die Module konnten seitlich zwei-, drei- und vierfach kombiniert werden und zeichneten sich durch hohe Biege- und Verwindungssteifigkeit aus.

Mammoet führte in Saudi-Arabien den Transport eines Wärmetauschers für die in den achtziger Jahren errichteten Meerwasserentsalzungsanlagen durch (Bild 448). Das Trägerfahrzeug bestand aus Modulen mit vier Pendelachsen, die

Bild 447: Lenkjoch eines Modulanhängers schwerer Bauart von Scheuerle mit Anschluß der mechanischen und hydraulischen Lenkung.

Bild 448: Modular aufgebaute Anhängerkombination von Scheuerle mit Wärmetauscher.

Bild 449: Transporterkombination nach Bild 445 beim Transport von Anlagenmodulen in Alaska.

vierfach hintereinander und vierfach seitlich gekuppelt waren, so daß die Last auf 16 Modulen ruhte, die zusammen 64 Pendelachsen mit 256 Reifen hatten. Der Zug- und Lenkkopf war entsprechend robust für hohe Belastungen gebaut. Das Lenkprinzip entsprach der hydromechanischen Lenkung der üblichen Plattformwagen.

Nach Abschluß der Arbeiten in der Prudhoe Bay (Bild 449) wurde das ungewöhnliche Fahrzeug nach den USA verfrachtet und in unterschiedlichen Kombinationen zum Aufbau von Industrieanlagen in Modulbauweise und zum Versetzen eines 3.000 t schweren Schreitbaggers eingesetzt (Bild 450).

1994 transportierte Mammoet Transport mit seiner vollen Fahrzeugkombination (self-propelled modular transporter SPMT) in Haugesund den kompletten Aufbau für die Bohrinsel Heidrun der Conoco in der Nordsee (Bild 451). Die Transporter verschwanden annähernd unter der gewaltigen Last. Alle Details wurden generalstabsmäßig geplant, Fahrzeugtechnik, Elektronik und Hydraulik mußten zuverlässig funktionie-

Bild 450: Verkleinerte Kombination nach Bild 445 transportiert einen Großbagger in den USA.

Bild 451: Bis heute Weltrekord: Bohrinselmodul mit einem Gewicht von 11.000 t beim load-out auf Mammoet-SPMT-Kombinationen.

ren und das Personal mit Umsicht und hohem Verantwortungsbewußtsein den kompletten Ablauf beherrschen. Wie lange werden diese 11.000 t ein Weltrekord bleiben?

Mammoet Transport bewegte 1996/97 allein im Offshore-Geschäft in England, Schottland, Norwegen und Holland mit den Fahrzeugen seines Scheuerle-Transportsystems (SPMT) ein Transportvolumen von insgesamt 65.000 t. Dazu gehörte auch das 9.000 t schwere sogenannte PdR-Jacket, eine gewaltige Rohrkonstruktion für eine Bohrinsel (Bild 452). Mammoet wechselte in dieser Zeit den Anstrich der Fahrzeuge von Rot auf Blaugrau mit gelben power-packs und gelben Rädern. So unvorstellbar diese Größen und Massen sind, so unvorstellbar ist es auch, wie solche Konstruktionen auf dem offenen Meer aufgebaut

Bild 452: Modul für eine Bohrinsel auf Mammoet-SPMT-Kombinationen.

Bilder 453: Transport eines Kessels für eine Raffinerie in Taiwan mit Goldhofer-Selbstfahrern in Kombination mit THP-Plattformwagen. Der letzte Transport geriet in einen Sandsturm (unteres Bild).

werden sollten; der Zeitaufwand und die Risiken wären nicht tragbar.

Econofreight Heavy Transport (EHT) führte 1994 in England einen derartig monströsen Transport mit Hyspec-Modultransportern von Nicolas durch. 80 Achslinien des Hyspec-Systems waren mit 120 Achslinien der Nicolas-Plattformwagen MDE kombiniert, um das Gewicht von 4.100 t aufzunehmen.

Der italienische Transporteur Fagioli SpA entschied sich ebenfalls für eine Modultransporterkombination von Scheuerle und erhielt 1995 die erste Lieferung mit 112 Achslinien für eine Nutzlast von 3.700 t. Mit diesem Transportsystem wurde ein U-Boot von einem Ponton übernommen und in die Wartungshalle gefahren.

Transporte auf Baustellen, über Land und durch Wüsten

Der Sea and Land Transportation Service in Taipei, Taiwan, hatte 1998 den Auftrag, drei 27,6 m lange Raffinerie-Hochdruckkessel mit 5,6 m Durchmesser und einen kleineren mit 21,5 m Länge vom Schiff zu übernehmen und zwölf Kilometer weit zu einer neuen Raffinerie in Mai-Liaot zu transportieren (Bilder 453). Die größeren Kessel mit einem Gewicht von je 1.164 t und der kleinere mit 740 t wurden dazu auf je zwei seitlich gekuppelte Goldhofer-Kombinationen mit Selbstfahrer PST/SL 6 mit sechs Achslinien und 18 Achslinien THP/SL verladen – das ergab in der Summe 96 Pendelachsen mit 384 Reifen. Die beiden power-packs hatten zwei Dieselmotoren mit zusammen 618 kW (840 PS). Mit der üblichen hydromechanischen Lenkung stellten mehrere 90-Grad-Kurven kein Problem dar, und die gut ausgebaute Straße erlaubte eine Durchschnittsgeschwindigkeit von 8 km/h. Auf dem Raffineriegelände wurden die Kessel mit den vorher angebrachten Stützen auf die sogenannten Elefantenfüße abgesetzt. Der gegen Ende des Transports einsetzende anhaltende Sandsturm (Bild 453 unten) behinderte den geplanten Ablauf nicht. Mit einem ähnlichen Goldhofer-Selbstfahrer PST/SL 6 und THP-Plattformen mit zusammen zwölf Achslinien und seitlich gekuppelt wurde in Malaysia ein 450 t schwerer Schiffsdieselmotor auf der Straße transportiert (Bild 454).

Bild 454: Kompakte Ladung: 450 t schwerer Schiffsdieselmotor auf Goldhofer-Selbstfahrern in Kombination mit THP-Plattformanhängern.

Ein 35 m langer Hochdruckkessel mit 8,7 m Durchmesser und einem Gewicht von 880 t mußte 1999 vom Hafengelände in Jubail am Golf von Bahrein in Saudi-Arabien zu einer 408 km entfernten Ölraffinerie im Landesinneren verbracht werden (Bilder 455). Er wurde auf eine Kombination von Goldhofer-Plattformanhängern THP/SL mit 20 Achslinien und vier Pendelachsen je Achslinie verladen. Die Kombination hatte also 80 Pendelachsen mit insgesamt 320 Reifen. Für den topographisch und klimatisch äußerst schwierigen Transport, teilweise über provisorisch angelegte Straßen und durch Wüstengebiete, verwendete das Transportunternehmen GH Heavy Lift (GHHL) in Riad zwei vierachsige Mercedes-Benz-Zugmaschinen mit Allradantrieb und zusätzlicher Öl- und Wasserkühlanlage sowie zwei weitere dreiachsige Traktoren. Für das Durchfahren von sandiger Wüste und wegen Steigungen von bis zu zehn Prozent waren eine weitere Zugmaschine und eine Planierraupe notwendig, wodurch die Antriebsleistung auf 1.690 kW (2.300 PS) anstieg. Der Zug erreichte eine Länge von 55 m und ein Gesamtgewicht von ca. 1.000 t. Viele neue Straßen zum Umfahren von Brücken mußten angelegt werden. Auch unter diesen extremen Bedingungen bewährten sich die Plattformanhänger trotz ihrer kleinen Räder.

Bilder 455: Schwertransport durch die Wüste in Saudi-Arabien, Zuggesamtgewicht 1.000 t. Schwerarbeit beim Befreien einer bei einem Wendemanöver im Sand eingewühlten Zugmaschine (unteres Bild).

In Neu-Mexiko wurden für derartige Transporte spezielle Anhänger mit großen Rädern eingesetzt. Wie bei vielen anderen Transporten wurden von Mensch und Maschine Höchstleistungen gefordert, als sich bei einem Wendemanöver eine Zugmaschine im Sand eingrub (Bild 455 unten). Für die Plattformanhängerkombination bildete ein solcher Transport durch die Aufnahme der schweren Last und die abnormal hohen Zugkräfte im Sand und auf Steigungen eine doppelte Belastung.

Bild 456: Selbstfahrende Transporterkombinationen von Utoc in Japan beim nächtlichen Versetzen einer Brücke.

Weitere selbstfahrende Transporter entstanden bei Tokyu Sharyo für Utoc in Japan, auf Bild 456 beim nächtlichen Versetzen einer Betonbrücke, die von vier getrennt eingesetzten Kombinationen über Stützkonstruktionen aufgenommen wurde. Die holländische Firma Huismann-Itrec in Schiedam entwickelte einen Selbstfahrer in Modulbauweise mit einer Normalbreite von 2,45 m (Bild 457). Das Fahrzeug konnte längs geteilt werden, um eine breite Last aufzunehmen, das power-pack konnte dabei an eine Hälfte angebaut werden. Der Transport des langen Kranträgers auf dem kurzen Fahrzeug erforderte sanftes Fahren und Bremsen und eine standfeste Abstützung durch die Achshydraulik.

Bild 457: Transporter neuester Bauart von Huismann-Itrec in Holland beim Transport einer langen Kranbrücke.

Zeppeline werden Schwerlasten liften und transportieren

Vor einigen Jahrzehnten war es eine Vision, zum Ende des Jahrzehnts stand der erste Zeppelin, genannt Cargolifter, in der Realisierungsphase in einer Werft in Berlin (Bild 458). Das Projekt wurde von der Cargolifter AG in Wiesbaden betrieben und geht auf eine Initiative von

Asea Brown Boveri (ABB) und Siemens zurück. Eine spezielle Lastaufnahmevorrichtung, die von Liebherr entwickelt wurde, macht den Cargolifter zum „fliegenden Kran“. Das 240 m lange Luftschiff sollte eine Reichweite von 10.000 km haben und Lasten bis 150 t

Bild 458: Der „Cargolifter“, gleichzeitig ein fliegender Kran und ein Transport-Luftschiff für Lasten bis 150 t, sollte 1999 realisiert werden. Das Projekt war aber nicht zu finanzieren.

Bild 459: Nächtlicher Transport durch Van Wezel in Hengelo auf Scheuerle-Plattform der leichten Reihe.

Bild 460: Cat-Bagger auf Nooteboom-Volvo-Sattelzug mit Baggerbrücke.

aufnehmen können. Der Ablauf von Schwertransporten wird in diesem Bereich ohne die zu Straßentransporten gehörende Dramatik ablaufen, Transporte in andere Kontinente benötigen nur noch einen Bruchteil an Zeit. Eine Infrastruktur für ein globales Transportnetz mit einer ganzen Flotte von Cargoliftern sollte aufgebaut werden. Zu den Zielmärkten gehörten auch Katastrophengebiete in unzugänglichen Regionen, die dann sehr schnell mit schwerem Material zum Räumen und mit Versorgungsgütern beliefert werden sollten.

Bilder 461: Baumaschinentransporte in der Schweiz mit Tiefladeanhänger und Sattelauflieger von Müller-Mitteltal.

Zurück zum Alltag...

Bei den vielen Nutzlast- und Entfernungsrekorden soll nicht vergessen werden, daß dieses Werk zur Buchreihe „Faszination Baumaschinen" gehört. Ein erheblicher Teil der mobilen Baumaschinen und Baugeräte ist relativ leicht auf Straßenfahrzeugen transportierbar. Und das wird auch so bleiben. Leistungsfähige und robuste Transportmittel lassen solche Transporte zur Routine werden,

Bilder 462: Baumaschinentransporte durch Firma Käppeli in Chur auf Tiefladern mit überfahrbaren Hinterachsen und geneigter Plattform (oben) und ebener Plattform (unten) von Müller-Mitteltal.

Probleme werden aber immer wieder auftreten. Die verschiedenen Transportmittel für Baumaschinen, Geräte und Apparate bildeten schließlich die Basis für alle weiteren Entwicklungen. Das Bild eines nächtlichen Schwertransports in Hengelo, Holland, eröffnet den Schlußreigen (Bild 459). Den fabrikneuen Fahrzeugen und Maschinen (Bilder 460, 461 und 462) fehlen noch die Spuren des rauhen Alltagsbetriebes. Doch schon morgen werden sie stolz die Zeichen harter Arbeit tragen.

Bild 465:
Goldhofer THP/SL –Kombination längsgekuppelt

Auch im 21. Jahrhundert sind Schwertransporte unverzichtbar; sie werden abwechslungsreich mit immer wieder neuen Fahrzeugkombinationen und neuen Aufgabenstellungen mehr oder weniger spektakulär durchgeführt. Natürlich kann nur eine Auswahl aus den zahlreichen Schwertransporten hier erwähnt werden.

Bild 465:
Goldhofer THP/SL –Kombination längsgekuppelt

Die SATI International Transport Co. in Teheran erhielt 1999 den Auftrag, für neue Elektrizitätswerke im Iran drei je 290 t schwere Transformatoten über eine Entfernung von 1.450 km zu befördern. Die Straßenverhältnisse waren günstig, es konnten aber nur Achslasten von 12,5 t auf dem ersten Abschnitt (Bild 463) und 17,5 t auf dem zweiten (Bild 464) zugelassen werden. Also musste die Kombination aus THP/SL-Einheiten von Goldhofer zuerst mit 34 Achslinien gefahren werden, später nach Entfernen von zwei Einheiten mit nur 22 Achslinien. Vermutlich war das der erste Transport mit starr gekuppelten Einheiten mit 34 Achslinien. Querkuppeln der Einheiten war wegen der Straßenbreite nicht möglich, aus Gewichtsgründen verbot sich das Einhängen des Transformators in zwei Tragschnäbel mit Abstützung auf zwei unabhängige Fahrzeugkombinationen. Der Transformator wurde daher in der Mitte der Kombination gelagert und übertrug einen Teil seines Gewichts mit je einer leichten Tragkonstruktion auf die Enden der Fahrzeugkombination. Die ungewöhnliche Länge der starren Kombination ist eine Herausforderung an das Fahrwerk beim Durchfahren von Senken oder Überfahren von Kuppen. Zwei schwere Mack-Zugmaschinen zogen die Last, teils im Alleingang.

Bild 463:
Transformatorentransport von SATI auf der 34achsigen Kombination

Das Bild 465 zeigt die Probebelastung einer mit 24 Achslinien bereits ungewöhnlich langen THP/SL-Kombination. Unbeladen wölbt sich die tragende

Bild 464:
Transport nach Bild 463 mit auf 22 Achslinien verkürzter Kombination

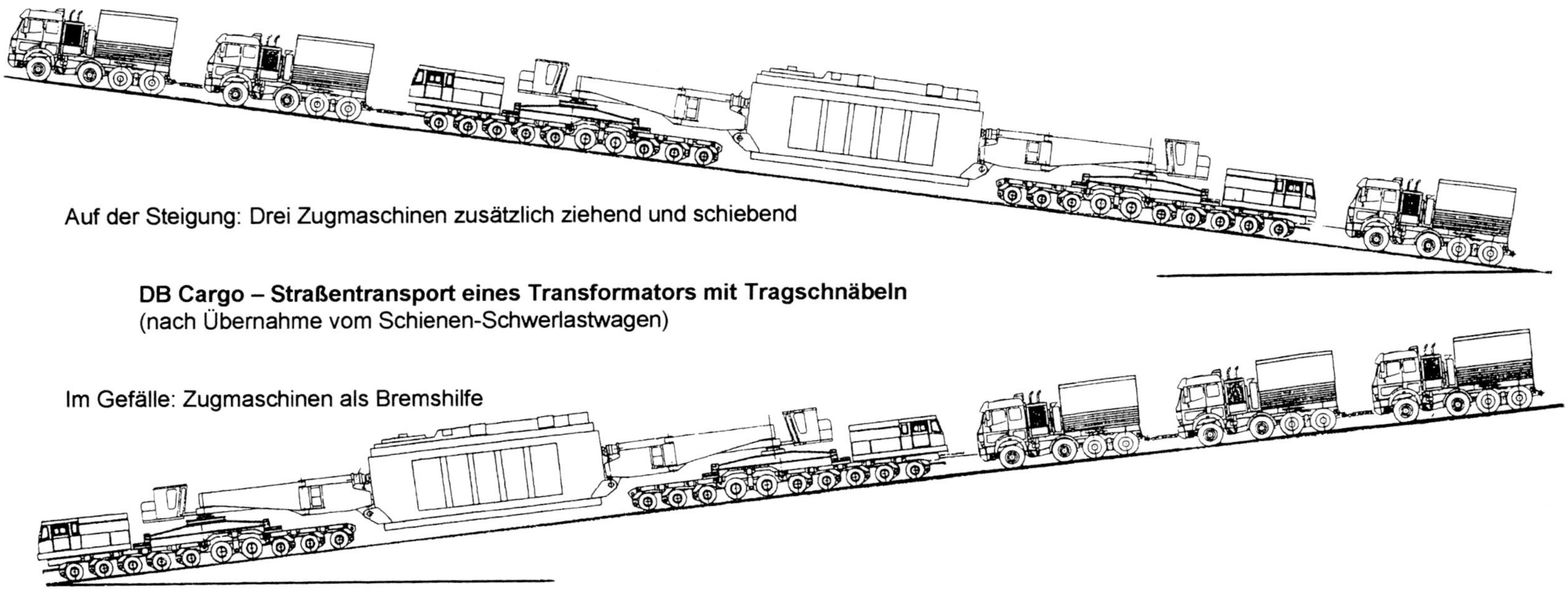

Bild 467: Unterstützung des selbstfahrenden Transporters SL 250 durch Zugmaschinen auf Steigungen und im Gefälle

Konstruktion, die auf den hydraulisch abgestützten Pendelachsen ruht, etwas nach oben, um dann im belasteten Zustand eine Ebene zu bilden.

Der 1994 aufgestellte Gewichtsrekord (Bild 451 und Tab. 1 auf S. 216) wurde im Jahr 2000, wiederum von Mammoet, überboten (Bild 466). Wieder war es ein load-out des kompletten Decksaufbaus für eine Erdölbohrinsel mit einer Masse von 11.735 t auf einer Werft in Newcastle upon Tyne (England). Diese, unser Vorstellungsvermögen übersteigende Last, ruhte ebenfalls auf mehreren Kombinationen von self-propelled modular transporters (SPMT) mit 422 Achslinien (mit je zwei Pendelachsen), teils von Scheuerle, teils von Nicolas HySpec. Mammoet erklärte hierzu: „The Shearwater move was one of the biggest moves ever executed by SPMT's". Offenbar ist hier eine Grenze erreicht, die unter üblichen technischen Voraussetzungen nicht oder nur wenig überschritten werden kann.

Im Jahr 2000 hatten die fast 30 Jahre alten Scheuerle-Selbstfahrer SL 250 der Deutsche Bahn AG, Schwerlastgruppe DB-Cargo, nach Bild 258, eine neue Bewährungsprobe zu bestehen. Der bekannte gelbe Anstrich wurde inzwischen in den roten Anstrich aller DB-Cargo-Fahrzeuge geändert. Zum Transport eines 3.000-MVA-Wander-transformators wurden ein 20achsiger Tragschnabelwagen Uaai 831 und der SL 250 in einer Kombination mit 2x10 Achslinien bereitgestellt (Bild 467). Am Bahnhof Steinbach am Wald (Franken) wurde der Transformator mit den Tragschnäbeln übernommen und auf der Straße in Berg- und Talfahrt zum Pumpspeicherwerk Goldisberg im südlichen Thüringen gefahren. Die 50 km lange Strecke begann auf 593 m über NN, führte über den Rennsteig mit 720 m abwärts auf 615 m, dann wieder auf 835 m – 410 m – 694 m zum Standort in 742 m Höhe. Da die hydrostatische Kraftübertragung nicht dieselbe Übersetzung zulässt wie ein mechanisches Getriebe, wurde Schub- und Bremshilfe durch drei Mercedes-Benz-Schwerlastzugmaschinen 3556 8 x 4 und 3550 8 x 4 notwendig. Dieser Zug hatte ein Gesamtgewicht von 531 t und eine gesamte Antriebsleistung von 2.198 kW (2.990 PS) entsprechend 5,6 PS/t. In Anbetracht der Berg- und Talfahrt wird die hohe Motorleistung verständlich.

Bild 468:
Transport eines vorgefertigten Bürohauses im RoRo-Verfahren

Wenn Transportmöglichkeiten bestehen, kann es zweckmäßig sein, ein Gebäude an geeigneter Stelle zu errichten und dann komplett an den Aufstellungsort zu fahren. So geschehen im Jahr 2001 mit dem neuen Bürohaus für Van Seumeren in Schiedam in Holland. Die Stahlbetonkonstruktion wurde so ausgelegt und errichtet, dass sie nach Bild 468 von dem selbstfahrenden Transportsystem von Mammoet/Scheuerle (SPMT) unterfahren und angehoben werden kann. Das 2.500 t schwere Gebäude mit einer Höhe von 45 m und einem größten Durchmesser von 29 m wurde mit SPMT's mit insgesamt 120 Achslinien von Mammoet im RoRo-Verkehr auf einer Schwerlastbarge mit den Maßen 91,7x30,75x7,65 m nach Schiedam verbracht. Die kompakte Last mit sehr hohem Schwerpunkt stellte besondere Anforderungen an Mensch und Maschine. Es war ein Fall von vielen, die mit Routine und Erfahrung abgewickelt wurden.

Mammoet wurde übrigens im Jahr 2000 von Van Seumeren übernommen, erfreulicherweise bleibt der Name Mammoet für das ganze Unternehmen erhalten. Die ursprünglich roten Fahrzeuge von Mammoet waren vor einigen Jahren in gelb-grau umlackiert (wie weiter oben in früheren Kapiteln erkennbar ist), jetzt wird für alle Fahrzeuge, auch für die von Van Seumeren, ein rot-schwarzer Anstrich eingeführt.

Bild 469:
Kritische Situation in der Kurve

Zagrebtrans hatte 2001 den Transport eines 260 t schweren Großtransformators von Kroatien nach Slowenien auszuführen. Ein Straßen-Transportsystem von Scheuerle mit Plattformwagen der neuen Bauart Flat Combi und Hubsattel-Transportbrücke nahm den Transformator auf; mit zwei vierachsigen MAN-Zugmaschinen mit zusammen über 1.000 PS wurde der Transport von Jakomir nach Krsko in weniger als zwei Tagen mit Zwangsübernachtung nach

Bild 469 ausgeführt. Zum Unterfahren der Hochspannungs-Oberleitung an Bahnübergängen wurde der Trafo auf 1-2 cm über dem Boden abgesenkt. Dank der zwei Hubtürme mit je vier Hubzylindern konnte die Querneigung älterer Straßen kompensiert werden.

Im Zug der Autobahn E 313/A 3 Antwerpen-Lüttich mussten im Jahr 2001 zwei Brücken mit geringster Beeinträchtigung des Straßenverkehrs erneuert werden. Die Wirtschaftlichkeitsberechnung ergab eindeutig, dass der Allgemeinheit der geringste volkswirtschaftliche Schaden entsteht, wenn die Brücken in der Nähe der Straße in Betonkonstruktion erstellt werden und sofort nach Abriss der alten Brücken in die Lücke eingefahren und mit der Straße verbunden werden. Sicher waren viele überrascht, dass diese Arbeiten in dem kurzen Zeitraum von Freitag 20.00 Uhr bis Dienstag 6.00 Uhr planmässiig ausgeführt wurden. Die Firma Sarens mit reichen Erfahrungen auf dem Gebiet des Versetzens von Brücken setzte ihre Kamag-SPMT's ein, die in Verbindung mit Hubgerüsten das Einfahren der Brücken und das genaue Positionieren erledigten. Die größere der beiden Brücken wiegt 7.000 t und erforderte 2x28 Achslinien; Antrieb, Lenkung und Hubbewegungen wurden zentral von einem Mann bedient.

Ein 2001 in der Schweiz durchgeführter Schwertransport durch Friderici hatte topographisch bedingte Probleme zu meistern. Ein von ABB in Meyrin bei Genf gebauter Transformator konnte wegen der vielen Tunneldurchfahrten nicht auf der Schiene nach Basel gefahren werden. Friderici verwendete für den Straßentransport eine Zugkombination von einem 10achsigen Plattformwagen mit Schwanenhals und einem 12achsigen Plattformwagen; beide von Nicolas und mit Lastverteilern zur Aufnahme der Tragschnäbel mit dem Transformator. Gezogen wurde die Kombination von einer Mercedes-Benz-Zugmaschine 3553 8 x 6 mit Schubhilfe einer Iveco-Sivi Zugmaschine 8 x 4 eines Genfer Unternehmens. Brücken mussten wegen zu hoher Achslasten umfahren oder unterstützt werden. Wegen der Straßenverhältnisse konnten für den mit Tragschnäbeln 350 t wiegenden Transformator nicht mehr als 10+12 Achslinien eingesetzt werden, auch Querkuppeln war nicht möglich. Zum Durchfahren von Lausanne mit Kurven, Steigungen und Gefällen wurden zwei weitere Zugmaschinen angemietet, ebenso für die anschließende Bergfahrt über Serpentinen, die ein mehrfaches Umkuppeln der Zugmaschinen notwendig machten. Nach fünf Tagen und ca. 100 km Strecke wurde Murten erreicht, wo der Transformator ohne die Tragschnäbel auf einen 32achsigen Schienen-Schwerlastwagen der ITB (Österreich) mit Tiefladebrücke umgeladen wurde. Eine Überquerung der Aare ist auf dem Landweg für Schwertransporte nicht möglich. Nach zwei Tagen wurde Biel erreicht, wo wieder auf die Straßenfahrzeuge umgeladen werden musste, weil der Hauensteintunnel auf der Strecke nach Basel nicht durchfahrbar war. In Birsfelden bei Basel wurde auf ein Binnenschiff umgeladen; via Rotterdam ging es weiter nach Übersee.

Bild 471:
In der Eiswüste Alaskas: Vermummte Gestalten vor dem mit Planen geschützten Transporter; nur die Kabine und die kräftigen Laschen zum Längskuppeln sind noch frei

In Alaska gibt es auch in den Jahren 2001/2002 spektakuläre Schwertransporte unter extremen Bedingungen. Neu ist der Betrieb mit selbstfahrenden Scheuerle-Modultransporter-Kombinationen des Transporteurs Shaughnessy (USA) im Winter bei Temperaturen bis -30°C. Die Prudhoe Bay im Nordwesten Alaskas ist nur im Sommer während 45 Tagen eisfrei, so dass nur in dieser Zeit Schiffsladungen aus Texas und Kalifornien durch den Panama-Kanal, die Aleuten, das Bering- und Polarmeer kommend, dort gelöscht werden können. Für die Exploration des in der Nähe liegenden Ölfeldes werden alle Anlagen und Teile von 11.000 t Gewicht mit Einzelgewichten bis 1.300 t vorgefertigt angeliefert und im Hafen gelagert. Sie werden nach Bedarf, auch im arktischen Winter, von den Transportern und schweren Plattformanhängern zum 60 km entfernten Ölfeld der Philips Petroleum Company transportiert und direkt auf die vorgefertigten Fundamente gesetzt. Die Ölhydraulik für Antrieb, Hub und Lenkung ist nur bis -20°C funktionsfähig, weshalb das ganze Fahrzeug unterhalb der Plattform nach Bild 471 mit Planen abgedeckt und gegen den ständigen Wind geschützt wird. Innerhalb dieses Raumes werden die Hydraulikkomponenten mit Heizstrahlern auf optimaler Temperatur gehalten, die Elektronik ist resistent gegen diese Kältegrade. Der Mensch hat in dieser Region, fast am Ende der Welt, ohne wirksamen Kälteschutz keine Überlebenschance.

Bild 472:
Shaugnessy-Konvoi auf Eispiste in Alaska

Meterhoher Schnee im Winter wird gewalzt und gewässert, um eine tragfähige Eispiste mit möglichst geringer Belastung des Untergrundes in der Tundra zu erstellen (Bild 472). Die Fahrzeuge werden je nach Gewicht oder Größe (bis 43 m x 28 m x 14 m hoch) der Anlagen mit 18 bis 28 Achslinien quergekuppelt. Der dieselhydraulische Antrieb eines Transporters hat eine Leistung von 377 kW (500 PS). Die Elektronik für Antrieb und Lenkung erweist sich als unempfindlich gegen die Kälte.

Verschiedene Elemente für das Skyrail System in Las Vegas, Nevada (USA),

Bild 473
Kenworth-Zugmaschine mit mehrteiligem Schwerlastanhänger

wurde von dem Transportunternehmen Pan Western mit einem in den USA üblichen Transportsystem mit Kenworth-Zugmaschine nach Las Vegas verbracht (Bild 473). Die typisch amerikanische Bauweise solcher Auflieger wurde weiter oben bereits erläutert.

Dem Weltraum ein Stück näher, sagte sich Goldhofer, als für den Bau des größten Binocular-Teleskops der Welt im Jahr 2003 eine sechsachsige Goldhofer THP/SL-Schwerlastkombination verwendet wurde (Bild 474). Errichtet wird dieses Teleskop auf dem Emerald Peak, die Transporte erledigte der Unternehmer Precision Heavy Haul Inc. (PHH) in Phoenix, Arizona. USA. Die verschiedenen Lasten hatten zwar mit maximal 58 t kein besonders hohes Gewicht, aber dafür waren die Anforderungen der kurvenreichen und zum Teil engen Straße sehr hoch; vom Basislager in 1.220 m Höhe musste über eine Distanz von 43 km der Gipfel in 3.176 m Höhe erklommen werden (Bild 475). Nur 27 km Strecke sind asphaltiert und 560 Kurven wurden durchfahren, was mit den sogenannten C-Ringen mit 7,3 m Breite besonders schwierig war. Der erste Transport dauerte 11 Stunden und bei den weiteren Fahrten gab es wegen Schneefall Zwangspausen.

Bild 475
Kenworth-Zugmaschine mit mehrteiligem Schwerlastanhänger

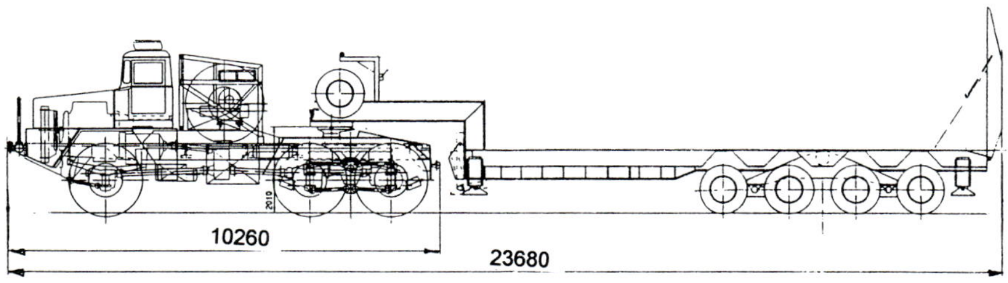

Bild 474:
Schwerlast-Sattelzug von MOL für Wüsten- und Bohrfeldeinsätze

Was geschah außerdem im beginnenden 21. Jahrhundert technischer Hinsicht?

MAN präsentiert 2002 die Schwerlastzugmaschine TG-A 41660 8 x 4 mit dem erheblich weiterentwickelten V10-Turbomotor, jetzt nach Euro 3, mit einer Leistung von 448 kW (660 PS). Damit ist zwar nicht das Leistungsniveau der weiter oben erwähnten MAN- Zugmaschinen mit dem 700-PS-V12-Turbodiesel erreicht, es ist aber anzunehmen, dass die Charakteristik des neuen V10-Motors und das hohe Drehmoment von 2.700 Nm mit dem Z/F-Wandlergetriebe etwa gleiche Fahr- und Zugleistung ermöglichen. Der V10-Motor entspricht dem heutigen Standard der Lkw-Motoren von MAN mit Common-Rail-Einspritzung und Abgasrückführung. Zulässig ist ein Gesamtzuggewicht von 250 t.

Nach einigen Jahren Pause steht wieder eine Mercedes-Benz-Schwerlastzugmaschine auf Actros-Basis zur Verfügung. Entsprechend dem allgemeinen Trend hat sie vier Achsen. Sie wird nicht mehr in der Schweiz montiert, sondern im DaimlerChrysler-Lkw-Montagewerk Wörth/Rhein. Die vom Standard abweichende Schwerlastausrüstung, vor allem zusätzliche Kühler für den Motor und den Wandler des Getriebes, werden von Titan in Backnang komplettiert. Die normalerweise für 250 t Gesamtzuggewicht zugelassene Zugmaschine Actros-SLT 4153 S 8 x 4/4 oder 4153 AS 8 x 6/4 wird von dem V8-Turbodiesel mit einer Leistung von 390 kW (530 PS) angetrieben. Ferner steht nur für den Actros-SLT eine stärkere Version des Motors mit 448 kW (609 PS) zur Verfügung.

MOL (Belgien) entwickelte für Wüste und Bohrfeld eine schwere Sattelzugmaschine HF 6066 6 x 6, die aus einer Hand mit Auflieger nach Abu-Dhabi geliefert wurde. Antrieb mit 528 hp-Cummins-Dieselmotor und Allison-Automatikgetriebe; die Achsen stammen von Kessler aus Wasseralfigen. Mit dem ebenfalls besonders robust gebauten vierachsigen Auflieger können 80 t transportiert werden.

Estepe (NL) rüstete individuell eine Volvo-Sattelzugmaschine auf FM-Basis für fünf Achsen, von denen drei gelenkt sind, also 10 x 4/6. Auch die Baureihe 95 von DAF dient mehrfach als Basis für individuell gestaltete Schwerlastzugmaschinen 8 x 4/4.

Dem Trend im Lastwagen- und Anhängerbau folgend, fand die Scheibenbremse nun auch bei Schwerlastfahrzeugen Eingang. Scheuerle rüstet seit 2000 Pendelachsfahrwerke wahlweise mit einer druckluft-öldruckbetätigten Scheibenbremse aus und und Goldhofer entwickelte eine nur mit Druckluft betätigte Variante.

Bemerkenswert ist die Wiederbelebung des Typenprogramms von Industrie Cometto in Italien mit Schwerlastfahrzeugen mit und ohne Antrieb. Fahrzeuge des Vorgängers Cometto Industriale SpA wurden weiter oben mehrfach erwähnt.

Ein Beispiel, wie die Entwicklung der Fahrzeuge durch das Transportgut beeinflusst wird, zeigen die zum Beispiel dreifach ausziehbaren Tieflade-Sattelauflieger von Broshuis. Sie wurden durch die Notwendigkeit des Straßentransports von Komponenten der immer größer werdenden Windkraftanlagen initiiert, womit bewiesen ist, dass die Fahrzeugindustrie allen Aufgaben gerecht wird.

Anmerkungen des Autors

Es war das Ziel, einen Überblick über die weltweite Entwicklung der Schwerlasttransporte zu geben, obwohl damit die ursprüngliche Zielsetzung überschritten wurde. Es erwies sich als nicht ausreichend, nur über den Transport von Baumaschinen zu berichten, denn die Faszination der Baumaschine beruht auf ihrer Kraftentfaltung und den Bewegungsabläufen. Es zeigte sich deutlich, dass die Faszination des Transports mit der Größe der Last und der Schwierigkeit des Transportablaufs überproportional zunimmt. Dem Wunsch vieler Interessenten wurde entsprochen, die erfahren wollten, mit welchen technischen Mitteln solche Transporte auf dem Land, auf der Schiene, auf Wasserstraßen und selbst in der Luft durchführbar werden. Es wurde versucht, die angewandte Technik in verständlicher Form einzuflechten, worin ein besonderer Reiz dieses Buches für Liebhaber und auch Fachleute liegen mag. Ein Problem bestand darin, daß für Schwertransporte keine Statistik existiert und fast keine Archive mit verläßlichen Daten zur Verfügung stehen; es gibt keine Kataloge wie für Fahrzeuge und Maschinen, denen man Daten und Fakten entnehmen kann.

Wie auf allen Gebieten gab es auch auf dem Sektor des Transportwesens Pionierleistungen, die schrittweise ab den fünfziger Jahren eine Evolution der Schwerlastfahrzeuge und damit der Schwerlasttransporte auslösten. Dies ist ein typisches Beispiel für Wechselwirkungen, die zu neuartigen Lösungen führen können. Baumaschinen aller Gattungen und Größen wurden schon gegen Ende der dreißiger Jahre schneller, kostengünstiger und straßenschonender transportabel.

Die entscheidenden Impulse für neue Transportmittel gingen von deutschen Herstellern aus, die dadurch zusammen mit anderen europäischen Herstellern direkt, teils über Lizenzvergabe oder Kooperationen auf dem Welttransportmarkt präsent wurden. Die sehr unterschiedliche amerikanische Technik ergab sich aus den Vorgaben des Gesetzgebers und führte zu Lösungen, die nun wieder für europäische Verhältnisse nicht diskutabel sind. Dennoch ist der Vergleich beider Systeme für den Leser sicherlich aufschlußreich.

Die Entwicklung des Schwertransportwesens ist natürlich nicht von den Namen der Fahrzeugbauer und Transportunternehmer zu trennen. Im Rahmen dieses Buches war es nicht möglich, auf die Chronik der einzelnen Firmen näher einzugehen, obwohl das Auftauchen neuer und das Verschwinden bekannter Unternehmen sowie wechselnde Kooperationen und Umbenennungen eine spannende Geschichte ergeben hätten. Mehr denn je gilt: Nur der Wechsel ist beständig!

Zum Schluß danke ich allen Personen und Firmen, die meine Arbeit unterstützten, zuerst Gino Koster aus Schiedam (Niederlande), der entscheidende Hilfe mit Bildern und Daten aus seinem Archiv leistete; in mehreren Treffen ergänzten wir unser unterschiedliches Wissen und bearbeiteten gemeinsam das umfangreiche Material. Mr. N. Eugene Bryner, SC&RA Executive Vice President, stellte Gino Koster dankenswerterweise bei dessen USA-Reise umfangreiches Archivmaterial zur Verfügung. Die frühere Willy Scheuerle Fahrzeugfabrik und die heutige Scheuerle Fahrzeugfabrik (Rettenmaier-Gruppe) kamen jahrzehntelang meinen Interessen entgegen und leisteten wertvolle Hilfe, ebenso die Firmen Cometto, Doll, Goldhofer, Kögel/Kamag und Nicolas. Anregungen und Hilfe kamen ferner von Herrn Zindler, Leiter des Historischen Archivs der MAN, Manitowoc Europe Limited, J. E. Oswalt & Sons, Batesburg, S.C. (USA), und (in alphabetischer Reihenfolge) von Oliver Bachmann, Michael Bammel (Goldhofer), Dan Cashin (USA), Gerlach Fronemann, Achim Hofmann, Vladimir Marsik (Prag), Christian Perrin (Frankreich), von Pfeil, Kurt W. Wehefritz und Hans-Peter Weigel, UniCata. Der Verlag brachte viel Geduld auf, denn die Fertigstellung des Manuskripts wurde durch zu viele Probleme mehrfach verzögert, auch dafür herzlichen Dank!

Weinheim im August 1999

Anmerkungen zur Neuauflage 2003

Die Schwerlasttransporte bleiben weiter notwendig und werden mit gleichen oder neuen Fahrzeugkombinationen und auch unter schwierigsten klimatischen Bedingungen weitergeführt, einige bemerkenswerte aus aller Welt werden dem Kapitel XIII noch hinzugefügt. Es ist sehr erfreulich, dass der Motorbuch-Verlag die Bedeutung dieser Publikation erkannte; Gino Koster und ich danken Herrn Kuch dafür und für die Möglichkeit einer Aktualisierung gegenüber der ersten Ausgabe.

Dank für die schnelle Beschaffung aktueller Informationen gebührt außer dem Mitautor Gino Koster Herrn Dipl.-Ing. Michael Bammel in Ulm, der schon für die erste Ausgabe wertvolle Informationen und Bilder beisteuerte- Einen besonderen Dank schulde ich meiner Frau Gertrud Hoepke, die mit Geduld und Verständnis meine Aktivitäten seit Beginn meines „Ruhestandes“ 1985 duldete und unterstützte. Ohne diese Unterstützung wäre auch die erneute publizistische Tätigkeit nicht denkbar.

Weinheim im Juli 2003

Quellen- und Literaturhinweis / Bildnachweis

Zeitschriften

STM Speciaal Transport Magazine (Niederlande)
International Cranes, published by KHL International (England)
Mercedes-Benz Transport Magazin
Magazin „in motion" der MAN Nutzfahrzeuge AG
The structural Mover, published by International Association of Structural Movers (USA)
Transportation engineer, Zeitschrift der Heavy Specialised Carriers Conference (HSCC) (USA)
Lifting & Transportation International, Zeitschrift der Specialised Carriers & Rigging Association (SC&RA) (USA)

Bücher

Jean-F. Colombet: Convois Exceptionels (Charge Utile Magazin), Frankreich 1995
Culemeyer: Die Eisenbahn ins Haus – Die Beförderung von Eisenbahnwagen und Schwerlasten mit Straßenfahrzeugen. Deutschland 1939
O. v. Fersen: Ein Jahrhundert Automobiltechnik Nutzfahrzeuge, Kap. 6 und 7 (E. Hoepke), Deutschland 1987
Niels Jansen: Zwaar Transport, Niederlande 1995
H. Keinath: Auto Album 3, Schwertransporte und Krane, Deutschland 1990
David Lee: Heavy Haulage and Abnormal Loads, England 1992
Klaus Raabe: Riesen auf Rädern, Deutschland 1987
Geerto Snyder: Jakob Schmidtbauer (Festschrift 40 Jahre Schmidtbauer 1932–1972)
T. Mc Taggart: Pioneers of Heavy Haulage, Schottland 1985
Bob Tuck: Moving Mountains, an illustrated history of heavy haulage, England 1983
Bob Tuck: Mountain Movers, England 1984
Bob Tuck: Mammoth Trucks, England 1985
Bart H. Vanderveen (Olyslager Auto Library): Scammell Vehicles, England 1971
Colin Wright: Trucks in Britain, Volume 3/Pickfords, England 1985
D. Wright and C. Jungwirth: Oshkosh Trucks, USA 1992
Over the Long Haul (Nine Founding Members of SC&RA Are Still Going Strong), SC&RA, USA 1998

Bildnachweis

Archiv Dan Cashin (USA) 5, 11, 12; Archiv E. Hoepke 17 (Historia Photo) 51, 55, 93, 98, 122, 154, 192, 231, 232, 233, 268, 294, 301, 302, 306, 307, 313, 315, 324, 325, 329, 348, 356, 359; Archiv G. Koster 30, 43, 137, 155, 156, 157, 178, 179, 189, 213, 216, 218, 219, 227, 230, 257, 258, 259, 275, 299, 308, 309, 310, 311, 312, 327, 331, 336, 338, 342, 343, 346, 347, 349, 350, 351, 352, 353, 355, 357, 358, 360, 361, 362, 363, 380, 381, 383, 384, 385 (H.V.M. Fotografie), 403, 413, 420, 421 (Foto A. Dijkstra), 425 (oben), 429 (unten), 430, 431, 432, 434, 441, 442, 443, 456; Archiv SC&RA 26, 28, 49, 50, 53, 90, 91, 92, 96, 243, 244, 245, 246, 247, 251, 253, 256, 262, 264, 265, 266, 267, 269, 270, 271, 272, 273, 274, 276, 277, 279, 280, 284, 285, 286, 290, 291, 292, 293, 297, 298, 300, 303 (oben), 305, 323, 326, 328, 344, 345; Archiv K. H. Wehefritz 39, 104, 152, 187; O. Bachmann 422; Baumann 425 (unten); Belding 255; R. Blocker 134, 135; Broshuis 141; Brown Boveri (BBC) 25, 27, 69; Cargolifter AG 458; Cometto Industriale 158, 379, 396, 397; Cranes Fruehauf 83, 84, 171, 177; CSAD 169, 170; Daimler-Chrysler 29, 64, 65, 86, 128, 146, 202, 405, 406, 410, 418, 436; Daimler-Benz Classic Konzernarchiv 174; Damm 124; Das Last-Auto 40, 41; Demag 228; Deutsche Reichsbahn-Gesellschaft 37, 47; Deutsche Bundesbahn (DB) 70, 80; Deutsches Museum München 1, 2, 3, 4, 6, 7, 8, 13, 15, 18, 19, 20, 22; Doll 110; Draize S.A. 99; Drake 339, 340; R. A. Dyson 42; Emmert International 252, 254; Faun 88, 142, 168, 220, 225, 226, 241, 242; G. Fronemann 415; Goldhofer 100, 101, 102, 103, 105, 107, 112, 130, 131, 134, 150, 181, 183, 184, 185,186, 198, 199, 316, 317, 318, 319, 320, 321, 322, 382, 386, 387, 390, 423, 453, 454, 455; Gothaer Waggonfabrik 35, 36; Hist. Archiv Mercedes-Benz-Museum 125; E. Hoepke 9, 46, 54, 66, 67, 71, 75, 77, 78, 79, 85, 138, 149, 171, 207, 315, 369 (unten), 375, 378, 440, 446, 447; Hoffmann Rigging & Crane 281, 282, 283; A. Hofmann 129, 424; Hyster 94; Iveco 414 (oben); Kaelble GmbH 38, 120, 136; Kamag 368, 371, 372, 402, 437, 444; Kögel AG 10; G. Koster 95, 209, 213, 428, 429 (oben), 457, 459; Krauss-Maffei AG 14; Krupp 364; Landoll 248, 249; Liddell-Birmingham 251; MAFI 196, 197, 393, 427; MAN Nutzfahrzeuge AG 52, 121, 126, 127, 147, 194, 407; Magirus 21; Magirus-Deutz AG 106; Mammoet 236, 399, 401, 448, 451, 452; Manitowoc Engineering 296; V. Marsik 332, 411 (Mitte und unten); F. X. Meiller 45; Müller-Mitteltal 461, 462; NAW (Schweiz) 145; Nicolas 63, 159, 160, 163, 167, 190, 191, 295, 354, 373; Nooteboom 113, 117, 460; O&K 435; Oshkosh 143; J. E. Oswalt 260, 261, 433; Paule 221, 222, 223, 224; Peter (Winterthur) 140, 416 (unten); Chr. Perrin 160, 161, 162, 164, 165, 166, 193, 208, 303 (unten), 304; v. Pfeil 416 (oben); Pickfords 180 (mit Änderungen durch E. Hoepke); PREWE-Pressedienst 57, 111, 118, 182, 188, 200, 201, 206, 237, 238, 239; Rogers 23, 31, 97, 250; Rooseboom 148; P. Rosenkranz 73; Satol 333, 334, 335; Scammell 32, 33, 34, 87, 144; Scania 119, 123, 412; Schenk 24, 44, 48, 60, 61, 62; Scheuerle 56, 59, 76, 81, 108, 109, 114, 115, 116, 133, 139, 195, 203, 204, 205, 210 (mit Änderungen durch E. Hoepke), 211, 212, 214, 215, 240, 314, 337, 341 (Filmwest Productions), 365, 366, 367, 369 (oben), 370, 374, 376, 377, 391, 392, 394, 395, 398, 400, 404, 417, 426, 438, 439, 445, 449, 450; Schmidbauer 132; Scholpp 229; Schweizerische Bundesbahnen (SBB) 72; SKF 68; Talbert 278, 287, 288, 289, 330; Titan (Appenweier) 153; UniCata P. Weigel 58, 234, 235, 411 (oben), 414; Van der Wees 419; Van Twist 151, 157, 217; Volvo Truck 388,389; Wagenblass 82; Welti-Furrer 74, 172, 173, 175, 176; Willème 89; Zeitgenössische Darstellung 16, 18; ZF Friedrichshafen 408, 409.